普通高等教育“十二五”规划教材（高职高专教育）

建筑工程计量与计价

主编　沈永嵘　宋蓉晖
编写　马知瑶　曾　瑜　金彩娟
主审　袁建新

中国电力出版社
CHINA ELECTRIC POWER PRESS

内 容 提 要

本书为普通高等教育“十二五”规划教材（高职高专教育）。全书分为四大核心模块和20个分解项目，即工程造价入门模块、预算定额基础知识模块、清单计价基础知识模块、分部分项计量计价（建筑）模块。本书根据建筑工程造价岗位标准要求编写，跟踪前沿，贴近市场；注重实用技能培养，运用大量工程实例，对工程量计算规则的文字表述加以解释说明，图文并茂，具有针对性、连续性和整体性；紧紧围绕定额和清单两种计价模式两条主线，将同一分部分项工程的两种计价方法编排在一起。

本书可作为高职高专院校土木工程、市政工程、工程造价等专业的教材，也可供有关工程技术人员参考。

图书在版编目（CIP）数据

建筑工程计量与计价/沈永嵘，宋蓉晖主编. —北京：中国电力出版社，2013.8（2020.1重印）

普通高等教育“十二五”规划教材. 高职高专教育

ISBN 978-7-5123-4623-9

Ⅰ.①建… Ⅱ.①沈…②宋… Ⅲ.①建筑工程－计量－高等职业教育－教材②建筑造价－高等职业教育－教材 Ⅳ.①TU723.3

中国版本图书馆CIP数据核字（2013）第152952号

中国电力出版社出版、发行

（北京市东城区北京站西街19号 100005 http://www.cepp.sgcc.com.cn）

北京九州迅驰传媒文化有限公司印刷

各地新华书店经售

*

2013年8月第一版 2020年1月第四次印刷

787毫米×1092毫米 16开本 17.25印张 413千字

定价48.00元

前　言

建筑工程计量计价是工程造价、建筑经济管理专业的必修课和核心课程，是一门实践性和技能性较强的课程。本教材是根据高职高专院校工程造价、建筑经济等专业的人才培养目标、教学计划和建筑工程计价课程标准，依据国家和本省有关部门颁发的最新规范、标准、定额和相关文件，按照相应职业岗位标准进行编写的。编写的主要依据有：《建设工程工程量清单计价规范》（GB 50500—2013）、《房屋建筑与装饰工程工程量计算规范》（GB 50854—2013）、《建筑工程建筑面积计算规范》（GB/T 50353—2005）、《浙江省建筑工程预算定额》（2010 版）、《浙江省建设工程施工费用定额》（2010 版）。

本教材在编写过程中，力求充分体现任务引领、实践导向课程的设计理念，内容紧密结合建筑工程计量与计价实践性强的课程特点，以建筑工程造价的各项任务为主线，结合职业技能证书考核要求，教材内容完整、数据准确、信息全面，图文并茂、通俗易懂、突出重点、理论联系实际。

本教材以计价岗位实际工作所需的知识和能力作为教学的主干线，按建筑计价工作过程分为四大核心模块和 20 个分解项目，分别是工程造价入门模块、预算定额基础知识模块、清单计价基础知识模块和分部分项计量计价（建筑）模块。

本书由浙江同济科技职业学院沈永嵘（项目 13～项目 20）和宋蓉晖（项目 8～项目 12）担任主编，曾瑜（项目 1～项目 3）、马知瑶（项目 5～项目 7）和高级工程师金彩娟（项目 4）参与编写，殷芳芳负责教材插图绘制，由四川建筑职业技术学院袁建新教授主审。全书在编写过程中参考了浙江省内外同类教材和相关资料，在此致以深深的谢意！由于编写时间仓促，加上编者水平有限，难免存在错漏之处，恳请广大师生指正，定将不断改进和完善。同时，"建筑工程计量与计价"是一门技术性、实践性、政策性、专业性都很强的课程，如内容上存在与国家、省市有关文件不符之处，以国家、省市有关部门文件与规定为准。

编　者

2013 年 3 月

目　录

模块二　预算定额基础知识

模块三　清单计价基础知识

模块一 工程造价入门

项目1 建设项目

第一节 建设项目的划分

建设项目按照合理确定工程造价和基本建设管理工作的需要，划分为建设项目、单项工程、单位工程、分部工程、分项工程5个层次。

1. 建设项目

一般是指在一个总体设计范围内，由一个或几个工程项目组成，经济上实行独立核算，行政上实行独立管理，并且具有法人资格的建设单位。通常一个企业、事业单位就是一个建设项目。

凡属于一个总体设计中分期分批建设的主体工程、水电气供应工程、配套或综合利用工程应合并为一个建设项目。不能把不属于一个总体设计的几个工程归算为一个建设项目，也不能把同一个总体设计内的工程按地区或施工单位分为几个建设项目。

2. 单项工程

单项工程又称工程项目，是建设项目的组成部分，是指具有独立的设计文件，竣工后可以独立发挥生产能力或使用效益的工程。如一所学校的图书馆、办公楼等，一座工厂的各个车间、办公楼等。

3. 单位工程

单位工程是单项工程的组成部分。单位工程是指具有独立设计文件，可以独立组织施工，但建成后一般不能独立发挥生产能力和使用效益的工程。如办公楼是一个单项工程，该办公楼的土建工程、给排水工程、电气照明工程等均属于一个单位工程。

4. 分部工程

分部工程是单位工程的组成部分。分部工程是指在一个单位工程中，按工程部位及使用的材料和工种进一步划分的工程。如一般土建工程的土石方工程、桩基础工程、砌筑工程、混凝土和钢筋混凝土工程、金属工结构工程、楼地面工程、屋面工程、墙柱面工程、油漆工程、附属工程，均属于一个分部工程。

5. 分项工程

分项工程是分部工程的组成部分。分项工程是在一个分部工程中，按不同的施工方法、不同的材料和规格进一步划分的，用较为简单的施工过程就能完成，以适当的计量单位就可以计算工程量及其单价。如某教学楼的独立基础、内墙、钢筋混凝土柱、花岗岩楼梯等。分项工程没有独立存在的意义，它只是为了便于计算建筑工程造价而分解出来的“假定产品”。

第二节 建 设 程 序

建设程序是指建设项目从策划决策、勘察设计、建设准备、施工、生产准备、竣工验收到后评价的全过程中，各项工作必须遵循的先后次序。基本建设程序是人们在认识客观规律的基础上制订出来的，是建设项目科学决策和顺利实施的重要保证。

按照建设项目发展的内在联系和发展过程，基本建设程序分成若干阶段，这些发展阶段有严格的先后次序，可以合理交叉，但不能任意颠倒。

我国基本建设程序依次分为策划决策、勘察设计、建设准备、施工、生产准备、竣工验收和后评价 7 个阶段。

一、策划决策阶段

策划决策阶段又称为建设前期工作阶段，主要包括编报项目建设书和可行性研究报告两项工作内容。

1. 编报项目建议书

项目建议书是要求建设某一具体工程项目的建议文件，是投资决策前对拟建项目的轮廓设想。编报项目建议书是项目建设最初阶段的工作。其主要作用是为了推荐建设项目，以便在一个确定的地区或部门内，以自然资源和市场预测为基础，选择建设项目。

项目建议书经批准后，可进行可行性研究工作，但并不表明项目非上不可，项目建议书不是项目的最终决策。

2. 可行性研究报告

可行性研究是指在项目建议书被批准后，对项目在技术上和经济上是否可行所进行的科学分析和论证。

可行性研究主要评价项目技术上的先进性和适用性、经济上的盈利性和合理性、建设的可能性和可行性，它是确定建设项目、进行初步设计的根本依据。可行性研究是一个由粗到细的分析研究过程，可以分为初步可行性研究和详细可行性研究两个阶段。

(1) 初步可行性研究。初步可行性研究的目的是对项目初步评估进行专题辅助研究，广泛分析、筛选方案，界定项目的选择依据和标准，确定项目的初步可行性。通过编制初步可行性研究报告，判定是否有必要进行下一步的详细可行性研究。

(2) 详细可行性研究。详细可行性研究为项目决策提供技术、经济、社会及商业方面的依据，是项目投资决策的基础。研究的目的是对建设项目进行深入细致的技术经济论证，重点对建设项目进行财务效益和经济效益的分析评价，经过多方案比较选择最佳方案，确定建设项目的最终可行性。本阶段的最终成果为可行性研究报告。

二、勘察设计阶段

1. 勘察阶段

根据建设项目初步选址建议，进行拟建场地的岩土、水文地质、工程测量、工程物探等方面的勘察，提出勘察报告，为设计做好充分准备。勘察报告主要包括拟建场地的工程地质条件、拟建场地的水文地质条件、场地、地基的建筑抗震设计条件、地基基础方案分析评价及相关建议、地下室开挖和支护方案评价及相关建议、降水对周围环境的影响、桩基工程设计与施工建议、其他合理化建议等内容。

2. 设计阶段

落实建设地点、通过设计招标或设计方案比选确定设计单位后，即开始初步设计文件的编制工作。根据建设项目的不同情况，设计过程一般划分为两个阶段，即初步设计阶段和施工图设计阶段，对于大型复杂项目，可根据不同行业的特点和需要，在初步设计之后增加技术设计阶段（扩大初步设计阶段）。初步设计是设计的第一步，如果初步设计提出的总概算超过可行性研究报告投资估算的10%以上或其他主要指标需要变动时，要重新报批可行性研究报告。初步设计经主管部门审批后，建设项目被列入国家固定资产投资计划，可进行下一步的施工图设计。

根据建设部印发的《建筑工程施工图设计文件审查暂行办法》（建设［2001］41号）的规定，建设单位应当将施工图报送建设行政主管部门，由建设行政主管部门委托有关审查机构，进行结构安全和强制性标准、规范执行情况等内容的审查。施工图一经审查批准，不得擅自进行修改。如遇特殊情况需要进行涉及审查主要内容的修改时，必须重新报请原审批部门，由原审批部门委托审查机构审查后再批准实施。

三、建设准备阶段

广义的建设准备阶段包括对项目的勘察、设计、施工、资源供应、咨询服务等方面的采购及项目建设各种批文的办理。采购的形式包括招标采购和直接发包采购两种。鉴于勘察、设计的采购工作已落实于勘察设计阶段，此处的建设准备阶段的主要内容包括：落实征地、拆迁和平整场地，完成施工用水、电、通信、道路等接通工作，组织选择监理、施工单位及材料、设备供应商，办理施工许可证等。按规定做好建设准备，具备开工条件后，建设单位申请开工，即可进入施工阶段。

四、施工阶段

建设工程具备了开工条件并取得施工许可证后方可开工。通常，项目新开工时间，按设计文件中规定的任何一项永久性工程第一次正式破土开槽时间而定，不需开槽的以开始正式打桩时间作为开工时间，铁路、公路、水库等以开始进行土石方工程作为正式开工时间。

施工阶段的主要工作内容是组织土建工程施工及机电设备安装工作。在施工安装阶段，主要工作任务是按照设计进行施工安装，建成工程实体，实现项目质量、进度、投资、安全、环保等目标。具体内容包括：做好图纸会审工作，参加设计交底，了解设计意图，明确质量要求；选择合适的材料供应商；做好人员培训；合理组织施工；建立并落实技术管理、质量管理体系和质量保证体系；严格把好中间质量验收和竣工验收环节。

五、生产准备阶段

对于生产性建设项目，在其竣工投产前，建设单位应适时地组织专门班子或机构，有计划地做好生产或动用前的准备工作，包括招收、培训生产人员；组织有关人员参加设备安装、调试、工程验收；落实原材料供应；组建生产管理机构，健全生产规章制度等。生产准备是由建设阶段转入经营的一项重要工作。

六、竣工验收阶段

工程竣工验收是全面考核建设成果，检验设计和施工质量的重要步骤，也是建设项目转入生产和使用的标志。根据国家规定，建设项目的竣工验收按规模大小和复杂程度分为初步验收和竣工验收两个阶段进行。规模较大、较复杂的建设项目应先进行初验，然后进行全项目的竣工验收。验收时可组成验收委员会或验收小组，由银行、物资、环保、劳动、规划、统计及其他有关部门组成，建设单位、接管单位、施工单位、勘察单位、监理单位参加验收工作。验收合格后，建设单位编制竣工决算，项目正式投入使用。

七、后评价阶段

建设项目后评价是工程项目竣工投产、生活运营一段时间后，对项目的立项决策、设计施工、竣工投产、生产运营和建设效益等进行系统评价的一种技术活动，是固定资产管理的一项重要内容，也是固定资产投资管理的最后一个环节。建设项目考核主要从影响评价、经济效益评价、过程评价三个方面进行评价，采用的基本方法是对比法。通过建设项目考核评价，可以达到肯定成绩、总结经验、研究问题、吸取教训、提出建议、改进工作、不断提高项目决策水平和投资效果的目的。

项目小结

本项目内容主要介绍了建设项目的划分和建设程序。应重点掌握基本建设项目的五层次划分和基本建设程序七个阶段的主要工作内容。

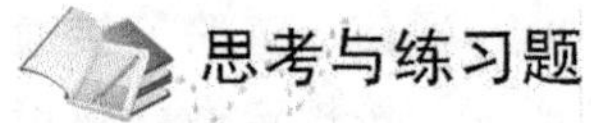

思考与练习题

1. 建设项目是如何划分的，举例说明。
2. 建设程序是指什么？它由哪几个阶段组成？

项目2　工程造价与计价

第一节　工程造价概念

一、工程造价及相关概念

建设项目总投资，是指进行一个工程项目的建造所投入的全部资金，包括固定资产投资和流动资金投入两部分。建设工程造价是建设项目投资中的固定资产投资部分，是建设项目从筹建到竣工交付使用的整个建设过程所花费的全部固定资产投资费用，这是保证工程项目建造正常进行的必要资金，是建设项目投资中最主要的部分。建筑安装工程造价是建设项目投资中的建筑安装工程投资部分，也是建设工程造价的组成部分。

二、工程造价的分类

建设工程概预算，包括设计概算和施工图预算，两者都是确定拟建工程预期造价的文件，而在建设项目完全竣工以后，为反映项目的实际造价和投资效果，还必须编制竣工决算。除此以外，由于建设工程工期长、规模大、造价高，需要按建设程序分段建设。在项目建设全过程中，根据建设程序的要求和国家有关文件规定，还要编制其他有关的经济文件。

1. 投资估算

投资估算一般是指在工程项目建设的前期工作（规划、项目建议书）阶段，项目建设单位向国家计划部门申请建设项目立项或国家、建设主体对拟建项目进行决策，确定建设项目在规划、项目建议书等不同阶段的投资总额而编制的造价文件。

任何一个拟建项目，都要通过全面的可行性论证后，才能决定是否正式立项或投资建设。在可行性论证过程中，除考虑国民经济发展上的需要和技术上的可行性外，还要考虑经济上的合理性。投资估算是在建设前期各个阶段工作中，作为论证拟建项目在经济上是否合理的重要文件，是决策、酬资和控制造价的主要依据。

2. 设计概算和修正概算造价

设计概算是设计文件的重要组成部分。它是由设计单位根据初步设计图纸、概算定额规定的工程量计算规则和设计概算编制方法，预先测定工程造价的文件。设计概算文件较投资估算准确性有所提高，但又受投资估算的控制。设计概算文件包括建设项目总概算、单项工程综合概算和单位工程概算。

修正概算造价是在扩大初步设计阶段对概算进行的修正调整，较概算造价准确，但受概算造价控制。

3. 施工图预算造价

施工图预算造价是指施工单位在工程开工前，根据已批准的施工图纸，在施工方案（或施工组织设计）已确定的前提下，按照预算定额规定的工程量计算规则和施工图预算编制方法预先编制的工程造价文件。施工图预算造价较概算造价更为详尽和准确，但同样要受前一阶段所确定的概算造价的控制。

4. 招标控制价

招标人根据国家或省级、行业建设主管部门颁发的有关计价依据和办法，按设计施工图纸计算的，对招标工程限定的最高工程造价。

5. 投标报价

投标人投标时报出的工程造价。

6. 合同价

合同价是指在工程招投标阶段通过签订总承包合同、建筑安装工程承包合同、设备材料采购合同，以及技术和咨询服务合同所确定的价格。合同价属于市场价格，它是由承发包双方，也即商品和劳务买卖双方根据市场行情共同议定和认可的成交价格，但它并不等同于实际工程造价。按计价方式不同，建设工程合同一般表现为3种类型，即总价合同、单价合同和成本加酬金合同。对于不同类型的合同，其合同价的内涵也有所不同。

7. 工程结算价

工程结算价是指一个单项工程、单位工程、分部工程或分项工程完工后，经建设单位及有关部门验收并办理验收手续后，施工企业根据施工过程中现场实际情况的记录、设计变更通知书、现场工程更改签证、预算定额、材料预算价格和各项费用标准等资料，在工程结算时按合同调价范围和调价方法，对实际发生的工程量增减、设备和材料价差等进行调整后计算和确定的价格。结算价是该结算工程的实际价格。结算一般在定期结算、阶段结算和竣工结算等方式。它们是结算工程价款、确定工程收入、考核工程成本、进行计划统计、经济核算及竣工决算等的依据，其中竣工结算是反映上述工程全部造价的经济文件。以此为依据，通过银行向建设单位办理完工结算后，就标志着双方承担的合同义务和经济责任的结束。

8. 竣工决算

竣工决算是指在竣工验收后，由建设单位编制的建设项目从筹建到建设投产或使用的全部实际成本的技术经济文件。它是最终确定的实际工程造价，是建设投资管理的重要环节，是工程竣工验收、交付使用的重要依据，也是进行建设项目财务总结，银行对其实行监督的必要手段。竣工决算的内容由文件说明和决算报表两部分组成。

上述几种造价文件之间存在的差异，如表2-1所示。

表2-1 不同阶段工程造价文件的对比

类型	投资估算	设计概算、修正概算	施工图预算	合同价	结算价	竣工决算
编制阶段	项目建议书、可行性研究	初步设计、扩大初步设计	施工图设计	招投标	施工	竣工验收
编制单位	建设单位、工程咨询机构	设计单位	施工单位或设计单位、工程咨询机构	承发包双方	施工单位	建设单位

续表

类型	投资估算	设计概算、修正概算	施工图预算	合同价	结算价	竣工决算
编制依据	投资估算指标	概算定额	预算定额	概预算定额、工程量清单计价规范	预算定额、工程量清单、设计及施工变更资料	预算定额、工程量清单、工程建设其他费用定额、竣工决算资料
用途	投资决策	控制投资及造价	编制标底、投标报价等	确定工程承发包价格	确定工程实际建造价格	确定工程项目实际投资

第二节　工　程　计　价

一、工程计价及其作用

1. 工程计价

工程计价是指对建筑工程项目造价（或价格）的计算。由于工程造价具有单件计价、多次计价、动态价、组合计价和市场定价等特点，工程计价的内容、方法及表现形式也就有很多不同。业主或其委托的咨询单位编制的工程估算、设计单位编制的概算、咨询单位编制标底、承包商及分包商提出的报价，都是工程计价的不同表现形式。

2. 工程计价的作用

（1）工程计价是项目决策的工具

建设工程投资大、生产和使用周期长等特点决定了项目决策的重要性，工程造价决定项目的一次投资费用。投资者是否有足够的财务能力支付这笔费用，是否值得支付这项费用，是项目决策中要考虑的主要问题。在项目决策阶段，建设工程造价是项目财务分析和经济评价的重要依据。

（2）工程计价是制定投资计划和控制投资的有效工具

投资计划按照建设工期、工程进度和建设价格等逐年分月制订，正确的投资计划有助于合理和有效地使用资金。

工程计价在控制投资方面的作用非常明显。工程造价的每一次估算对下一次估算都是严格的控制，具体而言，后一次估算不能超过前一次估算的一定幅度。这种控制是在投资者财务能力的限度内为取得既定的投资效益所必需的。

（3）工程计价是筹集建设资金的依据

投资体制的改革和市场经济的建立，要求项目的投资者必须有很强的筹资能力，以保证工程建设有充足的资金供应。工程计价基本确定了建设资金的需要量，从而为筹集资金提供了比较准确的依据。当建设资金来源于金融机构的贷款时，金融机构在对项目的偿贷能力进行评估的基础上，也需要依据工程估价来确定给予投资者的贷款数额。

（4）工程计价是合理效益分配和调节产业结构的手段

在市场经济中，工程价格受供求状况的影响，并在围绕价值的波动中实现对建设规模、产业结构和利益分配的调节。政府采取正确的宏观调控和价格政策导向，可以使工程计价在这方面的作用更加明显。

（5）工程计价是承包商加强成本控制的依据

在价格一定的条件下，企业实际成本决定企业的盈利水平，成本越高盈利越低，成本高于价格就危及企业的生存，所以企业要利用工程计价提供的信息资料作为控制成本的依据。

（6）工程计价是评价投资效益的依据

工程计价评价土地价格、建筑安装产品和设备价格的合理性的依据；工程计价是评价建设项目偿贷能力、获利能力的依据；工程计价也是评价承包商管理水平和经营成果的重要依据。

二、我国适用的计价模式

1. 建设工程定额计价方式

建设工程定额计价是我国长期以来在工程价格形成中采用的计价方式，是国家通过颁布统一的估价指标、概算指标、概算定额、预算定额和相应的费用定额，对产品价格进行有计划管理的一种方式。

定额计价方法又称工料单价法，是指计价过程中单价采用分部分项工程的不完全价格（包括人工费、材料费、机械台班使用费）的一种计价方法。在计价中以定额为依据，按定额规定的分部分项子目，逐项计算工程量，套用定额单价（或单位估价表）确定直接费，然后按规定取费标准确定构成工程价格的其他费用和利税，获得建设安装工程造价。建设工程概预算书就是根据不同设计阶段设计图纸和国家规定的定额、指标及各项费用取费标准等资料，预先计算和确定的新建、扩建、改建或单位工程的建设费用，实质上就是相应工程的计划价格。

2. 工程量清单计价方式

工程量清单计价方式，是建设工程招标投标中，按照国家统一的工程量清单计价规范，招标人或委托具有资质的中介机构编制反映工程实体消耗和措施消耗的工程量清单，并作为招标文件的一部分提供人投标人，由投标人依据工程量清单，根据消耗量定额以及各种渠道所获得的工程造价信息和经验数据，结合企业自身情况自主报价的计价方式。

工程量清单计价方法即“综合单价法”，是指计价过程中单价采用完成规定清单项目的完全价格（包括人工费、材料和工程设备费、机械台班使用费、企业管理费、利润、风险费）的一种计价方法。

我国现行建设行政主管部门发布的工程预算定额消耗量有关费用及相应价格是按照社会平均水平编制的，以此为依据形成的工程造价基本上属于社会平均价格。这种平均价格可作为市场竞争的参考价格，但不能充分反映参与竞争企业的实际消耗和技术管理水平，一定程度上限制了企业的公平竞争。采用工程量清单计价能够反映出工程个别成本，有利于企业自主报价和公平竞争；同时，实行工程量清单计价，工程量清单作为招标文件和合同文件的重要组成部分，对于规范招标人计价行为，在技术上避免招标中弄虚作假和暗箱操作及保证工程款的支付结算都会起到重要作用。

目前我国建设工程造价实行“双轨制”计价管理办法，即定额计价方法和工程量清单计价方法。工程量清单计价作为一种市场价格的形成机制，主要在工程招投标和结算阶段使用。

项目小结

本项目内容主要介绍了工程造价的概念和其分类、工程计价的定义和作用以及我国现阶段所采用的两种计价模式。重点应把握不同阶段工程造价文件的对比，掌握我国现阶段所采用的两种计价模式。

思考与练习题

1. 什么是工程造价？
2. 什么是工程计价？工程计价的作用有哪些？
3. 请比较建设项目不同阶段的工程造价文件有哪些不同。
4. 试比较我国现阶段两种计价模式的异同。

项目3 定 额 概 述

第一节 工程定额的概念与特性

定额是指在一定的技术和组织条件下，生产质量合格的单位产品所消耗的人力、物力、财力和时间等的数量标准。定额由国家、地方、部门或企业颁发。

定额反映一定时期内的社会生产力水平，定额具有平均先进性。它促进生产者在一定客观条件下，通过主观努力达到或超过定额水平标准。

定额还具有经济性、技术性、政策性和群众性的特点，其经济性表现在为项目评估决策、控制项目投资、确定工程造价、全面经济核算提供合理的尺度；其技术性表现在它直接与施工工艺和施工方法有关，并具有独自的表现方式和计算方法；其政策性表现在它必须正确处理国家、企业和劳动者个人三者之间的利益关系；其群众性则表现在它必须为广大企业和工人所接受，并在实践中证明是切实可行的。

工程建设定额是指在一定的技术组织条件下，预先规定消耗在单位合格建筑产品上的人工、材料、机械、资金和工期的标准额度，是建筑安装工程预算定额、概算定额、施工定额和工期定额等的总称。

第二节 工程定额的分类

一、按生产因素分

1. 劳动定额

劳动定额又称人工定额，是指在正常施工技术组织条件下，完成单位合格产品所必需的劳动消耗数量。

2. 材料消耗定额

材料消耗定额是指在合理的施工条件和合理使用材料的情况下，生产单位质量合格产品所需一定品种规格材料、半成品和配件等的数量标准。

3. 机械使用定额

机械使用定额是指在合理的施工组织和合理使用机械的条件下，完成单位质量合格产品所必须消耗的机械台班数量标准。

二、按定额编制程序和用途分

1. 投资估算指标

投资估算指标是在可行性研究阶段作为技术经济比较或建设投资估算的依据，是由概算定额综合扩大和统计资料分析编制而成的。

2. 概算定额

概算定额是编制初步设计概算和修正概算的依据。

3. 预算定额

预算定额是编制施工图预算和招标标底及投标报价的依据，也是工程中计算劳动力、材料、机械数量的一种定额。

4. 施工定额

施工定额是施工企业内部作为编制施工作业计划、进行工料分析、签发工程任务单和考核预算成本完成情况的依据。

三、按编制单位和执行范围分

1. 全国统一定额

全国统一定额又称国家定额，是指在全国范围内统一执行的定额，一般由国家发展计划委员会或授权某主管部门组织编制颁发。

2. 主管部门定额

主管部门定额是由一个主管部门或几个主管部门组织编制颁发，在主管部门所属单位执行的定额。

3. 地方定额

地方定额是指省、自治区、直辖市根据地方工程特点，编制颁发的在不宜执行国家或主管部门定额的情况下，在本地区执行的定额。

4. 企业定额

企业定额是指企业在其生产经营过程中，在国家定额、主管部门定额、地方定额的基础上，根据工程特点和自身积累的资料，自行编制并在企业内部执行的定额。

四、按专业性质分

工程定额按照其服务的专业不同，又可以分为建筑工程定额、安装工程定额、装饰工程定额、市政工程定额、仿古建筑及园林工程定额、公路工程定额、铁路工程定额和井巷工程定额等。

第三节 工程定额的编制

一、施工定额

1. 施工定额的概念

施工定额是直接应用于工程施工管理的定额，是编制施工预算、实行施工企业内部经济核算的依据，它是以施工过程为研究对象，根据本施工企业生产力水平和管理水平制定的内部定额。

施工定额是规定建筑安装工人或班组在正常施工条件下，完成单位合格产品的人工、机械和材料消耗的数量标准。它是由国家、地区、行业部门或施工企业以技术要求为根据制定的，是基本建设中最重要的定额之一。它既体现国家对建筑安装施工企业管理水平和经营成果的要求，也体现国家和施工企业对操作工人的具体目标要求。

2. 施工定额的编制依据

(1) 国家的经济政策和劳动制度。如工资制度、工作制度、劳动保护制度等。

(2) 有关规范、规程、标准。如现行国家建筑安装工程施工验收规范、技术安全操作规程和有关标准。

(3) 技术测定和统计资料。主要指现场技术测定数据和工时消耗的单项或综合统计资料。

3. 施工定额的内容

(1) 劳动定额。按其表现形式不同分为时间定额和产量定额。

1）时间定额。指某专业技术等级的工人班组或个人，在合理的劳动组织与一定的生产技术条件下，为生产单位合格产品所必须消耗的工作时间。定额时间包括准备时间与结束时间、基本生产时间、辅助生产时间、不可避免的中断时间及工人必需的休息时间。时间定额以“工日”为单位，其计算方法如下：

$$单位产品时间定额(工日)=\frac{1}{每工日产量}$$

2）产量定额。指在一定的劳动组织与生产技术条件下某种专业技术等级的工人班组或个人，在单位工时所应完成的合格产品数量。其计算方法如下：

$$每工时产量=\frac{1}{单位产品时间定额(工日)}$$

产量定额的计算单位视具体产品的性质分别选用 m、m^2、m^3、t、根、块等表示。时间定额（工时）与产量定额互为倒数。

（2）材料消耗定额。包括生产合格产品的消耗量与损耗量两部分。

材料消耗量是产品本身所必须占有的材料数量，材料损耗量包括操作损耗和场内运输损耗。建筑工程材料可分为直接性消耗材料和周转性消耗材料两类。

$$材料消耗量=净耗量+损耗量$$

式中，损耗量是指合理损耗量，亦即在合理使用材料情况下的不可避免损耗量，其多少常用损耗率来表示。

$$损耗率=\frac{损耗量}{消耗量}\times 100\%$$

因此，材料消耗量可用下式计算

$$材料消耗量=\frac{净耗量}{1-损耗率}$$

材料消耗定额是加强企业管理和经济核算的重要工具，是确定材料需要量和储备量的依据，是施工企业对施工班组实施限额领料的依据，是减少材料积压、浪费，促进合理使用材料的重要手段。

（3）机械台班定额。机械台班定额是施工机械生产率的反映，单位一般用“台班”表示。可分为时间定额和产量定额，两者互为倒数。

1）机械时间定额。在正常的施工条件和劳动组织条件下，使用某种规格型号的机械，完成单位合格产品所必须消耗的台班数量。

$$机械时间定额=\frac{1}{机械台班产量定额}$$

2）机械台班产量定额。在正常的施工条件和劳动组织条件下，某种机械在一个台班内生产合格产品的数量。

$$机械台班产量定额=\frac{1}{机械时间定额}$$

二、预算定额

1. 预算定额的概念

预算定额是完成单位分部分项工程所需的人工、材料和机械台班消耗的数量标准。它是将完成单位分部分项工程项目所需的各个工序综合在一起的综合定额。预算定额由国家或地方有关部门组织编制、审批并颁发执行。

2. 预算定额的作用

①预算定额是编制建筑安装工程施工图预算的确定工程造价的依据；

②预算定额是对设计的结构方案进行技术经济比较，对新结构、新材料进行技术经济分析的依据；

③预算定额是编制施工组织设计时，确定劳动力、材料和施工机械需要量的依据；

④预算定额是工程竣工结算的依据；

⑤预算定额是施工企业贯彻经济核算、进行经济活动分析的依据；

⑥预算定额或综合预算定额是编制概算定额的基础；

⑦预算定额是编制招标控制价和报价的参考。

3. 预算定额与施工定额的关系

预算定额的编制必须以施工定额的水平为基础。预算定额不是简单套用施工定额的水平，还考虑了更多的可变因素，如工序搭接的停歇时间；常用工具如施工机械的维修、保养、加油、加水等所发生的不可避免的停工损失。所以，确定预算定额水平时，要相对降低一些。根据我国的实践经验，一般预算定额应低于施工定额水平的5%～7%。

三、概算定额

1. 概算定额的概念

建筑工程概算定额也叫扩大结构定额，它规定了完成一定计量单位的扩大结构构件或扩大分项工程所需的人工、材料和机械台班的数量标准。

概算定额是以预算定额为基础，根据通用图和标准图等资料，经过适当综合扩大编制而成的。

2. 概算定额的作用

①编制初步设计概算和修正概算的依据；

②编制机械和材料需用计划的依据；

③设计方案进行经济比较的依据；

④编制估算指标的基础。

四、概算指标

概算指标通常以整个建筑物和构筑物为对象，以建筑面积、体积或成套设备装置的台套为计量单位而规定的人工、材料、机械台班消耗量标准和造价指标。一般在概算定额的基础上考虑投资估算工作深度和精度综合扩大10%。

项目小结

本项目内容主要介绍了工程定额的概念、特性和分类；施工定额的概念和内容；预算定额的概念和作用。重点应掌握工程定额按不同方式的分类，劳动定额和产量定额的应用以及施工定额和预算定额的区别和联系。

思考与练习题

1. 什么是工程定额？它是如何分类的？
2. 简述施工定额的内容。
3. 试比较施工定额和预算定额的区别和联系。

项目4　费　用　组　成

第一节　建设工程费用组成计取方法

一、建设工程费用构成

建设工程费用是指建设工程按照既定的建设内容、建设规模、建设标准、工期全部建成并经验收合格交付使用所需的全部费用。它是构成建设工程造价的主要内容，包括购买工程项目所需各种设备的费用，建筑安装施工所需支出的费用，购置土地所需要的费用等，也包括建设单位进行项目管理和筹建所需的费用等。

我国现行建设工程费用主要由设备及工器具购置费用、筑安装工程费用、工程建设其他费用、预备费、建设期贷款利息等。具体详见图4-1。

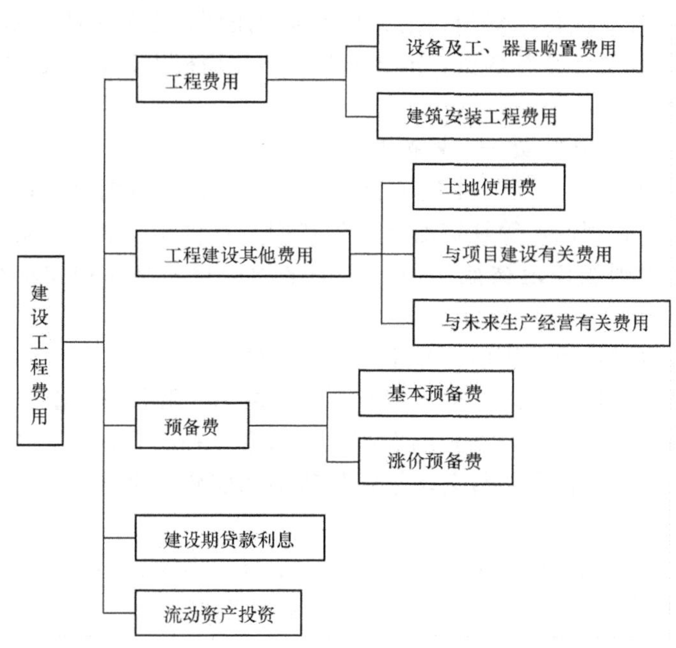

图4-1　建设工程费用组成

二、建设工程费用的计取方法

（一）工程费用

1. 设备购置费

设备购置费是指为建设项目购置或自制的达到固定资产标准的各种国产或进口设备、工具、器具的购置费用。

使用年限在一年以上，单位价值在1000、1500或2000元以上。

设备购置费＝设备原价＋设备运杂费

设备原价：国产设备或进口设备的原价。

运杂费：除设备原价之外的关于设备、运输、途中包装及仓库保管等方面支出费用的总和。

2. 建筑安装工程费用

建筑安装工程费用又称建筑安装工程造价，由直接费、间接费、利润和税金 4 部分组成。

具体内容详见 4.2 节。

（二）工程建设其他费用

是指从工程筹建起到工程竣工验收交付使用止的整个建设期间，除建筑安装工程费用和设备及工、器具购置费用以外的，为保证工程建设顺利完成和交付使用后能够正常发挥效用而发生的各项费用。

按其内容大体可分为三类：第一类指土地使用费；第二类指与工程建设有关的其他费用；第三类指与未来企业生产经营有关的其他费用。

1. 土地使用费

任何一个建设项目都固定于一定地点与地面相连接，必须占用一定量的土地，也就必然要发生为获得建设用地而支付的费用，这就是土地使用费。它是指通过划拨方式取得土地使用权而支付的土地征用及迁移补偿费，或者通过土地使用权出让方式取得土地使用权而支付的土地使用权出让金。

（1）土地征用及迁移补偿费——划拨方式

土地征用及迁移补偿费，是指建设项目通过划拨方式取得无限期的土地使用权，依照《中华人民共和国土地管理法》等规定所支付的费用。其总和一般不得超过被征土地年产值的 20 倍，土地年产值则按该地被征用前 3 年的平均产量和国家规定的价格计算。其内容包括：

1）土地补偿费（耕地被征用前三年平均年产值的 6～10 倍）。

2）青苗补偿费和被征用土地上的房屋、水井、树木等附着物补偿费。

3）安置补助费。每一个需要安置的农业人口的安置补助费标准，为该耕地被征用前三年平均年产值的 2～3 倍。但是，每公顷被征用耕地的安置补助费，最高不得超过被征用前三年平均年产值的 10 倍。

4）缴纳的耕地占用税或城镇土地使用税、土地登记费及征地管理费等。县市土地管理机关从征地费中提取土地管理费的比率，要按征地工作量大小，视不同情况，在 1%～4% 幅度内提取。

5）征地动迁费。征用土地上的房屋及附属构筑物、城市公共设施等拆除、迁建补偿费、搬迁运输费，企业单位因搬迁造成的减产、停工损失补贴费，拆迁管理费等。

6）水利水电工程水库淹没处理补偿费。

（2）土地使用权出让金——出让方式

土地使用权出让金，指建设项目通过土地使用权出让方式，取得有限期的土地使用权，依照《中华人民共和国城镇国有土地使用权出让和转让暂行条例》规定，支付的土地使用权出让金。

1）明确国家是城市土地的唯一所有者，并分层次、有偿、有限期地出让、转让城市土地。

第一层次是城市政府将国有土地使用权出让给用地者，该层次由城市政府垄断经营。出让对象可以是有法人资格的企事业单位，也可以是外商。

第二层次及以下层次的转让则发生在使用者之间。

2）出让或转让方式：协议、招标、公开拍卖。

①协议方式是由用地单位申请，经市政府批准同意后双方洽谈具体地块及地价。该方式适用于市政工程、公益事业用地以及需要减免地价的机关、部队用地和需要重点扶持、优先发展的产业用地。

②招标方式是在规定的期限内，由用地单位以书面形式投标，市政府根据投标报价、所提供的规划方案以及企业信誉综合考虑，择优而取。该方式适用于一般工程建设用地。

③公开拍卖是指在指定的地点和时间，由申请用地者叫价应价，价高者得。这完全是由市场竞争决定，适用于盈利高的行业用地。

3）关于地价：

在有偿出让和转让土地时，政府对地价不作统一规定，但应坚持以下原则：

①地价对目前的投资环境不产生大的影响；

②地价与当地的社会经济承受能力相适应；

③地价要考虑已投入的土地开发费用、土地市场供求关系、土地用途和使用年限。

4）年限：有限。

关于政府有偿出让土地使用权的年限，各地可根据时间、区位等各种条件作不同的规定，一般可在30～99年之间。按照地面附属建筑物的折旧年限来看，以50年为宜。我国土地使用权出让年限如下：

①居住用地70年；

②工业用地50年；

③教育、科技、文化、卫生、体育用地50年；

④商业、旅游、娱乐用地40年；

⑤综合或其他用地50年。

5）土地有偿出让和转让，土地使用者和所有者要签约，明确使用者对土地享有的权利和对土地所有者应承担的义务。

①有偿出让和转让使用权，要向土地受让者征收契税；

②转让土地如有增值，要向转让者征收土地增值税；

③在土地转让期间，国家要区别不同地段、不同用途向土地使用者收取土地占用费。

2. 与项目建设有关的其他费用

根据项目的不同，与项目建设有关的其他费用的构成也不尽相同，一般包括以下各项：建设单位管理费；勘察设计费；研究试验费；建设单位临时设施费；工程监理费；工程保险费；引进技术和进口设备其他费用；工程承包费。

在进行工程估算及概算中可根据实际情况进行计算。

（1）建设单位管理费。是指建设项目从立项、筹建、建设、联合试运转、竣工验收交付使用及后评估等全过程管理所需费用。

1）内容包括：

①建设单位开办费。指新建项目为保证筹建和建设工作正常进行所需办公设备、生活家具、用具、交通工具等购置费用。

②建设单位经费。包括工作人员的基本工资、工资性补贴、职工福利费、劳动保护费、劳动保险费、办公费、差旅交通费、工会经费、职工教育经费、固定资产使用费、工具用具使用费、技术图书资料费、生产人员招募费、工程招标费、合同契约公证费、工程质量监督检测费、工程咨询费、法律顾问费、审计费、业务招待费、排污费、竣工交付使用清理及竣工验收费、后评估等费用。不包括应计入设备、材料预算价格的建设单位采购及保管设备材料所需的费用。

2）计算方法：

建设单位管理费＝单项工程费用×建设单位管理费费率

其中：建设单位管理费费率按照建设项目的不同性质、不同规模确定；单项工程费用＝设备工器具购置费＋建筑安装工程费用。

（2）勘察设计费。是指为本建设项目提供项目建议书、可行性研究报告及设计文件等所需费用。

1）内容包括：

①编制项目建议书、可行性研究报告及投资估算、工程咨询、评价以及为编制上述文件所进行勘察、设计、研究试验等所需费用；

②委托勘察、设计单位进行初步设计、施工图设计及概预算编制等所需费用；

③在规定范围内由建设单位自行完成的勘察、设计工作所需费用。

2）计算方法：

①项目建议书、可行性研究报告按国家颁布的收费标准计算；

②设计费按国家颁布的工程设计收费标准计算；

③勘察费一般民用建筑6层以下的按3～5元/m^2计算，高层建筑按8～10元/m^2计算，工业建筑按10～12元/m^2计算。

（3）研究试验费。是指为建设项目提供和验证设计参数、数据、资料等所进行的必要的试验费用以及设计规定在施工中必须进行试验、验证所需费用。包括自行或委托其他部门研究试验所需人工费、材料费、试验设备及仪器使用费等。这项费用按照设计单位根据本工程项目的需要提出的研究试验内容和要求计算。

（4）建设单位临时设施费。是指建设期间建设单位所需临时设施的搭设、维修、摊销费用或租赁费用。

计算方法：

建设单位临时设施费＝单项工程费×临时设施费费率

（5）工程监理费。是指建设单位委托工程监理单位对工程实施监理工作所需费用。

1）一般情况应按工程建设监理收费标准计算，即按所监理工程概算或预算的百分比计算，通常情况下设计阶段监理收费费率为概（预）算的0.03％～0.20％，施工阶段监理收费费率为概（预）算的0.60％～2.5％。

2）对于单工种或临时性项目可根据参与监理的年度平均人数按3～5万元/（人·年）计算。

（6）工程保险费。是指建设项目在建设期间根据需要实施工程保险所需的费用。包括以各种建筑工程及其在施工过程中的物料、机器设备为保险标的的建筑工程一切险，以安装工程中的各种机器、机械设备为保险标的的安装工程一切险，以及机器损坏保险等。

计算方法：

工程保险费＝单项工程费×工程保险费费率

（7）引进技术和进口设备其他费用。内容包括：

1）出国人员费用。指为引进技术和进口设备派出人员在国外培训和进行设计联络，设备检验等的差旅费、制装费、生活费等。这项费用根据设计规定的出国培训和工作的人数、时间及派往国家，按财政部、外交部规定的临时出国人员费用开支标准及中国民用航空公司现行国际航线票价等进行计算，其中使用外汇部分应计算银行财务费用。

2）国外工程技术人员来华费用。指为安装进口设备，引进国外技术等聘用外国工程技术人员进行技术指导工作所发生的费用。包括技术服务费，外国技术人员的在华工资、生活补贴、差旅费、医药费、住宿费、交通费、宴请费、参观游览等招待费用。这项费用按每人每月费用指标计算。

3）技术引进费。指为引进国外先进技术而支付的费用。包括专利费、专有技术费（技术保密费）、国外设计及技术资料费、计算机软件费等。这项费用根据合同或协议的价格计算。

4）分期或延期付款利息。指利用出口信贷引进技术或进口设备采取分期或延期付款的办法所支付的利息。

5）担保费。指国内金融机构为买方出具保函的担保费。这项费用按有关金融机构规定的担保费率计算（一般可按承保金额的5%计算）。

6）进口设备检验鉴定费用。指进口设备按规定付给商品检验部门的进口设备检验鉴定费。这项费用按进口设备货价的3%～5%计算。

（8）工程承包费。是指具有总承包条件的工程公司，对工程建设项目从开始建设至竣工投产全过程的总承包所需的管理费用。

具体内容包括组织勘察设计、设备材料采购、非标设备设计制造与销售、施工招标、发包、工程预决算、项目管理、施工质量监督、隐蔽工程检查、验收和试车直至竣工投产的各种管理费用。

一般工业建设项目为投资估算的6%～8%，民用建筑（包括住宅建设）和市政项目为4%～6%。不实行工程总承包的项目不计算本项费用。

3. 与未来生产经营有关的其他费用

（1）联合试运转费。新建企业或新增加生产工艺过程的扩建企业在竣工验收前，按照设计规定的工程质量标准，进行整个车间的负荷或无负荷联合试运转所发生的费用支出大于试运转收入的亏损部分。

（2）生产准备费。新建企业或新建生产能力的企业，为保证竣工交付使用而进行必要的生产准备所发生的费用。包括：

1）生产人员培训费，包括自行培训、委托其他单位培训的人员的工资、工资性补贴、职工福利费、差旅交通费、学习资料费、学习费、劳动保护费等。

2）生产单位提前进厂参加施工、设备安装、调试等，以及熟悉工艺流程及设备性能等人员的工资、工资性补贴、职工福利费、差旅交通费、劳动保护费等。

（3）办公和生活家具购置费。为保证新建、改扩建项目初期正常生产、使用和管理，所必须购置的办公和生活家具、用具的费用。

范围包括：行政、生产部门的办公室、会议室、资料档案室、阅览室、文娱室、食堂、浴室、理发室、单身宿舍、行车公寓和设计规定必须建设的托儿所、卫生所、招待所、中小学校、医院等的家具、用具。

不包括应由企业管理费、奖励基金或行政开支的改扩建项目所需的办公和生活用家具购置费。

（三）预备费

预备费包括基本预备费和涨价预备费。

1. 基本预备费

基本预备费是针对在项目实施过程中可能发生难以预料的支出，需要实现预留的费用，又称工程建设不可预见费。主要指设计变更及施工过程中可能增加工程量的费用。

（1）主要包括以下几个方面的费用：

1）在进行设计和施工过程中，在批准的初步设计范围内，必须增加的工程和按规定需要增加的费用（含相应增加的价差及税金）。本项费用不含Ⅰ类变更设计增加的费用。

2）在建设过程中，工程遭受一般自然灾害所造成的损失和为预防自然灾害所采取的措施费用。

3）在上级主管部门组织施工验收时，验收委员会（或小组）为鉴定工程质量，必须开挖和修复隐蔽工程的费用。

4）由于设计变更所引起的废弃工程的费用，但不包括施工质量不符合设计要求而造成的返工费用和废弃工程的费用。

5）征地、拆迁的价差。

（2）计算方法：

基本预备费 ＝（设备及工器具购置费＋建筑安装工程费＋工程建设其他费）×基本预备费率

2. 涨价预备费

是指建设项目在建设期间内由于价格等变化引起工程造价变化的预测预留费用。包括：人工费、设备、材料、施工机械价差，建筑安装工程费及工程建设其他费用调整，利率、汇率调整等。

（四）建设期贷款利息

当总贷款是分年均衡发放时，建设期利息的计算可按当年借款在年中支用考虑，即当年贷款按半年计息，上一年贷款按全年计息。特点：①建设期内只贷不还；②分年均衡发放。

第二节　建筑安装工程费用的构成

一、建筑安装工程费用内容

建筑安装工程费用由直接费、间接费、利润和税金 4 部分构成。其具体构成详见图 4－2。

二、建筑工程费用内容

（一）直接工程费

施工过程中耗费的构成工程实体的各项费用，包括人工费、材料费、施工机械使用费。

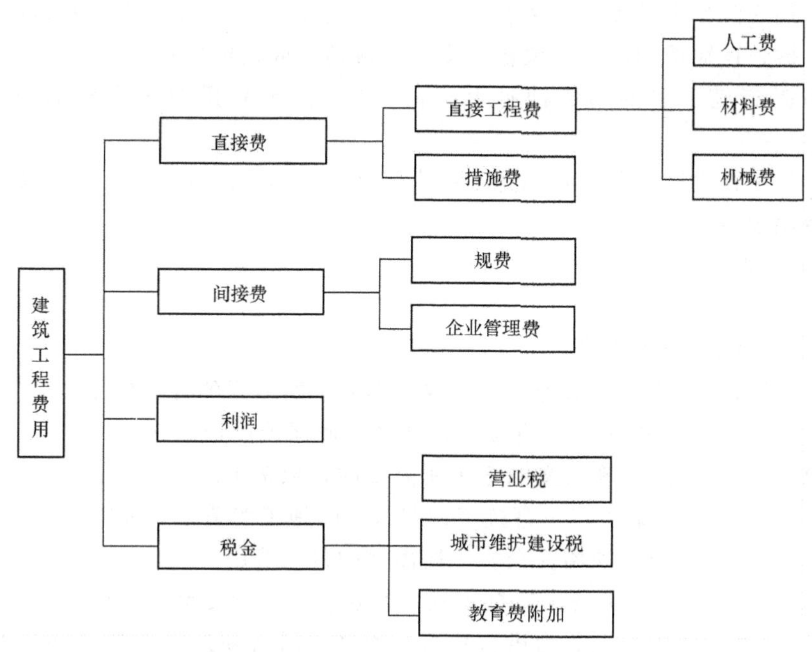

图 4-2　建筑工程费用构成

(1) 人工费。指直接从事建筑安装工程施工的生产工人开支的各项费用。

$$人工费=\sum(工日消耗量\times日工资单价)$$

(2) 材料费。指施工过程中耗费的构成工程实体的原材料、辅助材料、构配件、零件、半成品的费用。构成材料费的基本要素是材料消耗量、材料基价。

$$材料费=\sum(材料消耗量\times材料基价)$$

(3) 施工机械使用费。指施工机械作业所发生的机械使用费以及机械安拆费和场外运费。

$$施工机械使用费=\sum(施工机械台班消耗量\times机械台班单价)$$

(二) 措施费

为完成工程项目施工，于工程施工前和施工过程中发生的非工程实体项目。由施工技术措施费和施工组织措施费组成。措施费对不同企业、不同工程来说，可能发生，也可能不发生，需要根据具体的情况加以确定。

1. 施工技术措施费

(1) 通用施工技术措施费项目。

1) 大型机械设备进出场及安拆费。指机械整体或分体自停放场地至施工现场或由一个施工地点运至另一个施工地点所产生的机械进出运输和转移费用，以及机械在施工现场进行安装、拆卸所需的人工费、材料费、机械费、试运转费和安装所需的辅助设施费用。

2) 施工排水、降水费。指为确保工程在正常条件下施工所采取的各种排水、降水措施所产生的各种费用。

3) 地上、地下设施及建筑物的临时保护设施费。

(2) 专业工程施工技术措施项目。指列入各专业工程措施项目的属于施工技术措施项目的费用。如混凝土、钢筋混凝土模板及支架费、脚手架费。

混凝土、钢筋混凝土模板及支架费是指混凝土施工过程中需要的各种钢模板、木模板、支架等的支、拆、运输费用，以及模板、支架的摊销（或租赁）费用。

脚手架费是指施工需要的各种脚手架搭、拆、运输费用及脚手架的摊销（或租赁）费用。

（3）其他施工技术措施费。其他施工技术措施费是指根据各专业、地区及工程特点补充的技术措施费用项目。

2. 施工组织措施费

其内容包括：

（1）安全文明施工费措施费。

1）环境保护费。指施工现场为达到环保部门要求所需要的各项费用。

环境保护费＝直接工程费×环境保护费费率（%）

2）文明施工费。指施工现场文明施工所需要的各项费用。

文明施工费＝直接工程费×文明施工费费率（%）

3）安全施工费。指施工现场安全施工所需要的各项费用。

安全施工费＝直接工程费×安全施工费费率（%）

4）临时设施费。指施工企业为进行建筑工程施工所必须搭设的生活和生产用的临时建筑物、构筑物和其他临时设施费用等。

临时设施包括：临时宿舍、文化福利及公用事业房屋与构筑物，仓库、办公室、加工厂，以及规定范围内道路、水、电、管线等临时设施和小型临时设施。

临时设施费用包括：临时设施的搭设、维修、拆除费或摊销费。

（2）检验试验费。指包括建设工程质量见证取样检测费、建设施工企业配合检测及自设试验室进行试验所好用的材料和化学药品等费用。

（3）冬雨季施工增加费材料。指冬季和雨季施工期间，为保证工程质量和安全生产所需增加的费用。

（4）夜间施工增加费。指因夜间施工所发生的夜班补助费、夜间施工降效、夜间施工照明设备摊销及照明用电等费用。

（5）已完工程及设备保护费。指竣工验收前，对已完工程及设备进行保护所需费用。

（6）二次搬运费。指因施工场地狭小等特殊情况而发生的二次搬运费用。不适用于上山或过河发生的费用。

（7）行车、行人干扰增加费。指边施工边维持通车的市政道路（包括道路绿化）、排水工程受行车、行人干扰影响而增加的费用。

（8）提前竣工增加费。指因缩短工期要求发生的施工增加费，包括夜间施工增加费、周转材料加大投入量所增加的费用。

（9）优质工程增加费。指为生产优质工程而增加的费用。

（10）其他施工组织措施费。指根据各专业、地区及工程特点补充的施工组织措施费用项目。

（三）间接费

建筑安装工程间接费是指虽不直接由施工的工艺过程所引起，但却与工程的总体条件有关的，建筑安装企业为组织施工和进行经营管理，以及间接为建筑安装生产服务的各项费用。

间接费由规费和企业管理费组成，每部分又包含若干具体的费用项目。

1. 规费

（1）工程排污费。指施工现场按规定缴纳的工程排污费。

（2）社会保障费。包括：

1）养老保险费。指企业按规定标准为职工缴纳的基本养老保险费。

2）失业保险费。指企业按照国家规定标准为职工缴纳的失业保险费。

3）医疗保险费。指企业按照规定标准为职工缴纳的基本医疗保险费。

4）生育保险费。指企业按照规定标准为职工缴纳的生育保险费。

（3）住房公积金。企业缴纳部分。

（4）危险作业意外伤害保险。指按照建筑法规定，企业为从事危险作业的建筑安装施工人员支付的意外伤害保险费。

（5）民工工伤保险费。指企业规定为农民工缴纳的工伤保险费。

注：民工工伤保险费和危险作业意外伤害保险属于规费，但是在规费项目外单列计算。计算方法按各市有关规定，如杭州市规定民工工伤保险费的计算方法为：（分部分项费用＋措施项目费用＋其他项目费用＋规费）×0.114%

2. 企业管理费

企业管理费指建筑安装企业组织施工生产和经营管理所需费用。内容包括：

（1）管理人员工资。指管理人员的基本工资、工资性补贴、职工福利费、劳动保护费等。

（2）办公费。指企业管理办公用的文具、纸张、账表、印刷、邮电、书报、会议、水电、烧水和集体取暖（包括现场临时宿舍取暖）用煤等费用。

（3）差旅交通费。指职工因公出差、调动工作的差旅费、住勤补助费，市内交通费和误餐补助费，职工探亲路费，劳动力招募费，职工离退休、退职一次性路费，工伤人员就医路费，工地转移费以及管理部门使用的交通工具的油料、燃料、养路费及牌照费。

（4）固定资产使用费。指管理和试验部门及附属生产单位使用的属于固定资产的房屋、设备仪器等的折旧、大修、维修或租赁费。

（5）工具用具使用费。指管理使用的不属于固定资产的生产工具、器具、家具、交通工具和检验、试验、测绘、消防用具等的购置、维修和摊销费。

（6）劳动保险费。指由企业支付离退休职工的易地安家补助费、职工退职金、六个月以上的病假人员工资、职工死亡丧葬补助费、抚恤费、按规定支付给离休干部的各项经费。

（7）工会经费。指企业按职工工资总额计提的工会经费。

（8）职工教育经费。指企业为职工学习先进技术和提高文化水平，按职工工资总额计提的费用。

（9）财产保险费。指施工管理用财产、车辆保险。

（10）财务费。指企业为筹集资金而发生的各种费用。

（11）税金。指企业按规定缴纳的房产税、车船使用税、土地使用税、印花税等。

（12）其他。包括技术转让费、技术开发费、业务招待费、绿化费、广告费、公证费、法律顾问费、审计费、咨询费等。

（四）利润及税金

1. 利润

利润是指施工企业完成所承包工程获得的盈利。

利润的计算因计算基础的不同而不同：

（1）以直接费为计算基础时利润的计算方法：

利润＝（直接费＋间接费）×相应利润率

（2）以人工费为计算基础时利润的计算方法：

利润＝直接费中的人工费合计×相应利润率

2. 税金

建筑安装工程税金是指国家税法规定的应计入建筑安装工程费用的营业税，城乡维护建设税、教育费附加及本省规定缴纳的水利建设专项资金等。

（1）营业税：3％。

（2）城乡维护建设税：市区（营业税的7％），县镇（营业税的5％），农村（营业税的1％）。

（3）教育费附加：营业税的3％。

（4）地方教育附加。

建筑工程费用组成详见表4-1。

表4-1 建筑工程费用组成表

<table>
<tr><td rowspan="18">建筑工程费用</td><td rowspan="18">（一）直接费</td><td rowspan="3">直接工程费</td><td colspan="2">1. 人工费</td></tr>
<tr><td colspan="2">2. 材料费</td></tr>
<tr><td colspan="2">3. 施工机械使用费</td></tr>
<tr><td rowspan="15">措施费</td><td rowspan="5">施工技术措施费</td><td>1. 大型机械进出场及安拆费</td></tr>
<tr><td>2. 施工排水、降水费</td></tr>
<tr><td>3. 地上、地下设施、建筑物的临时保护设施费</td></tr>
<tr><td>4. 专业工程施工技术措施费</td></tr>
<tr><td>5. 其他施工技术措施费</td></tr>
<tr><td rowspan="10">施工组织措施费</td><td>1. 安全文明施工费</td></tr>
<tr><td>2. 检验试验费</td></tr>
<tr><td>3. 冬雨季施工增加费</td></tr>
<tr><td>4. 夜间施工增加费</td></tr>
<tr><td>5. 已完工程及设备保护费</td></tr>
<tr><td>6. 二次搬运费</td></tr>
<tr><td>7. 行车、行人干扰增加费</td></tr>
<tr><td>8. 提前竣工增加费</td></tr>
<tr><td>9. 优质工程增加费</td></tr>
<tr><td>10. 其他施工组织措施费</td></tr>
</table>

续表

建筑工程费用	（二）间接费	规费	1. 工程排污费	
			2. 社会保障费	（1）养老保险费
				（2）失业保险费
				（3）医疗保险费
				（4）生育保险费
			3. 住房公积金	
			4. 民工工伤保险费	
			5. 危险作业意外伤害保险费	
		企业管理费	1. 管理人员工资	
			2. 办公费	
			3. 差旅交通费	
			4. 固定资产使用费	
			5. 工具用具使用费	
			6. 劳动保险费	
			7. 工会经费	
			8. 职工教育经费	
			9. 财产保险费	
			10. 财务费	
			11. 税金	
	（三）利润			
	（四）税金			

三、浙江省施工取费定额的表现形式

根据建设工程费用的组成，《浙江省建设工程施工费用定额》（2010 版）对其中五项费用指定了相应的费率，各项费率的表现形式如表 4-2～表 4-6 所示（以建筑工程为例）。

1. 建筑工程施工组织措施费费率

表 4-2　建筑工程施工组织措施费费率

定额编号	项目名称		计算基数	费率（%）		
				下限	中值	上限
A1	施工组织措施费					
A1-1	安全文明施工费					
A1-11	其中	非市区工程	人工费＋机械费	4.01	4.46	4.91
A1-12		市区一般工程		4.73	5.25	5.78
A1-13		市区临街工程		5.44	6.04	6.64
A1-2	夜间施工增加费		人工费＋机械费	0.02	0.04	0.08

续表

定额编号	项目名称		计算基数	费率（%）		
				下限	中值	上限
A1-3	提前竣工增加费		人工费＋机械费			
A1-31	其中	缩短工期10%以内	人工费＋机械费	0.01	0.92	1.83
A1-32		缩短工期20%以内		1.83	2.27	2.71
A1-33		缩短工期30%以内		2.71	3.15	3.59
A1-4	二次搬运费		人工费＋机械费	0.71	0.88	1.03
A1-5	已完成工程及设备保护费			0.02	0.05	0.08
A1-6	检验试验费			0.88	1.12	1.35
A1-7	冬雨季施工增加费			0.10	0.20	0.30
A1-8	优质工程增加费		优质工程增加费前造价	2.00	3.00	4.00

2. 建筑工程企业管理费率

表4-3 建筑工程企业管理费费率

定额编号	项目名称	计算基数	费率（%）		
			一类	二类	三类
A2	企业管理费	人工费＋机械费			
A2-1	工业与民用建筑工程		20～26	16～22	12～18
A2-2	单独装饰工程		18～23	15～20	12～17
A2-3	单独构筑物及其他工程		22～28	18～24	14～20
A2-4	专业打桩工程		13～17	10～14	7～11
A2-5	专业钢结构工程		16～21	12～17	8～13
A2-6	专业幕墙工程		19～25	15～21	11～17
A2-7	专业土石方工程		9～12	7～10	5～8
A2-8	其他专业工程		—	12～16	—

3. 建筑工程利润费率

表4-4 建筑工程利润费率

定额编号	项目名称	计算基数	费率（%）
A3	利润	人工费＋机械费	
A3-1	工业与民用建筑工程 专业钢结构工程		6～11
A3-2	单独装饰工程 专业幕墙工程		7～13
A3-3	单独构筑物及其他工程		7～12
A3-4	专业打桩工程		4～8
A3-5	专业土石方工程		1～4
A3-6	其他专业工程		5～9

4. 规费费率

表 4 - 5　**建筑工程规费费率**

定额编号	项目名称	计算基数	费率（%）
A4	利润	人工费＋机械费	
A4 - 1	工业与民用建筑工程		10.40
A4 - 2	单独装饰工程		13.36
A4 - 3	专业工程（打桩、钢结构、幕墙及其他）		6.19
A4 - 4	专业土石方工程		4.06

5. 税金费率

表 4 - 6　**建筑工程税金费率**

定额编号	项目名称	计算基数	费率（%）		
			市区	城（镇）	其他
A5	税金	直接费＋管理费＋利润＋规费	3.577	3.513	3.384
A5 - 1	税费		3.477	3.413	3.284
A5 - 2	水利建设资金		0.100	0.100	0.100

四、浙江省工程费用计算规定

工程费用计算分工料单价法和综合单价法两种，前者适用于定额计价方法，后者适用于工程量清单计价方法。

（一）工料单价法

1. 判定建筑工程类别

根据单位工程的规模、高度、跨度、层数、施工难易程度划分建筑工程类别。

高度：设计室外至建筑物檐口底的高度。

层数：设计的层数（含地下室半地下室的层数）。面积小于标准层 30%的顶层及层高 2.2 m 以下的地下室或技术设备层不计算层数。

地下室：房间地平面低于室外地平面的高度超过该房间净高的 1/2 者为地下室。

半地下室：房间地平面低于室外地平面的高度超过该房间净高的 1/3，且不超过 1/2 者为半地下室。

①单位工程有三个条件的，符合两个或两个以上的执行相应类别标准，只符合一个条件的，按低一类标准执行。

②有两个条件的，符合其中一个条件，按相应类别标准执行。

③单位工程不同层数，高层部分的建筑面积占单位工程总面积 30%以上，按高层部分的层数、高度划分类别。否则按低层部分划分类别。

④六层以下的居住建筑按三类工程费率×0.8。

⑤地下室三层及以上符合二类、三类的提高一个类别。

2. 按计算程序表（表 4-7）计算工程费用

表 4-7 工程费用计算程序表

<table>
<tr><th>序号</th><th colspan="2">费用项目</th><th>计算方法</th></tr>
<tr><td>一</td><td colspan="2">预算定额分部分项直接费</td><td></td></tr>
<tr><td></td><td>其中</td><td>1. 人工费＋机械费</td><td>∑（定额人工费＋定额机械费）</td></tr>
<tr><td>二</td><td colspan="2">措施项目费</td><td></td></tr>
<tr><td rowspan="14"></td><td colspan="2">（一）施工技术措施项目费</td><td></td></tr>
<tr><td>其中</td><td>2. 人工费＋机械费</td><td>∑技术措施项目（人工费＋机械费）</td></tr>
<tr><td colspan="2">（二）施工组织措施项目费</td><td></td></tr>
<tr><td rowspan="10">其中</td><td>3. 安全文明施工费</td><td rowspan="8">（1＋2）×费率</td></tr>
<tr><td>4. 冬雨季施工增加费</td></tr>
<tr><td>5. 夜间施工增加费</td></tr>
<tr><td>6. 已完工程及设备保护费</td></tr>
<tr><td>7. 二次搬运费</td></tr>
<tr><td>8. 行车、行人干扰增加费</td></tr>
<tr><td>9. 提前竣工增加费</td></tr>
<tr><td>10. 工程定位复测费</td></tr>
<tr><td>11. 特殊地区增加费</td><td>按实际发生计算</td></tr>
<tr><td>12. 其他施工组织措施费</td><td>按相关规定计算</td></tr>
<tr><td>三</td><td colspan="2">企业管理费</td><td rowspan="2">（1＋2）×费率</td></tr>
<tr><td>四</td><td colspan="2">利润</td></tr>
<tr><td>五</td><td colspan="2">规费</td><td>12＋13＋14</td></tr>
<tr><td rowspan="3"></td><td colspan="2">12. 排污费、社保费、公积金</td><td>（1＋2）×费率</td></tr>
<tr><td colspan="2">13. 民工工伤保险费</td><td rowspan="2">按各市有关规定计算</td></tr>
<tr><td colspan="2">14. 危险作业意外伤害保险费</td></tr>
<tr><td>六</td><td colspan="2">总包服务费</td><td>（14＋16）或（15＋16）</td></tr>
<tr><td rowspan="3"></td><td colspan="2">15. 总承包管理和协调费</td><td rowspan="2">分包项目工程造价×费率</td></tr>
<tr><td colspan="2">16. 总承包管理、协调和服务费</td></tr>
<tr><td colspan="2">17. 甲供材料、设备管理服务费</td><td>（甲供材料费、设备费）×费率</td></tr>
<tr><td>七</td><td colspan="2">风险费</td><td>（一＋二＋三＋四＋五＋六）×费率</td></tr>
<tr><td>八</td><td colspan="2">暂定金额</td><td>（一＋二＋三＋四＋五＋六＋七）×费率</td></tr>
<tr><td>九</td><td colspan="2">税金</td><td>（一＋二＋三＋四＋五＋六＋七＋八）×费率</td></tr>
<tr><td>十</td><td colspan="2">建设工程造价</td><td>一＋二＋三＋四＋五＋六＋七＋八＋九</td></tr>
</table>

注意

①施工组织措施费、企业管理费、利润等项目费率为弹性费率，投标报价时企业参考弹性费率自主确定，并在合同中明确。编制招标控制价时应按中值计取。

②施工组织措施中安全文明施工费为必须计算的措施项目，投标报价时不得低于弹性费率的下限费率报价，投标控制价按中值费率编制。

③规费、税金属于非竞争性费用，按定额规定计取，不得优惠。

④措施项目按工程实际发生情况或施工方案确定措施费项目费用。已计取提前竣工增加费的不应同时计取夜间施工增加费。

⑤民工工伤保险费属于规费，但是在规费项目外单列计算，计算方法按各市有关规定。意外伤害保险费用属于“企业管理费”，但暂不并入企业管理费内，在建设工程费用计算程序中规费之后单独列项。

3. 工料单价法计费应用举例

【例 4-1】 某杭州市区非临街综合楼，房屋高 62m，12 层，地下室 2 层，层高 2.2m，按工料单价法直接工程费 1300 万元，其中人工、机械费 400 万元，施工技术措施项目费 200 万元，其中人工、机械费 70 万元，需考虑环境、文明、安全、临时设施、材料二次搬运，按照浙江省费用定额规定，计算该工程的招标控制价。（计算结果保留 2 位小数）

解：1. 判定该建筑工程类别：公共建筑二类。

2. 按工料单价法的计费程序（表 4-8）计算。

表 4-8　　建筑工程费用计算表

序号	费用项目		计算方法	费用（万元）
一	预算定额直接工程费			1300
	其中	1. 人工费＋机械费	分部分项工程量×工料单价	400
二	措施项目费			246.1
	（一）施工技术措施项目费		措施项目工程量×工料单价	200
	其中	2. 人工费＋机械费		70
	（二）施工组织措施项目费			46.1
	其中	3. 安全文明施工费	470×5.25%×1.7	41.96
		4. 二次搬运费	470×0.88%	4.14
三	企业管理费		470×19%×1.3	116.09
四	利润		470×8.5%	39.95
五	规费			50.88
	5. 排污费、社保费、公积金		470×10.40%	48.88
	6. 民工工伤保险费		（1300＋246.1＋116.09＋39.95＋48.88）×0.114%	2.00

续表

序号	费用项目	计算方法	费用（万元）
六	总包服务费		0
七	风险费		0
八	暂定金额		0
九	税金	（1300＋246.1＋116.09＋39.95＋50.88）×3.577％	62.71
十	建设工程造价	1300＋246.1＋116.09＋39.95＋50.88＋62.71	1815.73

（二）综合单价法

1. 综合单价

包括人工费、材料和工程设备费、机械使用和工程设备费、企业管理费、利润、风险费。规费、税金另取。

2. 综合单价法计价的工程费用计算程序（表 4－9）

表 4－9　　工程造价计算表

序号	费用项目	计算方法	费用（元）
一	分部分项工程量清单项目费	分部分项工程量×综合单价	
	其中：1. 人工费＋机械费		
二	措施项目清单费		
	（一）施工技术措施项目费	技术项目工程量×综合单价	
	其中：2. 人工费＋机械费		
	（二）施工组织措施项目费	（1＋2）×相应费率	
三	其他项目清单费	按清单计价要求	
四	规费	（1＋2）×相应费率	
四′	农民工工伤保险费用	（一＋二＋三＋四）×相应费率	
五	税金	（一＋二＋三＋四＋四′）×相应费率	
六	建筑工程造价	一＋二＋三＋四＋五	

3. 综合单价法计费应用举例

【例 4－2】 市区二类工程：分部分项工程量清单费是 300 万元（其中人工费 50 万元，材料费 100 万元，机械费 100 万元），施工技术措施项目费 100 万元（其中人工费 20 万元，材料费 60 万元，机械费 10 万元），安全文明施工费率 5.25％，夜间施工增加费 0.04％，二次搬运费费率为 1.17％，已完工程保护费 0.05％，企业管理费率 20％，利润 10％，规费费率 16.43％，农民工工伤保险保险费率 0.114％，（计费基数为分部分项费用＋措施项目费用＋其他项目费用＋规费），税率 3.577％，以综合单价法求工程造价。

解： 工程造价计算如表 4－10 所示。

表 4-10　**工程造价计算表**

序号	费用项目	计算方法	费用（元）
一	分部分项工程量清单项目费		3 000 000
	其中：1. 人工费＋机械费		1 500 000
二	措施项目清单费		1 117 180
	（一）施工技术措施项目费		1 000 000
	其中：2. 人工费＋机械费		300 000
	（二）施工组织措施项目费	1 800 000×（5.25＋0.04＋1.17＋0.05）%	117 180
三	其他项目清单费		0
四	规费	1 800 000×16.43%	295 740
四′	农民工工伤保险费用	（3 000 000＋ 1 117 180＋295 740）×0.114%	5030.73
五	税金	（3 000 000＋1 117 180＋0＋295 740＋5030.7）×3.577%	158 030.10
六	建筑工程造价	3 000 000＋1 117 180＋0＋295 740＋5 030.73＋158 030.10	4 570 980.83

项 目 小 结

本项目主要介绍了建设工程费用的构成及其各项费用的含义，建筑工程造价的四部分构成，重点应把握措施费的含义及其分类、税金的组成，工料单价法和综合单价法计算建筑工程费用的区别和联系等，掌握《浙江省建设工程施工费用定额》（2010 版）的使用，两种建筑工程费用的计算程序。

思考与练习题

1. 什么是建筑工程费用？它由哪几部分费用组成？

2. 什么是措施费？它由哪些内容构成？

3. 什么是综合单价？简述综合单价法计费和工料单价法计费的区别和联系。

4. 某城镇 6 层住宅楼，房屋高度 18m，没有地下室，按工料单价法直接工程费 1000 万元，其中人工、机械费 300 万元，施工技术措施项目费 150 万元，其中人工、机械费 50 万元，按浙江省费用计算的有关规定用工料单价法计算该工程的造价（费率取下限）。

5. 某城镇 6 层住宅楼，房屋高度 18m，没有地下室，分部分项工程量清单合计 1000 万元，其中人工、机械费 300 万元，施工技术措施项目费 150 万元，其中人工、机械费 50 万元，按浙江省费用计算的有关规定用综合单价法计算该工程的造价（费率取下限）。

模块二 预算定额基础知识

《浙江省建筑工程预算定额》(2010 版) 由上、下两册组成。其中，上册包括定额总说明、GB/T 50353—2005《建筑工程建筑面积计算规范》、土石方工程到附属工程等九个分部工程的定额，下册包括定额包括总说明、建筑工程建筑面积计算规范 (GB/T 50353—2005)、楼地面工程到建筑物超高施工增加费及四个附录。

一、定额总说明

定额总说明对定额的使用方法及定额中的共同性问题作出了综合说明和规定。在使用定额时必须仔细阅读总说明的内容，以便对整个定额有更加全面和完整的了解。

总说明主要包含以下要点：

(1) 预算定额的性质；

(2) 预算定额的作用；

(3) 定额的适用范围；

(4) 定额的编制依据和指导思想；

(5) 有关定额人工的说明和规定；

(6) 有关建筑材料、成品及半成品的说明和规定；

(7) 有关机械台班定额的说明和规定；

(8) 其他有关使用方法的统一规定等。

《浙江省建筑工程预算定额》(2010 版) 总说明包含十六条规定。

二、建筑工程建筑面积计算规范

建筑面积是建设工程领域一个重要的技术经济指标，它表示一个建筑物建筑规模的大小。

《建筑面积计算规范》(GB/T 50353—2005)，自 2005 年 7 月 1 日起实施，是为规范工业与民用建筑工程的面积计算、统一计算方法制定的。该规范适用于新建、扩建、改建的工业与民用建筑工程的面积计算，包括总则、术语和计算建筑面积的规定三部分内容。

三、册说明

是对本册定额的使用方法和本册定额中的共性问题所作的综合说明和规定。使用定额时必须熟悉和掌握册说明的内容，以便对本册定额有一个全面的了解。

四、分部工程定额

《浙江省建筑工程预算定额》（2010 版）由上、下两册组成。上、下册定额按照工程的结构类型结合形象部位，划分为 18 个分部工程，顺序如下：

第一章　土石方工程

第二章　桩基础与地基加固工程

第三章　砌筑工程

第四章　混凝土及钢筋混凝土工程

第五章　木结构工程

第六章　金属结构工程

第七章　屋面及防水工程

第八章　保温隔热、耐酸防腐工程

第九章　附属工程

第十章　楼地面工程

第十一章　墙柱面工程

第十二章　天棚工程

第十三章　门窗工程

第十四章　油漆、涂料、裱糊工程

第十五章　其他工程

第十六章　脚手架工程

第十七章　垂直运输工程

第十八章　建筑物超高施工增加费

每一章定额中均包含分部说明、工程量计算规则、定额节和定额表几个部分。

（一）分部说明

每一个分部工程即为定额的每一章。分部说明是对本章定额中包含的内容、编制依据、共性问题和使用中的注意事项所作的说明。只有仔细阅读这些说明，才能达到正确使用定额的目的。

（二）工程量计算规则

工程量计算规则是对本章定额中各个分项工程工程量的计算所作的统一规定。

（三）定额节和定额表

1. 定额节

定额节是分部工程中技术因素相同的分项工程集合，是定额最基本的表达单位。例如：机械土方定额划分为场地机械平整碾压、挖掘机挖土、挖掘机挖土装车、机械挖淤泥流砂、推土机推土、铲运机铲运土方和人工装土、装载机装土、自卸汽车运土等定额节。

2. 定额表

定额表是定额的主要组成部分。每个定额表列有工作内容、计量单位、项目名称、定额编号、定额基价以及人工、材料及机械等的消耗定额。有时在定额表下还列有附注、说明设计有特殊要求时怎样使用定额，以及说明其他应作必要解释的问题。

五、附录

附录也是定额的组成部分，列在定额的最后部分。《浙江省建筑工程预算定额》（2010

版）附录由以下四个部分组成：

附录一　砂浆、混凝土强度配合比

附录二　机械台班单独计算的费用

附录三　建筑工程主要建筑材料损耗率取定表

附录四　人工、材料、机械台班价格定额取定表

项目5　预算定额消耗量的确定

第一节　人工消耗量指标的确定

预算定额中人工消耗量指标，包括完成一定计量单位的分项工程所需要的各种用功数量。人工消耗量指标的确定有两种方法：一种是以施工定额为基础，另一种是以现场观测的资料为资料来计算。

一、以劳动定额为基础的人工工日消耗量的确定

人工工日消耗量包含基本用工和其他用工，如图5-1所示。

（一）基本用工

基本用工是指完成该分项工程的主要用工量。例如在完成混凝土基础工程中的混凝土搅拌、水平运输、浇捣和养护等所需的工日数量。预算定额是综合性的，因此包含的工程内容很多。

基本用工量应按综合取定的工程量和劳动定额中相应的时间定额进行计算，即

基本用工消耗量=∑（各工序工程量×相应的劳动定额）

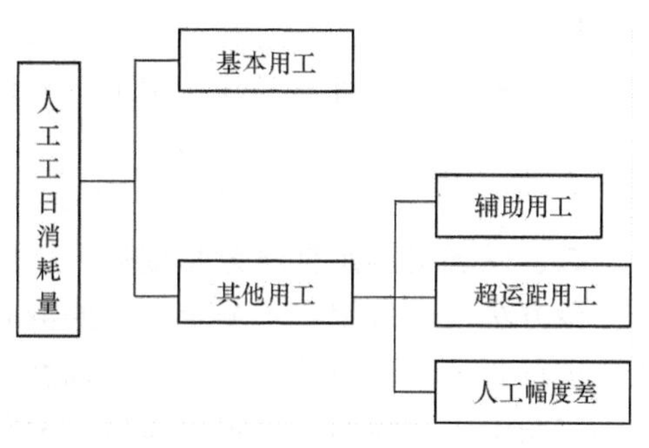

图5-1　人工工日消耗量的组成

（二）其他用工

其他用工是指劳动定额中没有包含的而在预算定额中又必须考虑进去的工时消耗，其内容包括材料及半成品超运距用工、辅助用工和人工幅度差。

1. 超运距用工

超运距用工是指预算定额中材料、半成品、成品的运输距离超过了劳动定额所规定的运距所需要增加的用工量，计算公式为

超运距=预算定额中取定的运距-劳动定额中已包含的运距

超运距用工消耗量=∑（超运距材料的数量×相应的劳动定额）

2. 辅助用工

辅助用工是指劳动定额中没有包括，但在预算定额内又必须要考虑的用工。例如筛砂子、淋石灰膏等。计算公式为

辅助用工=∑（材料加工数量×相应的劳动定额）

3. 人工幅度差

人工幅度差包含两个方面，一是指劳动定额作业时间没有包括，但在正常的施工条件下又不可避免各种工时损失，二是由于预算定额和劳动定额的定额水平不同而引起的水平差。工时损失的内容主要包括：①各种工种的工序施工之间的搭接，交叉作业互相配合发生的停歇用工；②施工机械的临时维修、在单位工程之间转移及临时水电线路移动所造成的不可避免的工作停歇时间；③质量检查和隐蔽工程验收工作对工人操作时间的影响；④班组操作地点在单位工程内的转移用工；⑤工序交接时，对前一道工序不可避免的修整用工；⑥施工中

不可避免的其他零星用工。

由于上述因素不变计算出工程量，因此人工幅度差的计算需要确定一个合理的增加比例，即人工幅度差系数。人工幅度差的计算公式为

人工幅度差=（基本用工+超运距用工+辅助用工）×人工幅度差系数

一般来说，人工幅度差系数的取定范围在10%～15%。

汇总以上各项需要考虑的因素，可以得出人工消耗量指标的计算公式为：

人工消耗量指标= 基本用工 + 其他用工

= 基本用工 + 超运距用工 + 辅助用工 + 人工幅度差

=（基本用工 + 超运距用工 + 辅助用工）×（1 + 人工幅度差系数）

【例5-1】 某砖混结构墙体砌筑工程，完成10m³砌体基本用工13.5工日，辅助用工2.0工日，超运距用工1.5工日，人工幅度差系数为10%，求该砌筑工程预算定额中的人工消耗量。

解： 人工消耗量=（基本用工+超运距用工+辅助用工）×（1+人工幅度差系数）

=（13.5+1.5+2.0）×（1+10%）

=18.7工日/10m³

二、以现场测定资料为基础的人工消耗量的确定

该方法可以采用技术测定法中的测时法、现场工作日写实法、写实记录法等对工时消耗数值进行测定，再考虑一定的人工幅度差来计算预算定额的人工消耗量。此种方法仅适用于劳动定额中未列项的预算定额项目的编制。

第二节 材料消耗量指标的确定

一、材料消耗量的含义

材料消耗量是指完成单位合格产品所必须消耗的材料数，按照用途可以分为以下四种：

（1）主要材料。指直接构成工程实体的材料，其中也包含成品、半成品的材料。

（2）辅助材料。指构成工程实体除了主要材料以外的其他材料。如铁钉、铅丝等。

（3）周转材料。指脚手架、模板等多次周转使用的不构成工程实体的摊销性材料。

（4）其他材料。指用量较少、难以计量的零星材料。如棉纱、编号用的油漆等。

二、材料消耗量的计算方法

材料消耗量的计算方法主要有以下几种：

（1）凡有标准规格的材料，按规范要求计算定额计量单位的耗用量，如防水卷材、块料面层等。

（2）凡涉及图纸标注尺寸及下料要求的，按涉及图纸尺寸计算材料净用量，如门窗制作用材料。

（3）换算法。对于各种胶结材料、涂料等材料的配合比用料，可以要求条件换算，得出材料的用量。

（4）测定法。包括试验室试验法和现场观察法。

试验室试验法是指各种强度等级的混凝土及砌筑砂浆配合比的耗用原材料数量的计算，需要按照规范要求试配经过试压合格以后并经过必要的调整后得出的水泥、砂子、石子、水

等的用量。

对于新材料、新结构又不能用其他方法计算定额消耗量时，需用现场测定的方法来确定，根据不同条件可以采用写实记录法和观察法，得出定额的消耗量。

预算定额中的材料消耗量指标一般是由材料净用量和损耗量两部分构成的，材料的损耗量是指在正常条件下不可避免的材料的损耗，如现场内材料运输及施工操作过程中的损耗等。其关系式如下所示：

$$材料损耗率=\frac{材料损耗量}{材料净用量}\times 100\%$$

材料损耗量＝材料净用量×材料损耗率

材料消耗量＝材料净用量＋材料损耗量＝材料净用量×(1＋损耗率)

三、其他材料的确定

一般按工艺测算并在定额项目材料计算表内列出名称、数量，并依照编制期的价格以其他材料占主要材料的比率来计算，列在定额材料栏下面，定额内可以不列出材料的名称及消耗量。

第三节 机械台班消耗量指标的确定

预算定额中的机械台班消耗量是指在正常施工条件下，生产单位合格产品（分部分项工程或结构构件）所必须消耗的某种型号的施工机械的台班数量。机械台班消耗量的确定有两种方法，一种是以施工定额为基础的机械台班消耗量的确定，另一种是以现场实测数据为基础的机械台班消耗量的确定。

一、以施工定额为基础的机械台班消耗量的确定

此种方法是指以施工定额或劳动定额中机械台班产量家机械幅度差来计算预算定额中的机械台班消耗量，计算公式如下：

预算定额机械耗用台班＝施工定额中机械台班耗用量＋机械幅度差

＝施工定额中机械台班耗用量×（1＋机械幅度差系数）

机械幅度差是指施工定额中没有包括，但是实际施工中又必须发生的机械台班用量。主要考虑以下内容：

①施工机械转移工作面及配套机械相互影响损失的时间；

②在正常的施工条件下机械施工中不可避免的工作间歇时间；

③检查工程质量影响机械的操作时间；

④临时水电线路在施工过程中的转移所发生的不可避免的机械操作间歇时间；

⑤冬季施工发动机械的时间；

⑥不同厂牌机械的工效差别，临时维修、小修、停水停电等引起的机械停歇时间；

⑦工程收尾和工作量不饱满所损失的时间。

大型机械的幅度差系数为：土方机械25%，打桩机械33%，吊装机械30%，砂浆、混凝土搅拌机由于按小组配用，以小组产量计算机械台班产量，不另外增加机械幅度差。其他分部工程中如钢筋加工、木材、水磨石等各项专用机械的幅度差为10%。

占比例不大的零星小型机械按劳动定额小组成员计算出机械台班使用量，以“机械费”

或者“其他机械费”表式，不再列台班数量。

二、以现场实测数据为基础的机械台班消耗量的确定

如果在编制预算定额施工机械台班消耗量时，遇到施工定额中缺项的项目，则需要通过对施工机械现场实地观测得到机械台班的数量，并在此基础上加上适当的机械幅度差，来确定机械台班的消耗量。

项目小结

本项目主要介绍了人工消耗量指标、材料消耗量指标和施工机械台班消耗量指标的确定方法。应重点掌握人工、材料、机械消耗量包含的内容及计算方法。

思考与练习题

1. 简述人工消耗量包含的内容。

2. 简述损耗率的含义及计算方法。

3. 简述机械幅度差包含的内容。

4. 完成单位合格产品的基本用工为 22 工日，超运距用工为 4 工日，辅助用工为 2 工日，人工幅度差系数是 12%，求预算定额中的人工工日消耗量。

项目6　预算定额基础单价的计算

浙江省建筑工程预算定额的预算基价是由人工费、材料费和施工机械费共同组成的。定额基价的确定方法主要就是由定额所规定的人工、材料、机械台班消耗量乘以相应的地区日工资单价、材料价格和机械台班价格来确定。具体计算公式如下：

人工费＝∑(某定额项目的工日数×地区相应的定额日工资单价)

材料费＝∑(某定额项目的材料消耗量×地区相应材料价格)＋其他材料费

机械费＝∑(某定额项目机械台班消耗量×地区相应施工机械台班价格)

第一节　人工单价的确定

一、人工工日单价的构成

人工工日单价是指一个建筑安装生产工人一个工作日在预算中应计入的全部人工费用。它基本上反映了建筑安装生产工人的工资水平和一个工人在一个工作日中可以得到的报酬。合理确定人工工日单价是正确计算人工费和工程造价的前提和基础。

人工工日单价的一般组成如下，详见表6-1。

表6-1　　人工工日单价的组成

生产工人基本工资 G_1	岗位工资	生产工人工资性津贴 G_2	物价补贴
	技能工资	生产工人辅助工资 G_3	非作业工日发放的工资和工资性补贴
	年功工资	职工福利费 G_4	书报费
生产工人工资性津贴 G_2	煤燃气补贴		洗理费
	交通补贴		取暖费
	流动施工津贴	生产工人劳动保护费 G_5	劳动用品
	住房补贴		徒工服装费
	工资附加		防暑降温费
	地区津贴		保健津贴

1. 生产工人基本工资（G_1）

是指发给生产工人的基本工资。生产工人的基本工资执行岗位工资和技能工资制度，由岗位工资、技能工资和年功工资（按工作年限确定的工资）组成。

2. 生产工人工资性津贴（G_2）

是指为了补偿工人额外或特殊的劳动消耗及为了保证工人的工资水平不受特殊条件的影响而以补贴的形式支付给工人的劳动报酬。生产工人工资津贴主要包括按规定标准发放的煤燃气补贴、交通费补贴、流动施工津贴、住房补贴、工资附加、地区津贴和物价补贴等。

3. 生产工人辅助工资（G_3）

是指生产工人年有效施工天数以外的作业天数的工资。生产工人辅助工资主要包括职工在职学习、培训期间的工资、调动工作、探亲、休假期间的工资、因气候影响的停工工资、女工哺乳期间的工资、病假在六个月以内的工资及产、婚、丧假期的工资等。

4. 职工福利费（G_4）

是指企业按照国家规定计提的生产工人的职工福利基金。

5. 生产工人劳动保护费（G_5）

是指按规定标准发放的劳动保护用品的购置费及修理费、徒工服装补贴、防暑降温费、在有碍身体健康环境中施工的保健费用。

二、人工单价的确定方法

$$人工工日单价\ G=\sum_{i=1}^{5}G_i$$

1. 生产工人基本工资 G_1

$$G_1=\frac{生产工人平均月工资}{年平均每月法定工作日}$$

2. 生产工人工资性津贴 G_2

$$G_2=\frac{\sum 月发放标准}{年平均每月法定工作日}+\frac{\sum 年发放标准}{全年日历日-法定假日}+每工作日发放标准$$

3. 生产工人辅助工资 G_3

$$G_3=\frac{全年无效工作日\times(G_1+G_2)}{全年日历日-法定假日}$$

4. 职工福利费 G_4

$$G_4=(G_1+G_2+G_3)\times 福利费计提比例(\%)$$

5. 生产工人劳动保护费 G_5

$$G_5=\frac{生产工人年平均支出劳动保护费}{全年日历日-法定假日}$$

【例 6-1】 某建筑企业工人基本工资为 40 元/工日，工资性补贴为 15 元/工日，生产工人辅助工资为 8 元/工日，生产工人劳动保护费为 5 元/工日，职工福利费按 2.5%计提，求该地区人工日工资单价。

$$G_4=(G_1+G_2+G_3)\times 职工福利费率=(40+15+8)\times 2.5\%=1.575（元/工日）$$

$$G=G_1+G_2+G_3+G_4+G_5=40+15+8+1.575+5=69.575（元/工日）$$

三、浙江省现行计价依据人工单价

浙江省目前执行的 2010 版计价依据，其中定额人工单价取定分别为：一类人工 40 元/工日，二类人工 43 元/工日，三类人工 50 元/工日。

四、影响人工单价的因素

影响建筑安装工人人工单价的因素有很多，归纳起来主要有以下几个方面：

（1）社会平均工资水平。建筑安装工人人工单价必然和社会平均工资水平趋同。社会平均工资水平取决于经济发展水平。由于我国改革开放以来经济迅速增长，社会平均工资也有大幅增长，从而影响人工单价的大幅提高。

（2）生产消费指数。生产消费指数的提高会影响人工单价的提高，以减少生活水平下降，或维持原来的生活水平。生活消费指数的变动取决于物价的变动，尤其决定于生活消费品物价的变动。

（3）人工单价的组成内容。例如住房消费、养老保险、医疗保险、失业保险费等列入人工单价，会使人工单价提高。

(4) 劳动力市场供需变化。在劳动力市场如果需求大于供给，人工单价就会提高；供给大于需求，市场竞争激烈，人工单价就会下降。

(5) 政府推行的社会保障和福利政策也会影响人工单价的变动。

第二节 材料价格的确定

在建筑安装工程中，材料费约占直接费的60%～70%，在金属结构工程中所占的比重还要大，材料价格的高低直接影响材料费的高低，进而影响到工程的造价。因此，只有合理确定材料价格的构成，正确编制材料价格，才能合理地确定和有效地控制工程造价。

一、材料价格的组成

材料的价格是指市场信息价时点价格，主要反映建筑安装材料在某一时点的静态价格水平，供选择经济合理的构配件及编制概预算定额使用，并作为测算不同时期价格水平的基础。

材料市场信息价是指综合了材料自来源地运至工地仓库或指定堆放地点所发生的全部费用以及为组织采购、供应和保管材料过程中所需要的各项费用，包括供应价格、运杂费、采购保管费，计算公式如下：

材料价格=（供应价格+运杂费）×（1+采购及保管费率）

1. 材料供应价

材料供应价是按市场实际供应价格水平取定的，一般指材料出厂价格、进口材料抵岸价、销售部门批发价或市场采购价格，它是材料预算价格组成部分中最重要的因素。

2. 运杂费

材料的运杂费是指材料自来源地运至工地仓库或指定堆放地点所发生的全部费用。包括装卸费、运输费、运输损耗及其附加费等费用。

3. 采购保管费

采购保管费是指材料供应部门为组织采购供应和保管材料过程中所需的各项费用。包括采购费、仓储费、工地保管费和仓储损耗等内容。

二、材料价格的确定方法

1. 材料供应价的确定

材料供应价包含材料原价和供销部门手续费两部分。

(1) 材料原价的确定。

同一种材料因产地、生产厂家、交货地点或者供应单价的不同会出现几种原价时，可以根据材料不同的来源地、供货数量比例，采用加权平均的方法来确定其原价。计算公式如下：

$$C=\sum_{i=1}^{n}G_if_i$$

式中 C——加权平均后的材料原价；

C_i——各来源地材料原价；

f_i——各来源地数量占总材料数量的百分比，$f_i=$（i 地材料数量/材料总数量）×100%。

【例6-2】 某工程使用中砂，有三地供货，甲地供货30%，单价为20元/t，乙地供货30%，单价为22元/t，丙地供货40%，单价为25元/t，试求本工程中砂的原价。

解： 原价＝20×30%＋22×30%＋25×40%＝22.6元/t

(2) 供销部门手续费的确定。

供销部门手续费，是指材料不能直接向生产厂家采购、订货，而必须经过当地物资部门或供销部门供应时发生的经营管理费，其计算公式如下：

供销部门手续费＝材料原价×供销部门手续费率

如果此项费用已经包含在供销部门供应的材料原价中，则不必再次计算。

综上所述，可以得出材料供应价的计算公式：

材料供应价＝材料原价＋供销部门手续费

2. 运杂费

材料的运杂费包括装卸费、运输费、运输损耗及其附加费等费用。运杂费的计算分大宗材料和非大宗材料两类。

(1) 大宗材料，按照里程运价计算。市内综合运距由当地造价管理部门自行测定，大宗材料运杂费计算根据省建设厅、省物价局、省交通厅有关文件，综合市场实际情况计算。

(2) 非大宗材料，按照费率运价计算，其计算公式为：

运杂费＝供应价×运杂费率

运杂费率标准为：

①易碎物品（玻璃、瓷砖、大理石、花岗岩）3.5%。

②有色金属管材、高压阀门、电缆：0.25%；

③园林苗木5.0%。

④其他材料1.8%。

3. 采购保管费

采购保管费的计算公式为：

采购保管费＝（材料供应价＋运杂费）×采购保管费率（%）

材料采购保管费率标准统一为1.5%：

综上所述，材料预算价格的计算公式为：

材料预算价格＝（供应价＋运杂费）×（1＋采购及保管费率）

＝到工地价×（1＋采购保管费率）

【例6-3】 某袋装水泥原价为350元/t，供销部门手续费费率为4%，运杂费22元/t，二次运输费4元/t，运输损耗率为1%，采购保管费率为1.5%，求每吨水泥的预算价格。

解： 材料预算价格＝（供应价＋运杂费）×（1＋采购及保管费率）

＝（供应价＋包装费＋运输费＋运输损耗费）×(1＋采购及保管费率)

＝[350×（1＋4%）＋22]×（1＋1%）×（1＋1.5%）

＝395.71（元/t）

三、影响材料预算价格变动的因素

(1) 市场供需变化。材料原价时材料预算价格中最基本的组成。当市场供大于求时，价格就会下降，反之，价格就会上升。

(2) 材料生产成本的变动直接涉及材料预算价格的波动。

(3) 流通环节的多少和材料供应体制也会影响材料预算价格。

(4) 运输距离和运输方法的改变会影响材料运输费用的增减，从而也会影响材料预算价格。

(5) 国际市场行情会对进口材料价格产生影响。

第三节　施工机械台班单价的确定

施工机械台班单价以“台班”为计量单位，机械工作 8 小时称为“一个台班”。施工机械台班单价是指一个施工机械，在正常运转条件下，一个台班中所支出和分摊的各种费用之和。根据不同的获取方式，工程施工中所使用的机械设备一般可分为自由机械和外部租赁使用两种情况。

一、机械台班单价的构成

施工机械台班单价应由下列 7 项费用组成，包括折旧费、大修理费、经常修理费、安拆费及场外运费、机上人工费、燃料动力费、养路费及车船使用税。

其中，折旧费、大修理费、经常修理费、安拆费及场外运费称为第一类费用，也叫不变费用，这一类费用不因施工地点和条件的不同而发生变化，它的多少与机械工作年限直接相关。人工费、燃料动力费、养路费及车船使用税称为第二类费用，也叫可变费用，这一类费用是机械在施工运转时发生的费用，常因施工地点和施工条件的变化而变化，它的多少与机械工作台班数直接相关。

(1) 折旧费。指施工机械在规定的使用年限内，陆续收回其原值及购置资金的时间价值。

(2) 大修理费。指施工机械按规定的大修理间隔台班进行必要的大修理，以恢复其正常功能所需的费用。

(3) 经常修理费。指施工机械除大修理以外的各级保养和临时故障排除所需的费用。包括为保障机械正常运转所需替换设备与随机配备工具附具的摊销和维护费用，机械运转中日常保养所需润滑与擦拭的材料费用及机械停滞期间的维护和保养费用等。

(4) 安拆费及场外运费。安拆费指施工机械在现场进行安装与拆卸所需的人工、材料、机械和试运转费用以及机械辅助设施的折旧、搭设、拆除等费用；场外运费指施工机械整体或分体自停放地点运至施工现场或由一施工地点运至另一施工地点的运输、装卸、辅助材料及架线等费用。

(5) 人工费。指机上司机（司炉）和其他操作人员的工作日人工费及上述人员在施工机械规定的年工作台班以外的人工费。

(6) 燃料动力费。指施工机械在运转作业中所消耗的固体燃料（煤、木柴）、液体燃料（汽油、柴油）及水、电等。

(7) 养路费及车船使用税。指施工机械按照国家规定和有关部门规定应缴纳的养路费、车船使用税、保险费及年检费等。

二、机械台班单价的计算

1. 折旧费

$$台班折旧费=\frac{机械预算价格\times（1-残值率）\times 贷款利息系数}{耐用总台班数}$$

（1）机械预算价格。是指机械出厂（或到岸完税）价格，及机械以交货地点或口岸运至使用单位机械管理部门的全部运杂费。

1）国产机械的预算价格。

预算价格＝机械原值＋供销部门手续费和一次运杂费＋车辆购置税

2）进口机械的预算价格。

预算价格＝到岸价格＋关税＋增值税＋消费税＋外贸手续费和国内一次运杂费＋财务费＋车辆购置税

（2）残值率。是指机械报废回收的残值占机械原值（机械预算价格）的比率。按1993年有关文件规定执行：运输机械2%，特大型机械3%，中小型机械4%，掘进机械5%。

$$残值率=\frac{机械报废时回收的残值}{机械的预算价格}\times 100\%$$

（3）贷款利息系数。是指为了补偿企业贷款购置机械设备所支付的利息，合理反映资金时间价值的系数。其计算公式如下：

$$贷款利息系数=1+\frac{n+1}{2}\cdot i$$

式中 n——机械的折旧年限；

i——当年银行贷款实际利率。

（4）耐用总台班。是指机械在正常施工作业条件下，从投入使用到报废为止，按规定应达到的使用总台班数。其计算公式如下：

$$\begin{aligned}耐用总台班&=折旧年限\times 年工作台班\\&=大修间隔台班\times 大修周期\\&=大修间隔台班\times(寿命期内大修理次数+1)\end{aligned}$$

年工作台班是根据有关部门对各类主要机械最近三年的统计资料分析确定的。

大修间隔台班是指机械自投入使用起至第一次大修止或自上一次大修后投入使用起至下一次大修止，应达到的使用台班数。

大修周期是指机械正常的施工作业条件下，将其寿命期（即耐用总台班）按规定的大修理次数划分为若干个周期。

大修周期＝寿命期内待修理次数＋1

2. 大修理费

$$大修理费=\frac{一次修理费\times 寿命期内大修理次数}{耐用总台班}$$

（1）一次大修理费。按机械设备规定的大修理范围和工作内容，进行一次全面修理所需要消耗的工时、配件、辅助材料、油燃料及送修运输等全部费用计算。

（2）寿命期内大修理次数。为恢复原机功能按规定在寿命期内需要进行的大修理次数。

3. 经常修理费

$$经常修理费=\frac{\sum（各级保养一次费用\times 寿命期内各级保养次数）+临时故障排除费}{耐用总台班}$$

$$+替换设备费+工具附具台班摊销费+例保辅料费$$

①各级保养一次费用，应以《技术经济定额》为基础，结合编制期市场价格综合确定；

②寿命期各级保养次数，应参照《技术经济定额》确定；

③临时故障排除费，可按各级保养费用之和的3%取定；

④替换设备和工具附具台班摊销费、例保辅料费，应以《技术经济定额》为基础，结合编制期市场价格综合确定。

当台班经常修理费计算公式中各项数值难以确定时，台班经常修理费也可按下列公式计算：

$$经常修理费=台班大修理费\times K$$

其中，K为台班经常修理费系数。K的取值：载重汽车1.46，自卸汽车1.52，塔式起重机1.69等。

4. 安拆费及场外运费

安拆费及场外运费根据施工机械不同分为计入台班单价、单独计算和不计算三种类型。工地间移动较为频繁的小型机械及部分中型机械，其安拆费及场外运费应计入台班单价，其计算公式如下：

$$安拆费及场外运费=\frac{一次安拆费及场外运费\times年平均安拆次数}{年工作台班}$$

①一次安拆费应包括施工现场机械安装和拆卸一次所需的人工费、材料费、机械费及试运转费。

②一次场外运费应包括运输、装卸、辅助材料和架线等费用。

③年平均安拆次数应以《技术经济定额》为基础，由各地区（部门）结合具体情况确定。

④运输距离均应按25km计算。

移动有一定难度的特、大型（包括少数中型）机械，其安拆费及场外运费应单独计算。单独计算的安拆费及场外运费除应计算安拆费、场外运费外，还应计算辅助设施（包括基础、底座、固定锚桩、行走轨道枕木等）的折旧、搭设和拆除等费用。

不需安装、拆卸且自身又能开行的机械和固定在车间不需安装、拆卸及运输的机械，其安拆费及场外运费不计算。

自升式塔式起重机安装、拆卸费用的超高起点及其增加费，各地区（部门）可根据具体情况确定。

5. 机上人工费

$$人工费=人工消耗量\times日工资单价$$

其中，人工消耗量指机上司机（司炉）和其他操作人员工日消耗量。年制度工作日应执行编制期国家有关规定。人工单价应执行编制期工程造价管理部门的有关规定。

6. 燃料动力费

$$台班燃料动力费=\sum（燃料动力消耗量\times燃料动力单价）$$

其中，燃料动力消耗量应根据施工机械技术指标及实测资料综合确定。燃料动力单价应执行编制期工程造价管理部门的有关规定。

7. 养路费及车船使用税

$$台班其他费用=\frac{年养路费+年车船使用税+年保险费+年检费用}{年工作台班}$$

其中，年养路费、年车船使用税、年检费用应执行编制期有关部门的规定。年保险费应执行编制期有关部门强制性保险的规定，非强制性保险不应计算在内。

【例 6-4】 某 10t 载重汽车有关资料如下：购买价格（辆）125 000元；残值率 6%；耐用总台班 960 台班；修理间隔台班 240 台班；一次性修理费用 8600 元；修理周期 4 次；经常维修系数 3.93，年工作台班 240；每月每吨养路费 60 元/月；每台班消耗柴油 40.03kg，柴油每 1kg 单价 3.25 元。试确定台班单价。计算结果保留两位小数。（机上人员工资为 23 元/工日，2.5 工日/台班；保险费设定为 3.67 元/台班；车船使用税 30.00 元/台班）。

解： 折旧费＝ 125 000×（1－6%）÷960＝122.40（元/台班）

大修理费＝8600×（4－1）÷960＝26.88（元/台班）

经常修理费＝26.88×3.93＝105.62（元/台班）

机上人员工资为 2.5×23.00＝57.50（元/台班）

燃料及动力费为 40.03×3.25＝130.10（元/台班）

台班养路费＝10×60×12÷240 ＝30.00（元/台班）

车船使用税＝30.00（元/台班）

保险费设定为 3.67 元/台班

该载重汽车台班单价＝122.40＋26.88＋105.62＋57.50＋130.10＋30.00＋30.00＋3.67＝506.17（元/台班）

项 目 小 结

本项目主要介绍了人工单价、材料单价和施工机械单价的确定。重点应掌握人工、材料和机械价格的组成和计算方法，材料，影响人工、材料单价的因素。

思考与练习题

1. 人工单价的组成及计算方法。
2. 材料单价的组成及计算方法。
3. 机械台班单价的组成及计算方法。
4. 机械台班单价的组成及计算方法。
5. 在预算定额人工工日消耗量计算时，已知完成单位合格产品的基本用工为 20 工日，超运距用工为 3 工日，辅助用工为 1.5 工日，人工幅度差系数是 10%，求预算定额中的人工工日消耗量。
6. 某工地水泥从两个地方采购，其采购量及有关费用如表 6-2 所示，求该工地水泥的基价。

表 6-2　某工地水泥采购量及有关费用

采购处	采购量（t）	原价（元/t）	运杂费（元/t）	运输损耗费（元/t）	采购及保管费（元/t）
来源一	300	240	20	0.5	3
来源二	200	250	15	0.4	

7. 某机械预算价格为 20 万元，耐用总台班为 4000 台班，大修理间隔台班为 800 台班，一次大修理费为 4000 元，求台班大修理费。

8. 某安装企业高级工作的工资性补贴标准分别为：部分补贴按年发放，标准为 5800 元/年；另一部分按月发放，标准为 850 元/月；某项补贴按工作日发放，标准为 25 元/日。已知全年日历天数为 365 天，设定法定假日为 114 天，求该企业高级工人工日单价中的工资性补贴。

9. 某建筑机械耐用总台班数为 2000 台班，使用寿命为 7 年，该机械预算价格为 5 万元，残值率为 2%，银行贷款利率为 5%，求该机械台班的折旧费。

项目7　预算定额的应用

第一节　定　额　编　号

为了便于检查使用定额，在编制施工图预算时，对工程项目均需要填写定额编号。定额编号是该项定额的编号，各定额编号的方法主要有两种，一种是"三符号"法，一种是"二符号"法，《浙江省建筑工程预算定额》（2010版）采用"二符号"法，包括分部工程号和分项工程号两部分，均用阿拉伯数字表示，如图7-1所示。

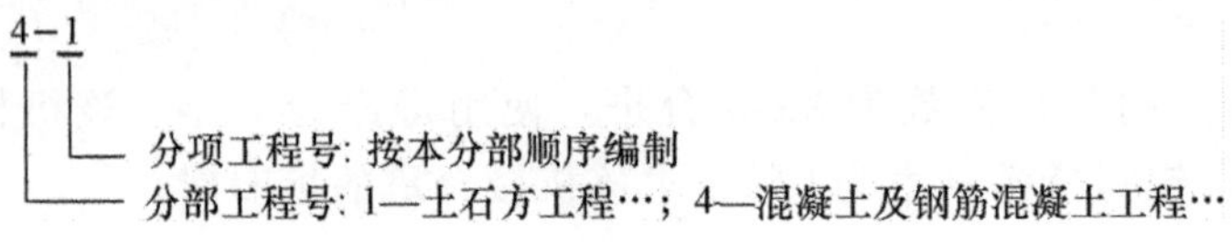

图7-1　定额编号示意图

如：

人力车运土50m　定额编号：1-20

现浇现拌混凝土基础　定额编号：4-1

30厚聚苯颗粒保温砂浆　定额编号：8-27

第二节　预算定额的查阅方法

一、定额查阅方法

定额查阅是为了在定额表中找到所需项目的名称，人工、材料、机械名称以及它们所对应的数值，查阅一般分三步进行。

第一步：按分部→定额节→定额表→项目的顺序找出所需项目的名称，并从上向下目视。

第二步：在定额表中找出所需的人工、材料、机械的名称，并从左向右目视。

第三步：两视线交点的数值，即需要查找的数值。

定额表式定额最基本的表现形式。看懂定额表，是学习预算关键的一步。一张完整的定额表必须列有工作内容、计量单位、项目名称、定额编号、定额基价、消耗量定额及定额附注等内容。

【例7-1】　静压预应力钢筋混凝土管桩，桩径600mm。求该项目的预算定额基价。

解：套用定额[1] 2-29（见表7-1）

工作内容：准备打桩机具，探桩位，行走压桩机，喂桩，定位，安卸桩垫、桩帽，校正，压桩，接桩。

[1] 本书例题中套用定额均为《浙江省建筑工程预算定额》（2010版）（以下简称《定额》）。正文中从本项目开始所提"定额"编号及套用定额，如无特别注解，均指该定额。

计量单位：100m（该定额采用扩大计量单位）
基价＝2017 元
人工费＝245.10 元
材料费＝206.01 元
施工机械费＝1565.61 元
二类人工消耗量＝5.7 工日
二类人工单价＝43 元/工日
金属周转材料消耗量＝5.8kg
金属周转材料单价＝4.67 元/ kg
多功能压桩机 3000kN 消耗量＝0.71 台班
多功能压桩机 3000kN 单价＝1747.54 元/台班

表 7-1　**静压预应力钢筋混凝土管桩**　计量单位：100m

工作内容：准备打桩机具，探桩位，行走压桩机，喂桩，定位，安卸桩垫、桩帽，校正，压桩，接桩。

定额编号				2-27	2-28	2-29	2-30
项　目				压管桩			
				桩径（mm）			
				400 以内	500 以内	600 以内	600 以上
基价（元）				1324	1520	2017	2816
其中	人工费（元）			196.08	218.87	245.10	307.02
	材料费（元）			105.66	156.44	206.01	256.66
	机械费（元）			1022.53	1144.92	1565.61	2252.47
名　称		单位	单价（元）	消耗量			
人工	二类人工	工日	43.00	4.560	5.090	5.700	7.140
材料	预应力钢筋混凝土管桩	m	—	(101.000)	(101.000)	(101.000)	(101.000)
	垫木	m^3	1200.00	0.030	0.050	0.070	0.090
	金属周转材料	kg	4.67	2.600	4.000	5.800	7.200
	电焊条 E43 系列	kg	5.40	9.300	12.400	14.800	17.600
	其他材料	元	1.00	7.300	10.800	15.000	20.000
机械	多功能压桩机 2000kN	台班	1415.20	0.570	0.640	—	—
	多功能压桩机 3000kN	台班	1747.54	—	—	0.710	—
	多功能压桩机 4000kN	台班	2075.83	—	—	—	0.890
	履带式起重机 15t	台班	515.34	0.340	0.380	—	—
	履带式起重机 25t	台班	646.24	—	—	0.430	0.540
	交流弧焊机 32kV·A	台班	90.34	0.450	0.480	0.520	0.620

【例 7-2】　人力车运土，运距为 320m。求该项目的预算定额基价。

解：涉及到该项目的定额有 1-20 和 1-21，前者为运距 50m 以内，属于基本定额，可以单独使用，后者为运距 1000m 内每增加 50m，属于附加定额，不能单独使用，只能与基本定额 1-20 联合使用。

故该项目套用的定额编号：1－20＋21×6

工程量计量单位：100m^3

基价＝520＋116×6＝1216（元）

二、查阅定额时应注意的问题

（1）首先要准确理解并掌握文字说明部分。定额中的文字说明主要有总说明、建筑面积计算规范、各分部工程说明、工程量计算规则和附录。正确理解文字说明是正确查阅定额的关键。

（2）要准确理解定额用语及符号含义。如定额中规定，凡是注明“×××以内”或“×××以下”者，均包含其本身在内；而注有“×××以外”或“×××以上”者，均不包含其本身。

（3）要准确掌握各分项工程的工程内容。只有准确掌握了各分项工程的工程内容，才能准确套用定额，进而避免重算和漏算。

（4）要注意各分项工程的工程量计算单位必须与定额计量单位保持一致，特别要注意一些较为特殊的计量单位，且定额中相当一部分计量单位为扩大计量单位。

（5）要准确掌握定额换算范围，熟练掌握定额换算和调整的方法。

第三节 预算定额的应用

在编制施工图预算应用定额时，往往会遇到以下三种情况：定额的直接套用、定额的换算和定额的补充。

一、定额的直接套用

当施工图的设计要求和定额的项目内容完全一致时，可以直接套用定额。在直接套用定额时，需要注意以下几点：

（1）根据施工图样的分部分项工程项目名称，从定额目录中找出该分部分项工程所在定额中的页数，再进一步找到具体的定额编号。

（2）判断涉及图样中的分部分项工程内容、技术特征和施工方法与定额规定是否完全一致，当完全一致时，或不完全一致但定额又不允许换算时，即可直接套用定额。此外，还必须注意分部分项工程内容的名称、材料、施工机械等的规格、计量单位等于定额规定是否一致。

（3）凡是定额中查不到的项目，均应仔细阅读定额说明或计算规则。

二、预算定额的换算

当设计要求和定额的工程内容、材料种类规格、施工方法不完全一致时，就需要根据定额的文字说明、对定额进行调整换算。经过换算的定额编号在其右侧写“换”或“H”。换算后的基价计算公式如下：

换算后的定额基价＝原定额基价＋换入的费用－换出的费用＝原定额基价＋差价

＝新人工费＋新材料费＋新机械费

预算定额的换算类型常见的有砂浆换算、混凝土换算、木材换算、系数换算和其他换算。

(1) 砂浆换算。即砌筑砂浆换强度等级、抹灰砂浆换配合比及砂浆用量。

1) 换算的原因：砂浆强度等级不同。

2) 换算的特点：砂浆用量不变，人工、机械费不变，调整砂浆材料费。

3) 换算后定额基价＝原定额基价＋定额砂浆用量×（换入砂浆基价－换出砂浆基价）。

【例 7-3】 M5.0 混合砂浆砌筑 1 砖厚烧结普通砖墙，求该项目的预算定额基价。

解： 套用定额 3-45H

计量单位：$10m^3$

原定额基价：2927 元

砂浆消耗量：$2.36m^3$

M5.0 混合砂浆单价：181.66 元/m^3

M7.5 混合砂浆单价：181.75 元/m^3

换算后基价＝2927＋（181.66－181.75）×2.36 ＝2926.79（元/$10m^3$）

(2) 混凝土换算。即构件混凝土、楼地面混凝土的强度等级和混凝土类型的换算。

1) 换算原因：混凝土强度等级不同，包含两种情况：①混凝土强度等级不同；②石子最大粒径不同。

2) 换算特点：混凝土用量和人工费机械费不变，换算混凝土材料费。

3) 换算公式＝原定额基价＋定额混凝土用量×（换入混凝土基价－换出混凝土基价）

【例 7-4】 C25（40）现浇普通混凝土钢筋混凝土矩形柱，求该项目的预算定额基价。

解： 套用定额 4-7H

计量单位：$10m^3$

原定额基价：2803 元

混凝土定额用量：$10.15m^3$

查《定额》附录一，定额 C20（40）混凝土单价：192.94 元/$10m^3$

查《定额》附录一，设计 C25（40）混凝土单价：207.37 元/$10m^3$

换算后基价＝2803＋（207.37－192.94）×10.15＝2949.46（元/$10m^3$）

(3) 木材换算。主要指木材断面和种类不同的换算。

1) 采用一、二类木材木种编制的定额，如设计采用三、四类木种时，除木材单价调整外，定额人工和机械乘系数 1.35。

【例 7-5】 某工程有亮镶板门，采用进口硬木制作，求基价。

解： 套用定额 13-1H

换算后的基价＝11 739＋（3600－1450）×（1.908＋1.632＋1.016＋0.461＋0.244＋0.12）＋（3143.5＋106.25）×0.35＝24 445.56（元/$100m^2$）

2) 定额所注木材断面、厚度均以毛料为准，如设计为净料，应另加刨光损耗：板枋材单面加 3mm，双面加 5mm，其中普通门门板双面刨光加 3mm。

3) 普通木门窗木材断面、厚度按定额表列，设计不同，木材用量按比例调整，其余不变。木门窗用料断面规格尺寸如表 7-2 所示。

表 7-2　　木门窗用料断面规格尺寸表　　cm

<table>
<tr><th colspan="2">门窗名称</th><th>门窗框</th><th>门窗扇立梃</th><th>纱门窗扇立梃</th><th>门板</th></tr>
<tr><td rowspan="3">普通门</td><td>镶板门</td><td rowspan="3">5.5×10</td><td>4.5×8</td><td rowspan="3">3.5×8</td><td>1.5</td></tr>
<tr><td>胶合板门</td><td>3.9×3.9</td><td></td></tr>
<tr><td>半玻门</td><td>4.5×10</td><td>1.5</td></tr>
<tr><td rowspan="2">自由门</td><td>全玻门</td><td>5.5×12</td><td>5×10.5</td><td></td><td></td></tr>
<tr><td>带玻胶合板门</td><td>5.5×10</td><td>4.5×6.5</td><td></td><td></td></tr>
<tr><td rowspan="3">厂库房
木板大门</td><td>带框平开门</td><td>5.5×12</td><td>5×10.5</td><td></td><td rowspan="3">2.1</td></tr>
<tr><td>不带框平开门</td><td></td><td>5.5×12.5</td><td></td></tr>
<tr><td>不带框推拉门</td><td></td><td></td><td></td></tr>
<tr><td rowspan="2">普通窗</td><td>平开窗</td><td>5.5×8</td><td rowspan="2">4.5×6.5</td><td rowspan="2">3.5×6</td><td></td></tr>
<tr><td>翻窗</td><td>5.5×9.5</td><td></td></tr>
</table>

【例 7-6】　某工程杉木平开窗，设计断面尺寸（净料）窗框为 5.5cm×8cm，窗扇梃为 4.5cm×6cm，求该项目预算定额基价。

解：设计为净料尺寸，加刨光损耗后的尺寸为：

窗框：(5.5＋0.3)×(8＋0.5)＝5.8 cm×8.5cm

窗扇梃：(4.5＋0.5)×(6＋0.5)＝5 cm×6.5cm

设计木材用量按比例调整，套用定额 13-90

窗框杉木含量为 2.015m^3，窗扇 1.887m^3

窗框：(5.8×8.5/5.5×8)×2.015＝2.257（m^3）

窗扇梃：(5×6.5/4.5×6)×1.887＝2.271（m^3）

基价换算：套用定额 13-90，基价为 116.79（元/m^2）

换算后基价＝116.79＋（0.022 57－0.020 15＋0.022 71－ 0.018 87）×1450

＝125.87（元/m^2）

系数换算：按规定对定额中的人材机费乘以各种系数的换算。

【例 7-7】　人工挖桩承台三类土，深度 2.9m。求该项目预算定额基价。

解：套用定额 1-2H

原基价：2715 元/100m^3

换算后基价＝2715×1.08＝2932.2（元/100m^3）

注意

当定额中遇到有两个或两个以上系数时，按连乘法计算。

【例 7-8】　人工挖桩承台三类湿土，深度 2.9m。

解：套用定额 1-2H

换算后基价＝2715×1.08×1.06＝3108.13（元/100m^3）

（4）其他换算。除上述情况以外的定额换算。

三、预算定额的补充

当分项工程的设计要求和定额条件完全不相符或由于设计采用了新结构、新材料及新工艺时，在预算定额中并没有这一类的项目，属于定额缺项，可以编制补充预算定额。

项目小结

本项目介绍了定额编号、定额的查阅方法以及预算定额在实际工作中的应用情况。应重点掌握定额查阅的基本方法和定额的换算方法。

思考与练习题

1. 查阅定额，完成表7-3。

表7-3

序号	分项工程名称	定额编号	计量单位	基价
1	反铲挖掘机挖四类土，装车，深度5m			
2	轻型井点安拆			
3	振动式混凝土沉管灌注桩成孔，桩长25m			
4	送方桩，桩长25m			
5	人工挖孔入岩石层增加费			
6	地下连续墙导墙开挖			
7	塘渣垫层，夯实机夯实			
8	烧结多孔砖砌筑标准砖墙			
9	C20现浇钢筋混凝土檐沟浇捣（商品混凝土，泵送）			
10	现浇现拌C20混凝土直行楼梯			
11	混凝土基础垫层模板			
12	预制屋架薄腹屋面梁			
13	封檐板，板高18cm			
14	轻钢型钢屋架			
15	彩钢夹心板屋面			
16	细石混凝土防水层屋面，厚4cm			
17	聚氨酯硬泡喷涂，厚30mm			

续表

序号	分项工程名称	定额编号	计量单位	基价
18	C30先张法预应力空心板（板厚120mm）浇捣			
19	混凝土实心砖基础（190mm×90mm×53mm）			
20	C20（40）现浇现拌混凝土阳台			
21	坡道			

2. 查阅定额，完成表7-4换算。

表7-4

序号	分项工程名称	定额编号	计量单位	计算式	换算后基价
1	房屋地槽人工综合挖三类湿土，深2.5m（有桩基）				
2	C20商品混凝土非泵送板（混凝土单价310元/m^3）				
3	C20现浇泵送混凝土直形楼梯，底板厚度15cm				
4	现浇C25钢筋混凝土圈梁				
5	屋面刷JS防水涂料（2.5mm厚）（平面）				
6	反铲挖掘机开挖房屋土方，三类湿土，含水率40%，深6m，下有桩基				
7	挖掘机挖含水率为30%的砂石，根据施工组织设计，要求在垫板上工作，挖深3.8m				
8	振动式沉管混凝土灌注桩15m，单位工程量140方，安放钢筋笼，计算其基价				
9	M5.0混合砂浆砌圆弧形标准砖基础				
10	M2.5混合砂浆砌一砖厚标准砖圆弧墙				
11	预制吊车梁安装，单件体积8m^3以内，运距50m				
12	杉木平开大门，门框断面6cm×14cm				
13	钢板止水带，设计展开宽度500mm				

模块三 清单计价基础知识

项目 8　工程量清单计价规范

第一节　工程量清单计价规范概述

一、基本概念

《建设工程工程量清单计价规范》（GB 50500—2013）（以下简称《计价规范》）是根据《中华人民共和国建筑法》、《中华人民共和国合同法》、《中华人民共和国招标投标法》和建设部令第 107 号《建筑工程施工发包与承包计价管理办法》，并遵循国家宏观调控、市场形成价格的原则，结合我国当前实际情况制定的。

《计价规范》是统一工程量清单编制、规范工程量清单计价的国家标准，是调整建设工程工程量清单计价活动中发包人与承包人各种关系的规范文件。

二、《计价规范》编制的指导思想和原则

（一）《计价规范》编制的指导思想

《计价规范》编制的指导思想是：按照政府宏观控制，市场形成价格，创建公平、公正、公开竞争的环境，以建设全国统一、有序的建筑市场，既要与国际惯例接轨，又考虑我国的实际情况。主要体现在以下两个方面。

1. 政府宏观调控

一是规定了使用国有资金投资的建设工程，必须严格执行《计价规范》的有关规定，与招标投标法规定的“政府投资要进行公开招标”是相适应的；二是《计价规范》统一了分部分项工程项目名称、计量单位、工程量计算规则、项目特征和项目编码，为建立全国统一建设市场和规范计价行为提供了依据；三是《计价规范》没有人、材、机的消耗量，因此必须促使企业提高管理水平，引导企业学会编制自己的消耗量定额，以适应市场需要。

2. 市场竞争形成价格

由于《计价规范》不规定人工、材料、机械消耗量，为企业报价提供了自主空间，投标企业可以结合自身的生产效率、消耗水平和管理能力以及已储备的本企业报价资料，按照《计价规范》规定的原则和方法，投标报价。工程造价的最终确定，由承发包双方在市场竞争中按价值规律通过合同确定。

（二）《计价规范》的编制原则

《计价规范》编制的主要原则：

1. 政府宏观调控、企业自主报价、市场竞争形成价格

按照政府宏观调控、企业自主报价、市场竞争形成价格的指导思想，为规范发包方与承包方计价行为，确定工程量清单计价原则、方法和必须遵循的规则，包括统一项目编码、项目名称、计量单位、工程量计算规则等。留给企业自主报价、参与市场竞争的空间，将属于企业性质的施工方法、施工措施和人工、材料、机械的消耗量水平、取费等由企业来确定，给企业充分的权利，促进生产力的发展。

2. 与现实定额既有机结合又有所区别

由于现行预算是我国经过几十年实践总结出来的，有一定的科学性和实用性，从事工程造价管理工作的人员已经形成了运用预算定额的习惯，《计价规范》以现行的“全国统一工程预算定额”为基础，特别是项目划分、计量单位、工程量计算规则等方面，尽可能与定额衔接。与工程预算定额有所区别的原因：预算定额是按照计划经济的要求制定、发布、贯彻执行的，其中有许多不适应《计价规范》编制指导思想的，主要表现在：①定额项目按国家规定以工序划分子目；②施工工艺、施工方法是根据大多数企业的施工方法综合取定的；③人工、材料、机械消耗量根据“社会平均水平”综合测定；④取费标准根据不同地区平均测算。因此企业报价时就会表现为平均主义，企业不能结合项目具体情况、自身技术管理自主报价，不能充分调动企业加强管理的积极性。

3. 既考虑我国工程造价管理现状，又尽可能与国际惯例接轨

《计价规范》要根据我国当前工程建设市场发展的形势，逐步解决定额计价中与当前工程建设市场不相适应的因素，适应我国社会主义市场经济发展的需要，适应与国际接轨的需要，积极稳妥地推行工程量清单计价。因此，在编制中，既借鉴了世界银行、菲迪克(FIDIC)、英联邦国家以及我国香港地区等的一些做法和思路，同时也结合了我国现阶段的具体情况。

三、《计价规范》的特点

1. 强制性

强制性主要表现在，一般由建设行政主管部门按照强制性标准的要求批准，规定使用国有资金投资的建设工程按《计价规范》执行。明确工程量清单是招标文件的组成部分，并规定了招标人在编制清单时必须遵守的规则，做到“五统一”。即统一项目编码、统一项目名称、统一计量单位、统一项目特征、统一工程量计算规则。

2. 实用性

各专业工程的工程量清单项目及计算规则的项目名称表现的是工程实体项目，明确清晰，工程量计算规则简洁明了；特别是还有项目特征和工程内容，易于编制工程量清单。

3. 竞争性

《计价规范》及各专业工程的工程量计算规范（如 GB 50854——2013《房屋建筑与装饰工程工程量计算规范》）中人工、材料和施工机械均没有具体的消耗量，投标企业可以依据企业的定额和市场价格信息，也可以参照建设行政主管部门发布的社会平均消耗量定额报价，《计价规范》将报价权交给企业。

4. 通用性

采用工程量清单计价将与国际惯例接轨，符合工程量清单计算方法标准化、工程量计算规则统一化、工程造价确定市场化的规定。

第二节　《计价规范》的内容介绍

1　总则
2　术语
3　一般规定
4　工程量清单编制
4.1　一般规定
4.2　分部分项工程量清单
4.3　措施项目清单
4.4　其他项目清单
4.5　规费清单
4.6　税金项目清单
5　招标控制价
6　投标报价
7　合同价款约定
8　工程计量
9　合同价款调整
10　合同价款支付
11　竣工结算与支付
12　合同解除的价款结算与支付
13　合同价款争议的解决
14　工程造价鉴定
15　工程计价资料与归档
16　工程计价表格

本节主要介绍总则、术语，其余内容在本章后续章节中介绍。

一、总则

《计价规范》的“总则”，主要是从整体上叙述了有关本规范编制与实施的几个基本问题。主要内容为编制目的，编制法律依据，适用范围以及执行本规范与执行其他标准之间的关系等基本事项。

1. 编制目的

规范工程造价计价行为，统一建设工程工程量清单的编制和计价方法。

2. 编制依据

《中华人民共和国建筑法》、《中华人民共和国合同法》、《中华人民共和国招投标法》等法律法规。

3. 适用范围

适用于建设工程发承包及实施阶段的计价活动。

承包及实施阶段计价活动包括：工程量清单编制、招标控制价编制、投标报价编制、工程合同价款的约定、竣工结算的办理以及工程施工过程中工程计量、工程价款的支付、索赔与现场签证、工程价款的调整和工程计价纠纷处理等活动。

使用国有资金投资的工程建设项目，不分规模大小，必须采用工程量清单计价。

国有资金投资的工程建设项目范围：

1）国有资金投资的工程建设项目包括：①使用各级财政预算资金的项目；②使用纳入财政管理的各种政府性专项建设资金的项目；③使用国有企事业单位自有资金，并且国有资产投资者实际拥有控制权的项目。

2）国家融资资金投资的工程建设项目包括：①使用国家发行债券所筹资金的项目；②使用国家对外借款或者担保所筹资金的项目；③使用国家政策性贷款的项目；④国家授权投资主体融资的项目；⑤国家特许的融资项目。

3）国有资金为主的工程建设项目：指国有资金占投资总额50%以上，或虽不足50%但国有投资者实质上拥有控股权的工程建设项目。

二、术语

《计价规范》中共有52个术语，这些术语是对规范中特有名词给予的定义，尽可能避免规范贯彻实施过程中由于不同理解造成的争议。

1. 工程量清单

建设工程的分部分项工程项目、措施项目、其他项目、规费项目和税金项目的名称和相应数量等的明细清单。

2. 招标工程量清单

招标人依据国家标准、招标文件、设计文件以及施工现场实际情况编制的，随招标文件发布供投标报价的工程量清单，包括其说明及表格。

3. 已标价工程量清单

构成合同文件组成部分的投标文件已标明价格，经算术性错误修正（如有）且承包人已确认的工程量清单，包括其说明及表格。

4. 分部分项工程

分部工程是单项或单位工程的组成部分，是按结构部位、路段长度及施工特点或施工任务将单项或单位工程划分为若干个分部工程；分项工程是分部工程的组成部分，是按不同施工方法、材料、工序及路段长度等将分部工程划分为若干个分项或项目的工程。

5. 措施项目

为完成工程项目施工，发生于该工程施工准备和施工过程中的技术、生活、安全、环境保护等方面的项目。

“措施项目”是实行工程量清单计价时相对于工程实体的分部分项工程项目而言，对实际施工中为完成工程项目施工所必须发生的施工准备和施工过程中技术、生活、安全、环境保护等方面的非工程实体项目的总称。

6. 项目编码

分部分项工程量清单项目名称的数字标识。

7. 项目特征

构成分部分项工程量清单项目、措施项目自身价值的本质特征。

“项目特征”是对构成工程实体的分部分项工程量清单项目和非实体的措施清单项目其自身价值的特有属性和本质特征的描述。定义该术语主要是为了准确组价。

8. 综合单价

完成一个规定计量单位的分部分项工程量清单项目或措施清单项目所需的人工费、材料费、施工机械使用费和企业管理费与利润，以及一定范围内的风险费用。

“综合单价”是相对于工程量清单计价而言，是对完成一个规定计量单位的分部分项清单项目、措施清单项目所需的人工费、材料和工程设备费、施工机械使用费、企业管理费、利润以及包含一定范围的风险因素的价格表示。

9. 风险费用

隐含于已标价工程量清单综合单价中，用于化解发承包双方在工程合同中约定内容和范围内的市场价格波动风险的费用。

10. 工程成本

承包人为实施合同工程并达到质量标准，在确保安全施工的前提下，必须消耗或使用的人工、材料、工程设备、施工机械台班及其管理等方面发生的费用和按规定缴纳的规费和税金。

11. 单价合同

发承包双方约定以工程量清单及其综合单价进行合同价款计算、调整和确认的建设工程施工合同。

12. 总价合同

发承包双方约定以施工图及其预算和有关条件进行合同价款计算、调整和确认的建设工程施工合同。

13. 成本加酬金合同

发承包双方约定以施工工程成本再加合同约定酬金进行合同价款计算、调整和确认的建设工程施工合同。

成本加酬金合同是承包人不承担任何价格变化和工程量变化风险的合同，不利于发包人对工程造价的控制。一般在“工程特别复杂，工程技术、结构方案不能预先确定”或“时间特别紧迫”的情况下才采用。

14. 工程造价信息

工程造价管理机构根据调查和测算发布的建设工程人工、材料、工程设备、施工机械台班的价格信息，以及各类工程的造价指数、指标。

15. 工程造价指数

反映一定时期的工程造价相对于某一固定时期的工程造价变化程度的比值或比率。包括按单位或单项工程划分的造价指数，按工程造价构成要素划分的人工、材料、机械等价格指数。

16. 工程变更

合同工程实施过程中由发包人提出或由承包人提出经发包人批准的合同工程任何一项工作增、减、取消或施工工艺、顺序、时间的改变；设计图纸的修改；施工条件的改变；招标工程量清单的错、漏从而引起合同条件的改变或工程量的增减变化。

17. 工程量偏差

承包人按照合同工程的图纸（含经发包人批准由承包人提供的图纸）实施，按照现行国家计量规范规定的工程量计算规则计算得到的完成合同工程项目应予计量的工程量与相应的招标工程量清单项目列出的工程量之间出现的量差。

18. 暂列金额

招标人在工程量清单中暂定并包括在合同价款中的一笔款项。用于工程合同签订时尚未确定或者不可预见的所需材料、设备、服务的采购，施工中可能发生的工程变更、合同约定调整因素出现时的合同价款调整以及发生的索赔、现场签证确认等的费用。

“暂列金额”包括以下含义：

(1) 暂列金额的性质：包括在合同价款中，但并不直接属承包人所有。而是由发包人暂定并掌握使用的一笔款项。

(2) 暂列金额的用途：由发包人用于合同协议签订时尚未确定或者不可预见的所需材料、设备、服务的采购以及施工过程中各种工程价款调整因素出现时的工程价款调整以及索赔、现场签证所确认的费用。

19. 暂估价

招标人在工程量清单中提供的用于支付必然发生但暂时不能确定价格的材料的单价以及专业工程的金额。

暂估价是指在招标阶段预见肯定要发生，只是因为标准不明确或者需要由专业承包人完成，暂时又无法确定具体价格时采用的一种价格形式。

20. 计日工

在施工过程中，承包人完成发包人提出的工程合同范围以外的零星项目或工作，按合同中约定的单价计价的一种方式。

“计日工”是对零星项目或工作采取的一种计价方式，类似于定额计价中的签证记工。包括以下含义：

(1) 完成计日作业所需的人工、材料、施工机械台班等，其单价由投标人通过投标报价确定；

(2)“计日工”的数量按完成发包人发出的计日工指令的数量确定。

21. 总承包服务费

总承包人为配合协调发包人进行的专业工程发包，对发包人自行采购的工程设备、材料等进行保管以及施工现场管理、竣工资料汇总整理等服务所需的费用。

22. 安全文明施工费

在合同履行过程中，承包人按照国家法律、法规、标准等规定，为保证安全施工、文明施工、保护现场内外环境和搭拆临时设施等所采用的措施而发生的费用。

23. 索赔

在工程合同履行过程中，合同当事人一方因非己方的原因而遭受损失，按合同约定或法律法规规定应由对方承担责任，从而向对方提出补偿的要求。

24. 现场签证

发包人现场代表（或其授权的监理人、工程造价咨询人）与承包人现场代表就施工过程中涉及的责任事件所作的签认证明。

“现场签证”是专指在工程建设施工过程中，发、承包双方的现场代表（或其委托人）对发包人要求承包人完成施工合同内容外的额外工作及其产生的费用作出书面签字确认的凭证。

25. 提前竣工（赶工）费

承包人应发包人的要求而采取加快工程进度措施，使合同工程工期缩短，由此产生的应由发包人支付的费用。

26. 误期赔偿费

承包人未按照合同工程的计划进度施工，导致实际工期超过合同工期（包括经发包人批准的延长工期），承包人应向发包人赔偿损失的费用。

27. 不可抗力

发承包双方在工程合同签订时不能预见的，对其发生的后果不能避免，并且不能克服的自然灾害和社会性突发事件。

28. 工程设备

指构成或计划构成永久构成一部分的机电设备、金属结构设备、仪器装置及其他类似的设备和装置。

29. 缺陷责任期

指承包人对已交付使用的合同工程承担合同约定的缺陷修复责任期限。

30. 质量保证金

发承包双方在工程合同中约定，从应付合同价款中预留，用以保证承包人在缺陷责任期内履行缺陷修复义务的金额。

31. 费用

承包人为履行合同所发生或将要发生的所有合理开支，包括管理费和应分摊的其他费用，但不包括利润。

32. 利润

承包人完成合同工程获得的盈利。

33. 企业定额

施工企业根据本企业的施工技术、机械装备和管理水平而编制的人工、材料和施工机械台班等的消耗标准。

34. 规费

根据国家法律、法规规定，由省级政府或省级有关权力部门规定施工企业必须缴纳的，应计入建筑安装工程造价的费用。

根据《建筑安装工程费用项目组成》（建标［2003］206号）的规定，“规费”属于工程造价的组成部分，其计取标准和办法由国家及省级建设行政主管部门依据省级政府或省级有关权力部门的相关规定制定。

35. 税金

国家税法规定的应计入建筑安装工程造价内的营业税、城市维护建设税、教育费附加和地方教育附加。

36. 发包人

具有工程发包主体资格和支付工程价款能力的当事人以及取得该当事人资格的合法继承人，也可称作招标人。

37. 承包人

被发包人接受的具有工程施工承包主体资格的当事人以及取得该当事人资格的合法继承人，也可称作投标人。

38. 工程造价咨询人

取得工程造价咨询资质等级证书，接受委托从事建设工程造价咨询活动的当事人以及取得该当事人资格的合法继承人

39. 造价工程师

取得造价工程师注册证书，在一个单位注册从事建设工程造价活动的专业人员。

40. 造价员

取得全国建设工程造价员资格证书，在一个单位注册从事建设工程造价活动的专业人员。

41. 单价项目

工程量清单中以单价计价的项目，即根据合同工程图纸（含设计变更）和相关工程现行国家计量规范规定的工程量计算规则进行计量，与已标价工程量清单相应综合单价进行价款计算的项目。

42. 总价项目

工程量清单中以总价计价的项目，此类项目在相关工程现行国家计量规范无工程量计算规则，以总价（或计算基础乘费率）计算的项目。

43. 工程计量

发承包双方根据合同约定，对承包人完成合同工程的数量进行计算和确认。

44. 工程结算

发承包双方根据合同约定，对合同工程在实施中、终止时、已完工后进行的合同价款计算、调整和确认。包括期中结算、终止结算和竣工结算。

45. 招标控制价

招标人根据国家或省级、行业建设主管部门颁发的有关计价依据和办法，以及拟定的招标文件和招标工程量清单，结合工程具体情况编制的招标工程的最高投标限价。

46. 投标价

投标人投标时响应招标文件要求所报出的对已标价工程量清单汇总后标明的总价。

47. 签约合同价（合同价款）

发承包双方在工程合同中约定的工程造价，即包括了分部分项工程费、措施项目费、其他项目费、规费和税金的合同总金额。

48. 预付款

在开工前，发包人按照合同约定，预先支付给承包人用于购买合同工程施工所需材料、工程设备，以及组织施工机械和人员进场等的款项。

49. 进度款

在合同工程施工过程中，发包人按照合同约定对付款周期内承包人完成的合同价款给予

支付的款项，也是合同价款期中结算支付。

50. 合同价款调整

在合同价款调整因素出现后，发承包双方根据合同约定，对合同价款进行变动的提出、计算和确认。

51. 竣工结算价

发承包双方依据国家有关法律、法规和标准规定，按照合同约定确定的，包括在履行合同过程中按合同约定进行的合同价款调整，是承包人按合同约定完成了全部承包工作后，发包人应付给承包人的合同总金额。

52. 工程造价鉴定

工程造价咨询人接受人民法院、仲裁机关委托，对施工合同纠纷案件中的工程造价争议，运用专门知识进行鉴别、判断和评定，并提供鉴定意见的活动。也称为工程造价司法鉴定。

项目小结

本项目是对清单除清单计价和清单编制部分的介绍，学习时要理解术语的含义。

思考与练习题

1. 什么叫工程量清单？工程量清单计价与传统定额预算计价法的差别有哪些？
2. 试述我国实行工程量清单计价的目的、意义。
3. 《建设工程工程量清单计价规范》由哪几个部分构成？
4. 《建设工程工程量清单计价规范》的特点有哪些？

项目9 工程量清单编制

第一节 工程量清单概述

一、工程量清单概念

房屋建筑与装饰工程量清单是指拟建建筑与装饰工程的分部分项工程项目、措施项目、其他项目的名称和相应数量的明细清单。由招标人按照《房屋建筑与装饰工程工程量计算规范》（GB 50854—2013）（以下简称《计算规范》）中工程量清单项目统一的项目编码、统一项目名称、统一项目特征、统一计量单位和统一工程量计算规则进行编制。它是建设工程招投标活动中对招标人和投标人都具有约束力的重要文件，是招投标活动的重要依据，工程量清单中提供的工程量是计算投标价格、合同价款的基础，因此，专业性强，内容复杂，对编制人的专业技术水平要求高。

二、工程量清单的作用

1. 工程量清单是建设工程造价确定的依据

实行工程量清单计价的建设工程：其标底的编制应根据《计价规范》及《计算规范》的有关要求、施工现场的实际情况、合理的施工方法等进行编制；投标报价应根据招标文件中的工程量清单和有关要求、施工现场实际情况及拟定的施工方案或施工组织设计，依据企业定额和市场价格信息，或参照建设行政主管部门发布的社会平均消耗量定额进行编制；合同价款必须依据工程量清单中的工程量来进行计算。

2. 工程量清单是建设工程造价控制的依据

在施工过程中，发包人应按照合同约定和施工进度支付工程款，依据已完项目工程量和相应单价计算工程进度款。工程竣工验收通过后，承包人应依据工程量清单的约定及其他资料办理竣工结算。因设计变更或追加工程项目影响工程造价时，合同双方应根据工程量清单和合同其他约定调整合同价格。

三、工程量清单项目编制的原则

1. 符合《计算规范》的原则

工程量清单在编制时应当符合统一要求，项目编码统一、项目名称统一、项目特征统一、计量单位统一、工程量计算规则统一（五个统一）。由于工程量清单计价时企业自主报价，清单工程量和计价工程量的编制依据和计算规则不一定相同，所以，实行"量"、"价"分离（两个分离）。

2. 符合实物工程量与描述对象准确的原则

工程量清单对招标人和投标人都具有很强的约束力。工程量清单是招标人发出的，表现拟建工程各分部分项工程实物名称、性质、特征、单位、数量；为完成实体工程而采取的措施数量；项目的特殊要求的清单，工程量与描述对象要力求准确。

第二节　工程量清单编制的一般规定

一、招标工程量清单编制人

应由具有编制能力的招标人或受其委托、具有相应资质的工程造价咨询人编制。

二、招标工程量清单负责人

招标工程量清单必须作为招标文件的组成部分，其准确性和完整性由招标人负责。

三、招标工程量清单性质

是工程量清单计价的基础，应作为编制招标控制价、投标报价、计算或调整工程量、索赔等的依据之一。

四、招标工程量清单组成

应以单位（项）工程为单位编制，应由分部分项工程量清单、措施项目清单、其他项目清单、规费项目清单、税金项目清单组成。

五、编制工程量清单依据

①计价规范和相关工程的国家计量规范；

②国家或省级、行业建设主管部门颁发的计价依据和办法；

③建设工程设计文件；

④与建设工程项目有关的标准、规范、技术资料；

⑤拟定的招标文件；

⑥施工现场情况、地勘水文资料、工程特点及常规施工方案；

⑦其他相关资料。

第三节　分部分项工程量清单编制

一、分部分项工程量清单编制依据

应按《计算规范》规定的项目编码、项目名称、项目特征、计量单位和工程量计算规则进行编制。

二、分部分项工程量清单的项目编码

应采用十二位阿拉伯数字表示。一至九位应按《计算规范》的规定设置，十至十二为应根据拟建工程的工程量清单项目名称设置，统一招标工程的项目不得有重编码。

当同一标段（或合同段）一份工程量清单中含有多个单项或单位工程且工程量清单是以单位工程为编制对象时，在编制工程量清单时应特别注意对项目编码十到十二位的设置不得有重码的规定。例如同一标段（含合同段）的工程量清单中含有两个单位工程，每个单位工程都有特征相同的现浇钢筋混凝土梁 C30，在工程量清单中又需反映两个不同单位工程的现浇钢筋混凝土梁 C30 工程量，此时工程量清单应以单位工程为编制对象，则第一个单位工程的现浇钢筋混凝土梁 C30 的项目编码为 010503002001，第二个单位工程的现浇钢筋混凝土梁 C30 的项目编码不能相同，可编为 010503002002。

由于当今科学技术的发展日新月异，工程建设中新材料、新技术、新工艺不断涌现，在实际编制工程量清单时，当出现《计算规范》中未包含的清单项目时，编制人可作补充，补

充项目应填写在工程量清单相应分部工程项目之后。补充项目的编码由《计算规范》代码01与B和三位阿拉伯数字组成，并应从01B001起顺序编制，同一招标工程的项目不得重码。工程量清单中应附有补充项目的名称、项目特征、计量单位、工程量计算规则、工作内容，并编制的补充项目报省级或行业造价管理机构备案。

三、分部分项工程量清单的项目名称

应按相关专业工程现行的工程量计算规范的项目名称结合拟建工程的实际确定。

应考虑的因素有三个，一是《计算规范》中所列清单的项目名称；二是《计算规范》中的项目特征；三是拟建工程的实际情况。编制工程量清单时，应以《计算规范》中的项目名称为主体，考虑该项目的规格、型号、材质等特征要求，结合拟建工程的实际情况，使其工程量清单项目名称具体化，能够反映影响工程造价的主要因素。

四、分部分项工程量清单的项目特征

应按相关专业工程现行的工程量计算规范的项目特征，结合拟建工程的实际予以描述。

工程量清单的项目特征是确定一个清单项目综合单价不可缺少的重要依据，项目特征决定工程实质内容，而实质内容直接决定工程实体的自身价值。项目特征描述不详实、不清楚、不明确都会直接影响项目综合单价。而且项目特征是区分《计算规范》中统一清单条目下各个具体的清单项目的最重要依据。没有项目特征的准确描述，对于相同或相似的清单项目名称就无从区分。项目特征还是承发包双方履行该合同进行工程结算的基础。在编制的工程量清单中必须对其项目特征进行准确和全面的描述。但在实际的工程量清单项目特征描述中有些项目特征用文字往往又难以准确和全面的予以描述，因此为达到规范、统一、简捷、准确、全面描述项目特征的要求，在描述工程量清单项目特征时应按以下原则进行：

(1) 项目特征描述的内容按《计算规范》规定的内容，项目特征的表述按拟建工程的实际要求，能满足确定综合单价的需要。

(2) 若采用标准图集或施工图纸能够全部或部分满足项目特征描述的要求，项目特征描述可直接采用详见xx图集或xx图号的方式。对不能满足项目特征描述要求的部分，仍应用文字描述。

五、分部分项工程量清单中所列工程量

应按《计算规范》中规定的工程量计算规则计算。

(1) 如果《计算规范》中有两个或两个以上计量单位的，应结合拟建工程项目的实际情况，遵循最适宜表现该项目特征、方便计量以及和本地区计价定额相配套的原则，选择其中一个为计量单位。同一工程项目的计量单位应一致。

(2) 工程量计量时每一项目汇总的有效位数应遵守下列规定：

1) 以"t"为单位，应保留小数点后三位数字，第四位小数四舍五入。

2) 以"m"、"m^2"、"m^3"、"kg"为单位，应保留小数点后二位数字，第三位小数四舍五入。

3) 以"个"、"件"、"根"、"组"、"系统"为单位，应取整数。

六、其他说明

(1) 对于现浇混凝土工程的清单项目，一方面《计算规范》附录E的"工作内容"中包括了模板工程的内容，以立方米计量，与混凝土工程项目一起组成综合单价；另一方面又在附录S措施项目中单列了现浇混凝土模板工程项目的清单，以平方米计量，单独组成综合单价。

招标人应根据工程的实际情况在同一标段（或合同段）中在两种方式中选择其一。若招标人在措施项目清单中未编列现浇混凝土模板项目清单，即表示现浇混凝土模板项目不单列，其费用应包含在现浇混凝土清单项目的综合单价中。

（2）《计算规范》附录E中预制混凝土构件按现场制作编制项目，“工作内容”中包括模板工程，不再另列。若采用成品预制混凝土构件，构件成品价（包括模板、钢筋、混凝土等所有费用）都应计入综合单价中。

（3）金属结构构件、门窗（橱窗除外）按成品编制项目，成品价应计入综合单价中，若采用现场制作，包括制作的所有费用。

【例9-1】 某建筑外围尺寸15m×40m（详见图9-1），室外设计标高−0.30m，二类土，垫层混凝土为C10，基础混凝土为C30，钢筋为φ10圆钢（0.22t），柱顶标高1.700m，柱体混凝土为C20，钢筋为Φ20螺纹钢（0.35t），尺寸详见图9-1，地下水位−2.5，基础土方堆放于5km处，请编制该工程的土方工程量清单。

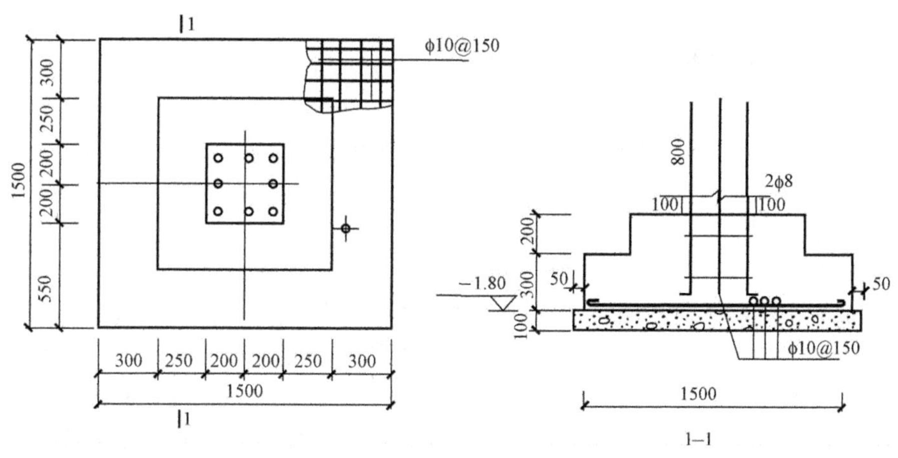

图9-1　基础平面及断面图

解： 土方工程量清单编制见表9-1。

表9-1　**分部分项工程量清单**

序号	项目编码	项目名称	项目特征	计量单位	数量	综合单价	合价
1	010101004001	挖基坑土方	二类土、挖土深度1.60m，弃土运距5km	m^3	4.096		

第四节　措施项目清单编制

《计算规范》将措施项目划分为两类：一类是不能计算工程量的项目，如文明施工和安全防护、临时设施等，就以“项”计价，称为“总价项目”；另一类是可以计算工程量的项目，如脚手架、模板工程等，就以“量”计价，更有利于措施费的确定和调整，称为“单价项目”。

一、可以计算工程量的措施项目编制

措施项目中列出项目编码、项目名称、项目特征、计量单位和工程量计算规则的项目，编制工程量清单时，应按分部分项工程量清单的规定编制。

二、不能计算工程量的措施项目编制

措施项目中仅列出项目编码、项目名称，未列出项目特征、计量单位和工程量计算规则的项目，编制工程量清单时，应按照《计算规范》附录S规定的项目编码、项目名称确定。

三、补充的措施项目清单

措施项目清单的编制需要考虑多种因素，除工程本身的因素外，还涉及水文、气象、环境、安全等因素，《计算规范》不可能将施工中可能出现的措施项目一一列出，在编制措施项目清单时，若出现《计算规范》中未列的措施项目，可根据工程的具体情况对措施项目清单作补充。

第五节 其他项目清单

一、其他项目清单宜按照下列内容列项

1）暂列金额；

2）暂估价：包括材料暂估单价、工程设备暂估单价、专业工程暂估价；

3）计日工；

4）总承包服务费。

1. 暂列金额

在《计价规范》术语中已经定义暂列金额是招标人暂定并包括在合同中的一笔款项。由于我国对政府投资工程实行概算管理，经项目审批部门批复的设计概算是工程投资控制的刚性指标，即使商业性开发项目也有成本的预先控制问题，否则，无法相对准确预测投资的收益和科学合理地进行投资控制，而工程建设自身的特性决定了工程设计需要根据工程进展不断地进行优化和调整，业主需求可能会随工程建设进展出现变化，工程建设过程还会存在其他一些不能预见、不能确定的因素。消化这些因素必然会影响合同价格的调整，暂列金额正是因这类不可避免的价格调整而设立，以便达到合理确定和有效控制工程造价的目标。

2. 暂估价

暂估价指在招标阶段预见肯定要发生，只是因为标准不明确或者需要由专业承包人完成，暂时无法确定价格。暂估价数量和拟用项目应当结合“工程量清单”的“暂估价表”予以补充说明。

（1）材料工程设备暂估价。

①材料、工程设备暂估单价应根据工程造价信息或参照市场价格估算，列出明细表。

②为方便合同管理，材料和工程设备暂估价应需要纳入分部分项工程量清单项目综合单价中的，以方便投标人组价。

（2）专业工程的暂估价。

一般应是综合暂估价，应当包括除规费和税金以外的管理费、利润等取费。总承包招标时，专业工程设计深度往往是不够的，一般需要交由专业设计人设计，国际上，出于提高可建造性考虑，一般由专业承包人负责设计，以发挥其专业技能和专业施工经验的优势。这类专业工程交由专业分包人完成是国际工程的良好实践，目前在我国工程建设领域也已经比较普遍。公开透明地合理确定这类暂估价的实际开支金额的最佳途径就是通过建设项目招标人与施工总承包人共同组织的招标。

3. 计日工

计日工是对完成零星工作所消耗的人工工时、材料数量、机械台班进行计量，并按照计日工表中填报的适用项目的单价进行计价支付。计日工适用的所谓零星工作一般是指合同约定之外的或因变更而产生的、工程量清单中没有相应项目的额外工作，尤其是那些时间不允许事先商定价格的额外工作。

计日工为额外工作和变更的设计提供了一个方便快捷的途径。但是，在以往的实践中，计日工经常被忽略。其中一个主要原因是，计日工项目的单价水平一般要高于工程量清单单价的水平。理论上讲，合理的计日工单价水平一般要高于工程量清单的价格水平，其原因在于计日工往往是用于一些突发性的额外工作，缺少计划性，承包人在调动施工生产资源方面难免会影响已经计划好的工作，生产资源的使用效率也有一定的降低，客观上造成超出常规的额外投入。另一方面，计日工清单往往忽略给出一个暂定的工程量，无法纳入有效的竞争，也是造成其单价水平偏高的原因之一，因此计日工表中一定要给出暂定数量，并且需要根据经验，尽可能估算一个比较贴近实际的数量。当然，尽可能把项目列全，防患于未然，也是值得充分重视的。

4. 总承包服务费

总承包服务费是为了解决招标人在法律、法规允许的条件下进行专业工程发包以及自行供应材料、设备，并需要总承包人对发包的专业工程提供协调和配合服务（如分包人使用总包人的脚手架、水电等）；对供应的材料、设备提供收、发和保管服务以及对施工现场进行统一管理；对竣工资料进行统一汇总整理等发生并向总承包人支付的费用。招标人应当预计该项费用并按投标人的投标报价向投标人支付该项费用。

二、出现上条未列的项目，可根据工程实际情况补充

该条规定了对于其他项目清单可以进行补充，如在竣工结算中就可以将索赔、现场签证列入其他项目清单中。

三、索赔、现场签证

竣工结算时可以将索赔、现场签证列入其他项目清单中。

第六节　规费和税金项目清单

规费项目和税金项目清单，保证了工程量清单计价包含内容的完整性，是我国国情在工程量清单计价的真实反映。

（1）规费项目清单应按照下列内容列项：

①社会保障费：包括养老保险费、失业保险费、医疗保险费；工伤保险费、生育保险费。

②住房公积金。

③工程排污费。

（2）出现规范未列的规费项目，应根据省级政府或省级有关权力部门的规定列项。

(3) 税金项目清单应包括下列内容：

①营业税；

②城市维护建设税；

③教育费附加；

④地方教育附加。

(4) 出现规范未列的税金项目，应根据税务部门的规定列项。

项目小结

编制工程量清单是一项重要的工作。工程量清单编制中尤以分部分项工程量清单、措施项目清单、其他项目清单容易出错。分部分项工程量清单编制时：项目编码要注意补充到12位，不能重复编码，清单中没有的项目要补充编码；项目特征要描述详尽准确，计量单位要统一，工程量计算严格按清单规则计算。措施项目清单编制注意区分以项计算措施项目和能计算工程量的措施项目。其他项目清单编制时主要以招标文件写的条件为准，注意材料暂估价的处理。

思考与练习题

1. 试写出下列清单项目的清单编码、项目名称和计量单位：

(1) 机械挖带形基础土方；

(2) ϕ377 沉管混凝土灌注桩；

(3) M7.5 混砂烧结普通砖基础；

(4) C20 (40) 预制混凝土过梁；

(5) C30 (20) 现浇泵送商品混凝土阳台；

(6) 胡桃木木楼梯；

(7) 石砌台阶；

(8) C10 (40) 垫层；

(9) SBS 改性卷材；

(10) 露台抛光砖地面；

(11) 墙面乳胶漆二遍；

(12) 现浇混凝土栏板。

项目10　工程量清单计价

第一节　工程量清单计价概述

一、工程量清单计价的概念

工程量清单计价是在建设工程招投标工作中，按照国家统一的工程量清单计价规范和各专业工程的工程量清单计算规范，以招标人提供的工程量清单为平台，投标人根据自身的技术、财务、经营能力自行报价，招标人以合理低价确定中标价格的计价方式。

二、工程量清单计价的特点和优势

工程量清单计价是市场形成工程造价的主要形式，它给企业自主报价提供了空间，实现了政府定价到市场定价的转变。清单计价法是一种既符合建筑市场竞争规则、经济发展需要，又符合国际惯例的计价办法。与原有定额计价模式相比，清单计价具有以下特点和优势。

（1）充分体现施工企业自主报价，市场竞争形成价格。

工程量清单计价法完全突破了我国传统的定额计价管理方式，是一种全新的计价管理模式。它的主要特点是依据建设行政主管部门颁布的工程量计算规则，按照施工图纸、施工现场、招标文件的有关规定要求，由施工企业自己编制而成。计价依据不再套用政府编制的定额和单价，所有工程中人工、材料、机械费用价格都由市场价格来确定，真正体现了企业自主报价、市场竞争形成价格的崭新局面。

（2）搭建了一个平等竞争的平台，满足充分竞争的需要。

在工程招投标中，投标报价往往是决定是否中标的关键因素，而影响投标报价质量的是工程量计算的准确性。工程预算定额计价模式下，工程量由投标人各自测算，企业是否中标很大程度上取决于预算编制人员素质，最后工程招标投标变成施工企业预算编制人员之间的竞争，而企业的施工技术、管理水平无法得以体现。实现工程量清单计价模式后，招标人提供工程量清单，对所有投标人都是一样的，不存在工程项目、工程数量方面的误差，有利于公平竞争。所有投标人根据招标人提供的统一的工程量清单，根据企业管理水平和技术能力，考虑各种风险因素，自主确定人工、材料、施工机械台班消耗量及相应价格，自主确定项目综合报价。

（3）促进施工企业整体素质提高，增强竞争能力。

工程量清单计价反映的是施工企业个别成本，而不是社会的平均成本。投标人在报价时，必须通过对单位工程成本、利润进行分析，统筹兼顾，精心选择施工方案，并根据投标人自身的情况综合考虑人工、材料、施工机械等要素的投入与配置，优化组合，合理确定投标价，以提高投标竞争力。工程量清单报价体现了企业施工、技术管理水平等综合实力，这就要求投标人必须加强管理，改善施工条件，加快技术进步，提高劳动生产率，鼓励创新，从技术中要效率，从管理中要利润；注重市场信息的搜集和施工资料的积累，推动施工企业编制自己的消耗量定额，全面提升企业素质，增强综合竞争能力，这样才能在激烈的市场竞争中不断发展和壮大，立于不败之地。

(4) 有利于招标人对投资的控制，提高投资效益。

采用工程预算定额计价模式，发包人对设计变更等所引起的工程造价变化不敏感，往往等到竣工结算时才知道这些变更对项目投资的影响程度，但为时已晚。而采用了工程量清单计价模式后，工程变更对工程造价的影响一目了然，这样发包人就能根据投资情况来决定是否变更或进行多方案比选，以决定最恰当的处理方法。同时工程量清单为招标人的期中付款提供了便利，用工程量清单计价，简单、明了，只要完成的工程数量与综合单价相乘，即可计算工程造价。

另外，采用工程量清单计价模式后，投标人没有以往工程预算定额计价模式下的约束，完全根据自身的技术装备和管理水平自主确定工、料、机消耗量及相应价格和各项管理费用，有利于降低工程造价，节约资金，提高资金的使用效益。

(5) 风险分配合理化，符合风险分配原则。

建设工程一般都比较复杂，建设周期长，工程变更多，因而风险比较大，采用工程量清单计价模式后，招标人提供工程量清单，对工程数量的准确性负责，承担工程项目、工程数量误差风险；投标人自主确定项目单价，承担单价计算风险。这种格局符合风险合理分配与责权利关系对等的一般原则。合理的风险分配，可以充分发挥发承包双方的积极性，降低工程成本，提高投资效益，达到双赢。

(6) 有利于简化工程结算，正确处理工程索赔。

施工过程发生的工程变更，包括发包人提出工程设计变更、工程质量标准及其他实质性变更，工程量清单计价模式为确定工程变更造价提供了有利条件。工程量清单计价具有合同化的法定性，投标时的分项工程单价在工程设计变更计价、进度报表计价、竣工结算计价时是不能改变的，从而大大减少了双方在单价上的争议，简化了工程项目各阶段的预结算编审工作，除了一些隐蔽工程或一些不可预测的因素外，工程量都可依据图纸或实测实量，因此在结算时能够做到清晰、快捷。

三、实行工程量清单计价的目的、意义

(1) 实行工程量清单计价，是工程造价深化改革的产物。

长期以来，我国发承包计价、定价以工程预算定额作为主要依据。1992 年，为了适应建设市场改革的要求，针对工程预算定额编制和使用中存在的问题，提出了“控制量、指导价、竞争费”的改革措施，工程造价管理由静态管理模式逐步转变为动态管理模式。其中对工程预算定额改革的主要思路和原则是：将工程预算定额中的人工、材料、机械的消耗量和相应的单价分离，人、材、机的消耗量是国家根据有关规范、标准以及社会的平均水平来确定。控制量目的就是保证工程质量，指导价就是要逐步走向市场形成价格，这一措施在我国实行社会主义市场经济初期起到了积极的作用。但随着建设市场化进程的发展，这种做法仍然难以改变工程预算定额中国家指令性的状况，难以满足招标投标和评标的要求。因为，控制的量反映的是社会平均消耗水平，不能准确地反映各个企业的实际消耗量，不能全面地体现企业技术装备水平、管理水平和劳动生产率，还不能充分体现市场公平竞争，工程量清单计价将改革以工程预算定额为计价依据的计价模式。

(2) 实行工程量清单计价，是规范建设市场秩序，适应社会主义市场经济发展的需要。

工程造价是工程建设的核心内容，也是建设市场运行的核心内容，建设市场上存在许多不规范行为，大多与工程造价有关。过去的工程预算定额在工程发包与承包工程计价中调节

双方利益、反映市场价格等方面显得滞后，特别是在公开、公平、公正竞争方面，缺乏合理完善的机制，甚至出现了一些漏洞。实现建设市场的良性发展除了法律法规和行政监管以外，发挥市场规律中“竞争”和“价格”的作用是治本之策。工程量清单计价是市场形成工程造价的主要形式，工程量清单计价有利于发挥企业自主报价的能力，实现政府定价到市场定价的转变；有利于规范业主在招标中的行为，有效改变招标单位在招标中盲目压价的行为，从而真正体现公开、公平、公正的原则，反映市场经济规律。

（3）实行工程量清单计价，是促进建设市场有序竞争和企业健康发展的需要。

采用工程量清单计价模式招标投标，对发包单位来说，由于工程量清单是招标文件的组成部分，招标单位必须编制出准确的工程量清单，并承担相应的风险，促进招标单位提高管理水平。由于工程量清单是公开的，将避免工程招标中的弄虚作假、暗箱操作等不规范行为。对承包企业来说，采用工程量清单报价，必须对单位工程成本、利润进行分析，统筹考虑、精心选择施工方案，并根据企业的定额合理确定人工、材料、施工机械等要素的投入与配置，优化组合，合理控制现场费用和施工技术措施费用，确定投标价。这样做，改变了过去过分依赖国家发布定额的状况，企业根据自身的条件编制出自己的企业定额。

工程量清单计价的实行，有利于规范建设市场计价行为，规范建设市场秩序，促进建设市场有序竞争；有利于控制建设项目投资，合理利用资源；有利于促进技术进步，提高劳动生产率；有利于提高造价工程师的素质，使其成为懂技术、懂经济、懂管理的全面发展的复合型人才。

（4）实行工程量清单计价，有利于我国工程造价管理政府职能的转变。

按照政府部门真正履行“经济调节、市场监管、社会管理和公共服务”职能的要求，政府对工程造价政府管理的模式要相应改变，将推行政府宏观调控、企业自主报价、市场竞争形成价格、社会全面监督的工程造价管理思路。实行工程量清单计价，将有利于我国工程造价管理政府职能的转变，由过去政府控制的指令性定额转变为制定适应市场经济规律需要的工程量清单计价方法，由过去行政直接干预转变为对工程造价依法监管，有效地强化政府对工程造价的宏观调控。

（5）实行工程量清单计价，是适应我国加入世界贸易组织，融入世界大市场的需要。

随着我国改革开放的进一步加快，中国经济日益融入全球市场，特别是我国加入世界贸易组织后，行业壁垒被打破，建设市场将进一步对外开放。国外的企业以及投资的项目越来越多地进入国内市场，我国企业走出国门在海外投资和经营的项目也在增加。为了适应这种对外开放建设市场的形势，就必须与国际通行的计价方法相适应，为建设市场主体创造一个与国际惯例接轨的市场竞争环境。工程量清单计价是国际通行的计价做法，在我国实行工程量清单计价，有利于提高国内建设各方主体参与国际化竞争的能力，有利于提高工程建设的管理水平。

四、工程量清单计价原则

（1）遵循客观、公正、公平、诚实信用的原则。

（2）遵守相关的法律、法规和规范的原则。

（3）勤于询价，加强材料信息储备管理的原则。

五、工程量清单计价依据

(1) 发、承包人签订的施工合同及有关补充协议、会议纪要以及招、投标文件。

(2)《建设工程工程量清单计价规范》(GB 50500—2013),《房屋建筑与装饰工程工程量计算规范》(GB 50854—2013)。

(3) 国家法律、法规和政府及有关部门规定的规费。

(4) 各省、市自治区颁发的《建筑装饰工程消耗量定额》。

(5) 工程造价管理机构发布的人工、材料、机械台班等价格信息以及组价办法等。

(6) 工程施工图及图纸会审纪要、设计变更以及经发包人认可的施工组织设计或方案。

(7) 现场签证。

(8) 索赔。

(9) 其他。

六、《计价规范》中清单计价一般规定

(1) 采用工程量清单计价,建设工程造价由分部分项工程费、措施项目费、其他项目费、规费和税金组成。

(2) 使用国有资金投资的建设工程发承包,必须采用工程量清单计价。

(3) 非国有资金投资的建设工程发承包,宜采用工程量清单计价。

(4) 工程量清单应用综合单价计价。

不论分部分项工程项目、措施项目、其他项目,还是以单价或以总价形式表现的项目,其综合单价的组成内容都应包括完成该项清单项目所需的人工费、材料和工程设备费、机械费企业管理费以及风险费用,即除规费、税金以外的所有金额。

(5) 措施项目中的安全文明施工费必须按照国家或省级、行业建设主管部门的规定计价,不得作为竞争性费用。

(6) 规费和税金必须按国家或省级、行业建设主管部门的规定计算,不得作为竞争性费用。

(7) 建设工程发承包,必须在采招标文件或合同中明确计价中的风险内容及其范围,不得采用无限风险、所有风险或类似语句规定风险内容及其范围。

第二节 分部分项工程量清单计价表编制

分部分项工程量清单费用是指完成招标文件中所提供的分部分项工程量清单项目所需费用,即构成工程实体的费用。分部分项工程量清单计价应采用综合单价计价。

一、综合单价的概述

1. 综合单价的含义

综合单价是指完成工程量清单中一个规定计量单位项目所需的人工费、材料和工程设备费、机械使用费、管理费和利润,并考虑一定范围内的风险费用。

2. 综合单价的组成

根据我国的实际情况,综合单价是完成规定计量单位的工程量清单项目所需的包括除规费、税金以外的全部费用,即综合单价除含有实体成本以外,还包含了企业的管理费用、所获得的利润以及承担工程风险应考虑的费用。

综合单价＝人工费＋材料和工程设备费＋机械使用费＋管理费＋利润＋风险

3. 综合单价的特性

（1） 单价的固定性。

（2） 单价的可变性。

1） 合同上的变更，合同文件发生修改使工作性质发生改变。

2） 工程条件变化，如加速施工等条件下合同发生改变。

3） 工程变更或额外工程，使新工作量与原来合同项目工程量发生实质性变动，从而单价不适用。

4） 价格调整和后续法规变动，使招标人填报的单价基础发生了变动。

5） 施工企业进行合理的索赔补偿。

（3） 单价的综合性。

从综合单价所包含的工程或工作内容上讲，它包含了实体项目、措施项目及其他项目等，具有一定的综合性。

（4） 单价的依存性。

建筑工程项目具有个别性、复杂性等特点，产生变更的因素较多，所以签订的工程合同不可能对施工过程中各种事项做出明确规定，因此合同具有不完全性，单价的依存性由此产生，它的单价的有效性与投标时的合同初始状态高度依存，是由工程合同的不完全性决定的。

4. 综合单价组价的依据

（1） 工程量清单；

（2） 招标文件；

（3） 企业定额；

（4） 现行装饰装修消耗量定额；

（5） 施工组织设计及施工方案；

（6） 以往的报价资料；

（7） 人工单价、现行材料、机械台班价格信息。

5. 综合单价组价时应注意的问题

（1） 熟悉招标书全部内容；

（2） 熟悉施工工艺；

（3） 熟悉施工组织设计和施工方案；

（4） 熟悉企业定额的编制原理；

（5） 经常进行市场询价和调查；

（6） 熟悉风险管理的有关内容；

（7） 广泛收集各类基础性资料，积累经验；

（8） 与决策领导沟通，明确投标策略。

二、综合单价组价的程序

（1） 根据工程量清单项目名称和拟建工程的具体情况，按照投标人的企业定额或参照本省计价定额，分析确定该清单项目的各项可组合的计价工程内容，并据此选择对应的定额子目。

(2) 计算一个规定计量单位清单项目所对应定额子目的工程量，称“计价工程量”。

(3) 根据投标人的企业定额或参照本省计价定额，并结合工程实际情况，确定各对应定额子目的人工、材料、施工机械台班消耗量。

(4) 依据投标人自行采集的市场价格或参照省、市工程造价管理机构发布的价格信息，结合工程实际分析确定人工、材料、施工机械台班价格。

(5) 根据投标人的企业定额或参照本省计价定额，并结合工程实际、市场竞争情况，分析确定企业管理费率、利润率。

(6) 风险费用。按照工程施工招标文件（包括主要合同条款）约定的风险分担原则，结合自身实际情况，投标人防范、化解、处理应由其承担的、施工过程中可能出现的人工、材料和施工机械台班价格上涨，人员伤亡，质量缺陷，工期拖延等不利事件所需的费用。

三、综合单价组价方法

1. 计算综合单价中的人工费

综合单价中的人工费＝Σ（清单项目组价内容工程量×计价定额人工含量×人工单价）÷清单项目工程量

2. 计算综合单价中的材料和工程设备费

综合单价中的材料和工程设备费＝Σ（清单项目组价内容工程量×计价定额材料含量×材料单价）÷清单项目工程量

3. 计算综合单价中的机械费

综合单价中的材料费＝Σ（清单项目组价内容工程量×计价定额机械台班含量×机械台班单价）÷清单项目工程量

清单项目组价内容工程量是指按施工方案，依据本省计价定额规定计算出来的分部分项工程的数量。

4. 计算管理费

以（人工费＋机械费）为计费基础

$$管理费＝\Sigma（人工费＋机械费）×管理费费率$$

5. 计算利润

以（人工费＋机械费）为计费基础

$$利润＝\Sigma（人工费＋机械费）×利润率$$

6. 风险费计算

风险费由建设工程承包人根据招标文件、合同中明确的计价风险内容及其范围，结合工程实际情况确定。一般采取基数乘以一定的风险系数的方法计算。即

风险费用＝计价基数×风险系数

7. 计算综合单价

清单项目综合单价＝综合单价人工费＋综合单价材料和工程设备费＋综合单价机械费＋管理费＋利润＋风险费

四、综合单价的计算

1. 直接套用定额组价

当《计算规范》的工程内容、计量单位及工程量计算规则与计价定额一致，且只与计价定额的一个定额项目相对应时，其计算公式如下：

清单项目综合单价＝人工单价×计价定额人工消耗量＋材料单价×计价定额材料消耗量
＋机械台班单价×计价定额机械台班消耗量＋管理费＋利润＋风险

【例 10－1】 试计算表 10－1 清单项目的综合单价。(计算结果保留两位小数，合计取整) 条件：人工费上浮 100%，材料和机械台班单价均按浙江省建筑工程预算定额（2010 版）计取，管理费和利润按 10%计取，同时以人工费和机械费为基数，考虑 8%的风险费用。

表 10－1　**分部分项工程量清单**

单位及专业工程名称：　第　页共　页

序号	项目编码	项目名称	项目特征	计量单位	工程数量	综合单价	合计（元）
1	010502001001	矩形柱	C25 钢筋混凝土矩形柱，周长 1.8m 内，层高 5m	m^3	100		

解：(1) 综合单价计算。

套用定额 4－7H

人工费＝72.756×（1＋100%）＝145.512（元/m^3）

材料费＝200.463＋（207.37－192.94）×1.015＝215.109（元/m^3）

机械费＝7.099（元/m^3）

管理费＝（人工费＋机械费）×相应费率

＝（145.512＋7.099）×10%＝15.261（元/m^3）

利润（同管理费）＝15.261（元/m^3）

风险费用＝（145.512＋7.099）×8%＝12.208（元/m^3）

综合单价＝145.512＋215.109＋7.099＋15.261×2＋12.208

＝410.45（元/m^3）

(2) 清单报价表和综合单价计算表（见表 10－2、表 10－3）。

表 10－2　**分部分项工程量清单**

单位及专业工程名称：　第　页共　页

序号	项目编码	项目名称	项目特征	计量单位	工程数量	综合单价	合计（元）
1	010502001001	矩形柱	C25 钢筋混凝土矩形柱，周长 1.8m 内，层高 5m	m^3	100	410.45	41045

表 10-3 分部分项工程量清单综合单价计算表

单位及专业工程名称： 第 页共 页

序号	编号	项目名称	单位	数量	综合单价（元）							合计（元）
					人工费	材料费	机械费	管理费	利润	风险	小计	
1	010502001001	矩形柱，C25 钢筋混凝土矩形柱，周长 1.8m 内，层高 5m	m^3	100	145.51	215.11	7.10	15.26	15.26	12.21	410.45	41 045
	4-7H	C25 矩形柱	m^3	100	145.51	215.11	7.10	15.26	15.26	12.21	410.45	41 045

2. 套用定额，合并组价

当《计算规范》的计量单位及工程量计算规则与计价定额一致，但工程内容不一致，需计价定额的几个定额项目组成时，其计算公式如下：

清单项目综合单价＝∑清单组价分项综合单价

其中：综合单价人工费＝∑清单组价分项人工费

综合单价材料和设备费＝∑清单组价分项材料和设备费

综合单价机械费＝∑清单组价分项机械费

【例 10-2】 计算表 10-4 清单项目的综合单价，条件：人工费上浮 100%，材料和机械台班单价均按浙江省建筑工程预算定额（2010 版）计取，管理费和利润按 10%计取，同时以人工费和机械费为基数考虑 8%的风险费用。（计算过程取 2 位小数，合计取整）

表 10-4 分部分项工程量清单

单位及专业工程名称： 第 页共 页

序号	项目编码	项目名称	项目特征	计量单位	工程数量	综合单价	合计（元）
1	011101002001	现浇水磨石楼地面	20mm 厚水泥砂浆找平层，玻璃嵌条彩色水磨石楼地面	m^2	100		

解：（1）综合单价计算。

该清单项目对应水泥砂浆找平层和彩色水磨石两个定额子目，但两个定额子目的工程量计算规则和清单一致，故可以直接用清单工程量来套定额。

1）10－1 20mm 厚水泥砂浆找平层

人工费：3.25×（1＋100%）＝6.50（元/m^2）

材料费：4.38 元/m^2

机械费：0.18 元/m^2

管理费：（人工费＋机械费）×相应费率＝（6.50＋0.18）×10%＝0.67（元/m^2）

利润：同管理费 0.67 元/m^2

风险费用：（6.50＋0.18）×8%＝0.54（元/m²）

综合单价 1＝6.50＋4.38＋0.18＋0.67＋0.67＋0.54＝12.94（元/m²）

2）10－12：彩色水磨石

人工费：30.35×（1＋100%）＝60.70（元/m²）

材料费：16.47 元/m²

机械费：4.89 元/m²

管理费：（人工费＋机械费）×相应费率＝（60.70＋4.89）×10%＝6.56（元/m²）

利润：同管理费 6.56 元/m²

风险费用：（60.70＋4.89）×8%＝5.25（元/m²）

综合单价 2＝60.70＋16.47＋4.89＋6.56×2＋5.25＝100.43（元/m²）

3）综合单价＝12.94＋100.43＝113.37（元/m²）

（2）清单报价表和综合单价计算表（见表 10-5 和表 10-6）。

表 10-5　　分部分项工程量清单

单位及专业工程名称：　　　　第　　页共　　页

序号	项目编码	项目名称	项目特征	计量单位	工程数量	综合单价	合计（元）
1	011101002001	现浇水磨石楼地面	20mm 厚水泥砂浆找平层，玻璃嵌条彩色水磨石楼地面	m²	100	113.37	11337

表 10-6　　分部分项工程量清单综合单价计算表

单位及专业工程名称：　　　　第　　页共　　页

序号	编号	项目名称	单位	数量	综合单价（元）							合计（元）
					人工费	材料费	机械费	管理费	利润	风险	小计	
1	011101002001	现浇水磨石楼地面 20mm 厚水泥砂浆找平层，玻璃嵌条彩色水磨石楼地面	m²	100	67.2	20.85	5.07	7.23	7.23	5.79	113.37	11 337
	10-1	20mm 厚水泥砂浆找平层	m²	100	6.50	4.38	0.18	0.67	0.67	0.54	12.94	1294
	10-12	玻璃嵌条彩色水磨石楼地面	m²	100	60.70	16.47	4.89	6.56	6.56	5.25	100.43	10 043

3. 重新计算工程量组价

当《计算规范》的工程内容、计量单位及工程量计算规则与计价定额都不一致时，其计算公式如下：

清单项目综合单价＝∑（清单组价分项计价工程量×综合单价）/清单工程量

其中：

综合单价人工费＝Σ（清单组价分项计价工程量×计价定额人工消耗量×人工市场价）/清单工程量

综合单价材料和设备费＝Σ（清单组价分项计价工程量×计价定额材料和设备消耗量×材料和设备市场价）/清单工程量

综合单价机械费＝Σ（清单组价分项计价工程量×计价定额机械消耗量×机械台班市场单价）/清单工程量

【例 10-3】 试完成表 10-7 清单项目的综合单价。条件：人工费上浮 100%，材料和机械台班单价均按浙江省建筑工程预算定额（2010 版）计取，管理费和利润按 10%计取，同时以人工费和机械费为基数考虑 8%的风险费用。（计算过程取 2 位小数，合计取整）

表 10-7 **分部分项工程量清单**

单位及专业工程名称： 第 页共 页

序号	项目编码	项目名称	项目特征	计量单位	工程数量	综合单价	合计（元）
1	011106004001	水泥砂浆楼梯面	20mm 厚 1∶2 水泥砂浆楼梯 4×6 防滑铜嵌条	m^2	100		

解：（1）综合单价计算。

该清单项目对应水泥砂浆楼梯地面和铜嵌条两个定额子目，但其中一个子目铜嵌条的定额工程量是以米作为计量单位的，所以在套用铜嵌条定额时需重新计算工程量。

1）套用定额 10-76H 水泥砂浆楼梯地面

人工费＝33.30×（1＋100%）＝66.60（元/m^2）

材料费＝14.029＋（228.22－210.26）×0.032 52＝14.61（元/m^2）

机械费＝0.50 元/m^2

管理费＝（人工费＋机械费）×相应费率＝（66.60＋0.50）×10%＝6.71（元/m^2）

利润（同管理费）＝6.71 元/m^2

风险费用＝（66.60＋0.50）×8%＝5.37（元/m^2）

综合单价 1＝66.60＋14.61＋0.50＋6.71×2＋5.37＝100.50（元/m^2）

假设图纸计算得防滑铜条工程量为 150m

2）套用定额 10-86 铜嵌条

人工费＝7.43×（1＋100%）＝14.86（元/m）

材料费＝6.69 元/m

机械费＝0.59 元/m

管理费＝（人工费＋机械费）×相应费率＝15.45×10%＝1.55（元/m）

利润（同管理费）＝1.55 元/m

风险费用＝15.45×8%＝1.24（元/m）

综合单价 2＝14.86＋6.69＋0.59＋1.55×2＋1.24＝26.48（元/m）

3）综合单价＝（100.50 元/m^2×100m^2＋26.48 元/m×150m）÷100m^2＝140.22 元/m^2

（2）清单报价表和综合单价计算表（见表 10-8 和表 10-9）。

表 10-8 **分部分项工程量清单**

单位及专业工程名称： 第 页共 页

序号	项目编码	项目名称	项目特征	计量单位	工程数量	综合单价	合计（元）
1	011106004001	水泥砂浆楼梯面	20mm 厚 1∶2 水泥砂浆楼梯 4×6 防滑铜嵌条	m^2	100	140.22	14 022

表 10-9 **分部分项工程量清单综合单价计算表**

单位及专业工程名称： 第 页共 页

序号	编号	项目名称	单位	数量	综合单价（元）							合计（元）
					人工费	材料费	机械费	管理费	利润	风险	小计	
1	011106004001	水泥砂浆楼梯面 20mm 厚 1∶2 水泥砂浆楼梯，4×6 防滑铜嵌条	m^2	100	88.89	24.65	1.39	9.03	9.03	7.23	140.22	14 022
	10-76H	11∶2 水泥砂浆楼梯面	m^2	100	66.6	14.61	0.50	6.71	6.71	5.37	100.50	10 050
	10-86	铜嵌条	m	150	14.86	6.69	0.59	1.55	1.55	1.24	26.48	3972

五、分部分项工程计价表编制

分部分项工程量清单与计价表（表 10-10～表 10-12）中序号、项目编码、项目名称、计量单位和工程数量应按招标人提供的“分部分项工程量清单”中的相应内容填写。

分部分项工程量清单项目合价＝∑（分部分项工程量清单工程量×综合单价）

表 10-10 **分部分项工程量清单综合单价计算表**

单位及专业工程名称： 第 页共 页

序号	编号	项目名称	单位	数量	综合单价（元）							合计（元）
					人工费	材料费	机械费	管理费	利润	风险	小计	

表 10-11 **分部分项工程量清单与计价表**

单位及专业工程名称： 第 页共 页

序号	项目编码	项目名称	项目特征	计量单位	工程数量	综合单价	合价	其中（元）		备注
								人工费	机械费	

表 10-12　　　　工程量清单综合单价工料机分析表

单位及专业工程名称：　　　　　　　　　　　　　　第　　页共　　页

项目编码		项目名称			计量单位	
清单综合单价组成明细						
序号	名称及规格		计量单位	工程数量	金额（元）	
					单价	合价
1	人工		工日			
	人工费小计					
2	材料					
	材料费小计					
3	机械					
	机械费小计					
4	直接工程费（1＋2＋3）					
5	管理费					
6	利润					
7	风险费用					
8	综合单价（4＋5＋6＋7）					

第三节　措施项目清单计价表编制

一、编制原则

措施项目清单费用是指完成非工程实体的费用。措施项目中可以计算工程量的项目，称为单价措施项目，采用分部分项工程量清单的方式编制；列出项目编码、项目名称、项目特征、计量单位和工程量；不可计算工程量的项目，作为总价措施项目。

二、措施项目清单计价表编制

(1) 总价措施项目，以“项”计价，根据建设部、财政部发布的《建筑安装工程费用组成》(建标［2003］206 号) 的规定，计算基础可为“直接费”、“人工费”、或“人工费＋机械费”乘以系数或费率计算。

(2) 单价措施项目，以综合单价形式计价，编制方法同分部分项工程量清单编制方法。

第四节　其他项目清单计价

一、其他项目费概念

必然发生或可能发生的一些费用，这些费用不能根据发包人提供的图纸在招投标过程中准确确定，而是在工程中动态确定。由暂定金额、暂估价、计日工和总包服务费组成。

在编制竣工结算书时，对于变更、索赔项目，也应列入其他项目。

二、其他项目费计算

1. 暂列金额

暂列金额指暂定并包括在合同价款内，因一些不能预见、不能确定的因素引起的价格调整而设立。

暂列金额明细表由招标人在招标文件中列出，如不能详列，也可只列暂定金额总额，投标人应将上述暂列金额计入投标总价中。

2. 暂估价

（1）材料（工程设备）暂估单价表由招标人填写，并在备注栏说明暂估价的材料拟用在哪些清单项目上。材料包括原材料、燃料、构配件以及按规定应计入建筑安装工程造价的设备。投标人应将材料暂估单价计入工程量清单综合单价报价中，其他项目清单与计价汇总表不汇总材料暂估单价，只是列项。

（2）专业工程暂估价表表由招标人填写，按项列支，如塑钢门窗、玻璃幕墙、防水等，价格中包含除规费、税金外的所有费用，投标人应将上述专业工程暂估价计入投标总价中。

3. 计日工

计日工表的项目名称、暂定数量由招标人填写，编制招标控制价时，单价由投标人按有关计价规则确定，投标时，单价由投标人自主报价，按暂定数量计算合价计入投标总价中。

4. 总承包服务费

总承包服务费计价表中项目名称、服务内容均由招标人填写，招标人必须在招标文件中说明总包的范围以减少后期不必要的纠纷。①编制招标控制价时，费率及金额由招标人按有关计价规定确定；②招标时，费率及金额由投标人自主报价，计入投标总价中；③《浙江省建设工程施工费用定额》（2010 版）中列出的参考计算标准如下：

（1）招标人仅要求对分包的专业工程进行总承包管理和协调时，按分包的专业工程估算造价的 1.5%计算；

（2）招标人要求对分包的专业工程进行总承包管理和协调并同时要求提供配合服务时，根据招标文件中列出的配合服务内容和提出要求按分包的专业工程估算造价 3%～5%计算；

（3）招标人自行供应材料的，按招标人供应材料价值的 1%计算。

第五节　规费和税金清单计价

一、规费清单

规费是各省建设厅颁发的费用定额中规定的有关行政性收费，是不可竞争性费用。

1. 规费组成

规费由工程排污费、社会保障费、住房公积金、危险作业以外伤害保险等组成。

2. 规费的计取

按照国家和建设主管部门发布的规费计取办法，计算公式和规定的费率计取。计算公式为：

$$规费=\sum（取费基数\times规费费率）$$

二、税金清单

税金指国家税法规定的应计入建筑安装工程造价的各种税金，包括营业税、城市维护建设税、教育费附加和地方教育附加根据各省市、地区税务部门规定的税率，以不同省市、不同地区的建筑装修工程不含税造价为基数计取。

税金＝（分部分项工程费＋措施项目费＋其他项目费＋规费）×综合税率

税金与分部分项工程费、措施项目费及其他项目费不同，属于“转嫁税”，具有法定性和强制性，由工程承包人必须及时足额交纳给工程所在地的税务部门。

项目小结

本项目主要介绍了清单项目综合单价组价的三种常用计算方法和计算程序，要学会根据清单项目特征的描述，区分清单组价不同情况，使用不同的计算方法。

思考与练习题

1. 计算表 10 - 13 清单项目的综合单价，并编制清单报价表和综合单价计算表，条件：人工费上浮 100%，材料和机械台班单价均按浙江省建筑工程预算定额（2010 版）计取，管理费和利润按 10%计取，不考虑风险费用。（计算结果保留 2 位小数，合计取整）

表 10 - 13　　分部分项工程量清单

序号	项目编码	项目名称	项目特征	计量单位	数量	综合单价	合价（元）
1	010506001001	直形楼梯	C30 现浇现捣钢筋混凝土	m^2	100		

2. 计算表 10 - 14 清单项目的综合单价，并编制清单报价表和综合单价计算表，条件：人工费上浮 100%，材料和机械台班单价均按浙江省建筑工程预算定额（2010 版）计取，管理费和利润按 10%计取，同时以人工费和机械费为基数考虑 5%的风险费用。（计算结果保留 2 位小数，合计取整）

表 10 - 14　　分部分项工程量清单

序号	项目编码	项目名称	项目特征	计量单位	数量	综合单价	合价（元）
1	011104002001	竹木地板	20mm 厚水砂找平层硬木拼花地板（100 元/m^2）地板漆三遍	m^2	100		

3. 计算表 10 - 15 清单项目的综合单价，并编制清单报价表和综合单价计算表，工程采用人工场地平整和人力车运土，人工、材料和机械台班单价均按浙江省建筑工程预算定额（2010 版）计取，管理费取 20%，利润 5%。（计算结果保留 2 位小数，合计取整）

（提示：该清单项目对应两个定额子目，①1-15 平整场地（工程量 196m^2）②1-20 和 1-21：人力车运土（工程量 7.5m^3））

表 10-15 **分部分项工程量清单**

序号	项目编码	项目名称	项目特征	计量单位	数量	综合单价	合价（元）
1	010101001001	平整场地	三类土，弃土 7.5m^3，人力车运土，运距 150m	m^2	100		

模块四

分部分项计量计价(建筑)

项目 11 《浙江省建筑工程预算定额》(2010 版) 总说明

1.《浙江省建筑工程预算定额》(2010 版)(以下简称本定额)是根据省建设厅、省计委、省财政厅联合颁发的《关于组织修订〈浙江省建设工程计价依据(2003)版〉通知》[建建发(2009)165 号]、GB 50500—2008 及其有关规定，在 GJD—101—95《全国统一建筑工程基础定额》和 GYD—901—2002《全国统一建筑装饰装修工程消耗量定额》、《浙江省建筑工程预算定额》(2003 版)、《浙江省建筑工程节能预算定额》的基础上，结合本省实际情况编制的。

2. 本定额是指导设计概算、施工图预算、投标报价的编制以及工程合同价约定、竣工结算办理，工程造价纠纷调解处理，鉴定工程造价的依据。全部使用国有资金或以国有资金投资为主的工程建设项目，编制招标控制价应执行本定额。

3. 本定额适用于本省区域内的工业与民用建筑的新建、扩建、改建工程。不适用于修建和其他专业工程，也不适用于国防、科研等有特殊要求的工程及实行产品出厂价格的各类建筑构配件。

4. 本定额是按现行的建筑工程及施工验收规范、质量评定标准和安全操作规程，根据合理的施工组织和正常的施工条件编制的，是本省境内完成规定计量单位建筑分项工程所需的人工、材料、机械台班消耗量标准，反映了本省社会平均消耗量水平。

5. 定额的工作内容扼要地说明了主要工序，次要工序虽未一一列出，定额均已考虑。

6. 本定额未包括的项目，可参照本省其他相应工程计价定额计算，如仍缺项的，应编制地区性编制地区性补充定额或一次性补充定额，并按规定履行申报手续。

7. 有关定额人工的说明和规定。

(1) 本定额的人工消耗量是以现行全国建筑安装工程统一劳动定额为基础，并结合本省实际情况编制的，已考虑了个项目施工操作的直接用工、其他用工(材料超运距、工种搭接、安全和质量检查以及临时停水、停电等)及人工幅度差。每工日按八小时工作制计算。

(2) 本定额日工资单价分为三类：土石方工程按Ⅰ类日工资单价 40 元计算；木结构工

程、金属结构工程以及楼地面工程、墙柱面工程、天棚工程、门窗工程、油漆、涂料、裱糊工程、其他工程按Ⅲ类日工资单价 50 元计算；其余工程均按Ⅱ类日工资单价 43 元计算。

8. 有关建筑材料、成品及半成品的说明和规定。

（1）本定额中的材料价格是按合格品考虑的。材料名称、规格及取定价格详见定额附录（四）。

（2）本定额中的材料、成品及半成品的取定价格包括市场供应价、运杂费、运输损耗费、采购保管费。

（3）材料、成品、半成品的定额消耗量均包括场内运输损耗和施工操作损耗，损耗率详见附录。

（4）材料、成品及半成品从工地仓库、现场堆放地点或现场加工地点至操作地点的场内水平运输已包括在相应定额内，垂直运输另按本定额第十七章计算。

（5）本定额中的冷拔钢丝、高强钢丝、钢丝束、钢绞线均按成品价格考虑。

（6）本定额除了特殊说明之外，大理石和花岗岩均按成品板考虑，定额消耗量中仅包含场内运输、施工及零星切割的损耗。

（7）本定额配合比原材料用量应按配合比相应定额分析计算，其中并列有两种水泥强度标准的配合比定额，设计无特殊要求时，均按较低强度标准的水泥配合比计算。

（8）本定额中各类砌体所使用的砂浆均为普通现拌砂浆，若实际使用预拌（干混或湿拌）砂浆，按以下方法调整：

1）使用干混砂浆的，

a. 单价由现拌换为干混；

b. 按相应定额每立方砂浆扣除人工 0.2 工日；

c. 灰浆搅拌机台班数量乘以 0.6。

2）使用湿拌砂浆的，

a. 单价由现拌换为湿拌；

b. 按相应定额每立方砂浆扣除人工 0.45 工日；

c. 扣除灰浆搅拌机台班数量。

【例 11-1】　求 DM7.5 干混砂浆 1 砖烧结普通砖墙的定额基价。

解：套用定额 3-45H，单位：$10m^3$

$$\begin{aligned}\text{定额单价} &= 2927 + (405.45 - 181.75) \times 2.36 - 2.36 \times 0.2 \\ &\quad \times 43 - 58.57 \times 0.39 \times 0.4 \\ &= 3425.49(\text{元}/10m^3)\end{aligned}$$

（9）凡定额未列商品混凝土的子目采用商品混凝土浇捣时，套用换算如下：

1）按现拌混凝土执行，单价换算；

2）扣除搅拌机台班数量；

3）同时振捣器台班数量×0.8；

4）另按相应定额中每立方米混凝土含量扣除人工泵送时 0.65 工日，非泵送时 0.52 工日。

5）混凝土构件浇捣、制作定额未包括添加剂，发生时按设计要求另行计算。

【例 11-2】　试求屋面 C20 泵送商品混凝土防水层（厚 40mm）的定额基价。

解： 套用定额 7 - 1H，单位：$100m^2$

定额单价 $=1922+(299-208.32)\times 4.56-(58.57\times 0.09+123.45\times 0.38)$
$-17.56\times 0.76\times 0.2-4.56\times 0.65\times 4343=2153.20$（元 /$100m^2$）

(10) 定额中的黄砂：

1) 用于垫层的为毛砂；

2) 用于混凝土及砂浆配合比的为净砂；

3) 其过筛人工及筛耗，已包括在材料价格内；

4) 用于混凝土中的碎石，材料价格内已考虑了一定比例的冲洗费用和损耗。

(11) 本定额中淋化每立方米石灰膏，按统货生石灰 750kg 编制。

(12) 本定额木种分类规定如下：

1) 一、二类：红松、水桐木、樟子松、白松（方杉、冷杉）、杉木、杨木、柳木、椴木。

2) 三、四类：青松、黄花松、秋子松、马尾松、东北榆木、柏木、苦楝木、梓木、黄菠萝、椿木、楠柳、华北榆木、榉木、枫木、橡木、核桃木、樱桃木。

3) 设计采用木材种类与本定额取定不同时，按定额各章有关规定计算。

(13) 本定额周转材料按摊销量编制，且已包括回库维修耗量及相关费用。

(14) 现浇混凝土工程的承重支模架、钢结构或空间网架结构安装使用的满堂承重架以及其他施工用承重架，高度超过 8m、或跨度超过 18m、或施工总荷载大于 $10kN/m^2$、或集中线荷载大于 15kN/m 时，应按施工组织设计提供的施工技术方案另行计算，不再执行相应增加层定额。

(15) 本定额项目中次要的零星材料虽未一一列出，但已包括在其他材料费内。

9. 有关建筑机械台班定额的说明和规定。

(1) 本定额的机械台班是按现行全国建筑安装工程统一劳动定额及本省实际情况编制的，台班价格按《全国统一施工机械台班费用定额浙江省（2010）台班单价表》计算，每一台班按八小时工作制计算，并增加了其他直接生产用机械幅度差。

(2) 定额中建筑机械的类型、规格是按正常施工、合理配置，结合本省施工企业机械配备情况综合考虑的。未列出的零星机械已包括在其他机械费内。

(3) 本定额未包括大型机械场外运输机械安拆费用（大型机械场外运输机械安拆费用属于技术措施费），发生时应根据施工设计选用的实际机械种类及规格，按定额附录及机械台班费用定额的有关规定计算。

10. 本定额脚手架费用是按一个整体工程考虑的，如遇结构与装饰分别发包，应按照具体情况确定划分比例。

11. 洞库照明费以地下室面积，以及外围开窗面积小于室内平面面积 2.5%的库房或暗室面积之和为基数，按每平方米 15 元计算（其中人工 0.25 工日）。

洞库照明费＝（地下室面积＋外围开窗面积小于室内平面面积 2.5%的库房或暗室面积）×15。

12. 本定额的垂直运输按不同檐高的建筑物和构筑物单独编制，应根据具体工程内容按垂直运输章节定额执行。

13. 本定额除定额注明高度的以外，均按建筑物檐高 20m 内编制，檐高在 20m 以上的工程，其降效应增加的人工、机械及有关费用按建筑物超高施工增加费定额执行。

14. 定额中，

(1) 建筑物檐高是指设计室外地坪至建筑物檐口底的高度。

突出主体建筑物屋顶的电梯机房、楼梯间、有围护结构的水箱间、瞭望塔等不计高度。

(2) 建筑物的层高是指本层设计地（楼）面至上一层楼面的高度。

15. 定额中，

(1) 注明“××以内”或“××以下”者，均包括本身在内；

(2) 注明“××以外”或“××以上”者，则不包括本身在内。

(3) 定额中遇有两个或两个以上系数时，按连乘法计算。

16. 本定额由浙江省建设工程造价管理总站负责解释及管理。

项目小结

总说明是将本定额上、下两册的共性的内容做一个总体介绍说明，适合于所有十八个章节。尤其在下册使用中，有些换算涉及总说明里有些条款。

思考与练习题

1. 求 DM7.5 干混砂浆烧结多孔砖零星砌体的定额基价。

2. 某工程楼面采用 40 厚 C20 细石混凝土找平，混凝土采用 C20 非泵送商品混凝土，单价为 300 元/m^3，试求该项目定额基价。

项目12 建筑面积的计算

第一节 基本概念

1. 层高：上、下两层楼面或楼面与地面之间的垂直距离。

2. 自然层：按楼板、地板结构分层的楼层。

3. 架空层（图12-1）：建筑物深基础或坡地建筑吊脚架空部位不回填土石方形成的建筑空间。

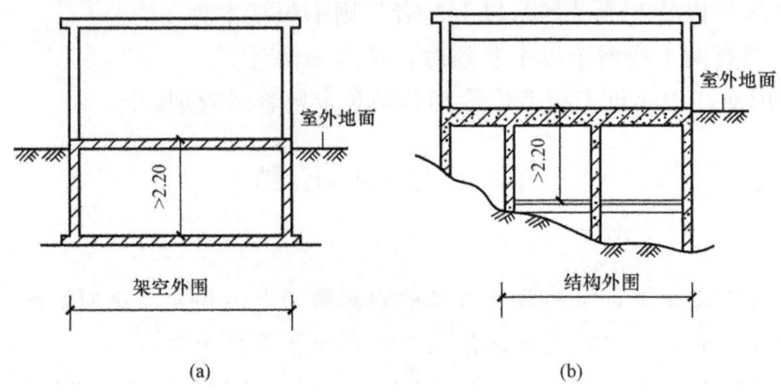

图12-1 架空层

4. 走廊：建筑物内的水平交通空间。

5. 挑廊（图12-2）：挑出建筑物外墙的水平交通空间。

图12-2 挑廊

6. 檐廊：设置在建筑物底层出檐下的水平交通空间。

7. 回廊（图12-3）：在建筑物门厅、大厅内设置在二层或二层以上的回形走廊。

8. 门斗：在建筑物出入口设置的起分隔、挡风、御寒等作用的建筑过渡空间。

9. 建筑物通道：为道路穿过建筑物而设置的建筑空间。

10. 架空走廊（图12-4）：建筑物与建筑物之间，在二层或二层以上专门为水平交通设

图 12-3　回廊

置的走廊。

图 12-4　架空走廊

11. 勒脚（图 12-5）：建筑物的外墙与室外地面或散水接触部位墙体的加厚部分。

图 12-5　勒脚

图 12-6　围护性幕墙

12. 围护结构：围合建筑空间四周的墙体、门、窗等。

13. 围护性幕墙（图 12-6）：直接作为外墙起围护作用的幕墙。

14. 装饰性幕墙：设置在建筑物墙体外起装饰作用的幕墙。

15. 落地橱窗：突出外墙面根基落地的橱窗。

16. 阳台：供使用者进行活动和晾晒衣物的建筑空间。

17. 眺望间：设置在建筑物顶层或挑出房间的，供人们远眺或观察周围情况的建筑空间。

18. 雨篷（图 12-7）：设置在建筑物进出口上部的遮雨、遮阳篷。

(a)

(b)

图 12-7　雨篷

19. 地下室（图 12-8）：房间地平面低于室外地平面的高度超过该房间净高的 1/2 者为地下室。

20. 半地下室（图 12-9）：房间地平面低于室外地平面的高度超过该房间净高的 1/3，且不超过 1/2 者为半地下室。

21. 变形缝（图 12-10）：伸缩缝（温度缝）、沉降缝和抗震缝的总称。

22. 永久性顶盖：经规划批准设计的永久使用的顶盖。

23. 飘窗（图 12-11）：为房间采光和美化造型而设置的突出外墙的窗。

24. 骑楼（图 12-12）：楼层部分跨在人行道上的临街楼房。

25. 过街楼（图 12-13）：有道路穿过建筑空间的楼房。

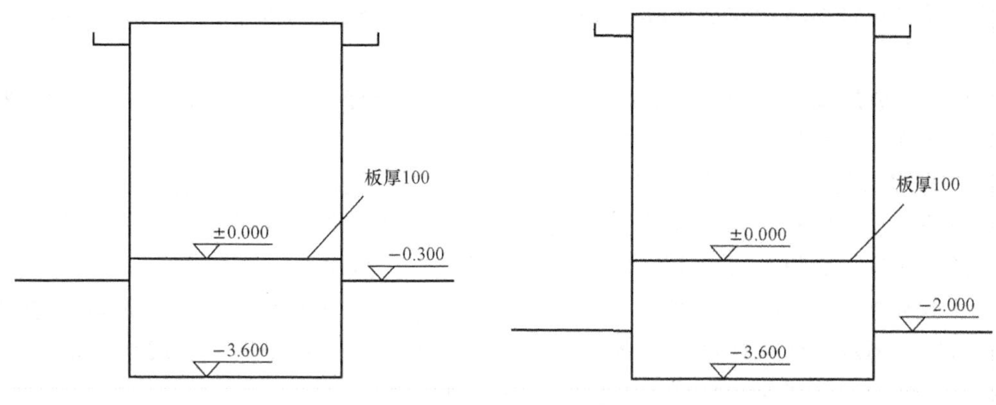

图 12 - 8　地下室　　　图 12 - 9　半地下室

图 12 - 10　变形缝

图 12 - 11　飘窗

图 12 - 12　骑楼

图 12 - 13　过街楼

第二节　建筑面积计算的规范

1. 单层建筑物的建筑面积，应按其外墙勒脚以上结构外围水平面积计算，并应符合下列规定：

(1) 单层建筑物高度在 2.20m 及以上者应计算全面积；高度不足 2.20m 者应计算 1/2 面积。

(2) 利用坡屋顶内空间时净高超过 2.10m 的部位应计算全面积；净高在 1.20～2.10m 的部位应计算 1/2 面积；净高不足 1.20m 的部位不计算面积。

2. 单层建筑物内设有局部楼层者，局部楼层的二层及以上楼层，有围护结构的应按其围护结构外围水平面积计算，无围护结构的应按其结构底板水平面积计算。层高在 2.20m 及以上者应计算全面积；层高不足 2.20m 者应计算 1/2 面积。

3. 多层建筑物首层应按其外墙勒脚以上结构外围水平面积计算；二层及以上楼层应按其外墙结构外围水平面积计算。层高在 2.20m 及以上者应计算全面积；层高不足 2.20m 者应计算 1/2 面积。多层建筑物建筑面积等于各层面积之和。

首层按外墙勒脚以上外围水平面积，二层及以上按外墙外围面积计算（注意层高）。

$$S = S_1 + S_2 + S_3 + S_4 + \cdots + S_n$$

4. 多层建筑坡屋顶内和场馆看台下，当设计加以利用时净高超过 2.10m 的部位应计算全面积；净高在 1.20～2.10m 的部位应计算 1/2 面积；当设计未利用或室内净高不足 1.20m 时不应计算面积。

5. 地下室、半地下室（车间、商店、车站、车库、仓库等），包括相应的有永久性顶盖的出入口，应按其外墙上口（不包括采光井、外墙防潮层及其保护墙）外边线所围水平面积计算。层高在 2.20m 及以上者应计算全面积；层高不足 2.20m 者应计算 1/2 面积。

【例 12-1】 求图 12-14 出入口面积（墙厚：240mm）。

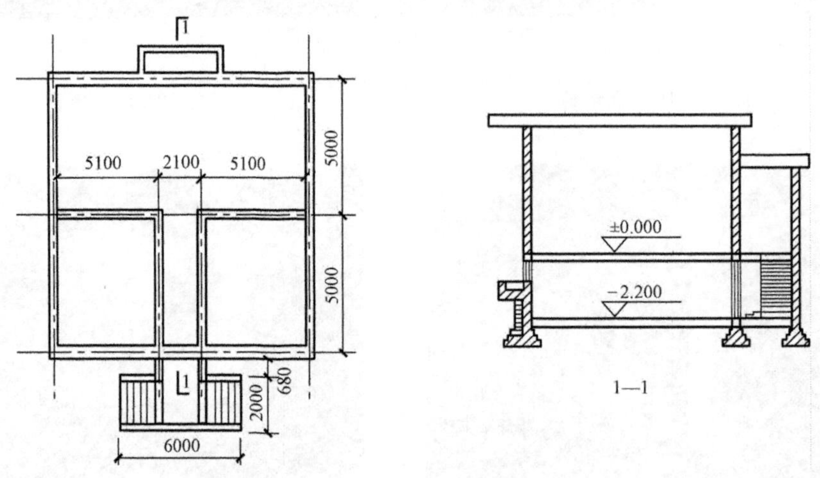

图 12-14 某建筑物出入口处示意图

地下室 $S=(5.1\times2+2.1+0.12\times2)\times(5\times2+0.12\times2)=128.41\ (m^2)$

出入口 $S=6\times2+0.68\times(2.1+0.12\times2)=13.59\ (m^2)$

6. 坡地的建筑物吊脚架空层、深基础架空层。

①设计加以利用并有围护结构的，层高在 2.20m 及以上的部位应计算全面积；层高不足 2.20m 的部位应计算 1/2 面积。

②设计加以利用、无围护结构的建筑吊脚架空层，应按其利用部位水平面积的 1/2 计算。

③设计不利用的深基础架空层、坡地吊脚架空层、多层建筑坡屋顶内、场馆看台下的空

间不应计算面积。

7. 建筑物的门厅、大厅按一层计算建筑面积。门厅、大厅内设有回廊时，应按其结构底板水平面积计算。层高在 2.20m 及以上者应计算全面积；层高不足 2.20m 者应计算 1/2 面积。

8. 建筑物间有围护结构的架空走廊，应按其围护结构外围水平面积计算。层高在 2.20m 及以上者应计算全面积；层高不足 2.20m 者应计算 1/2 面积。有永久性顶盖无围护结构的应按其结构底板水平面积的 1/2 计算。

9. 立体书库、立体仓库、立体车库，无结构层的应按一层计算，有结构层的应按其结构层面积分别计算。层高在 2.20m 及以上者应计算全面积；层高不足 2.20m 者应计算 1/2 面积。

10. 有围护结构的舞台灯光控制室，应按其围护结构外围水平面积计算。层高在 2.20m 及以上者应计算全面积；层高不足 2.20m 者应计算 1/2 面积。

11. 建筑物外有围护结构的落地橱窗、门斗、挑廊、走廊、檐廊，应按其围护结构外围水平面积计算。层高在 2.20m 及以上者应计算全面积；层高不足 2.20m 者应计算 1/2 面积。有永久性顶盖无围护结构的应按其结构底板水平面积的 1/2 计算。

12. 有永久性顶盖无围护结构的场馆看台应按其顶盖水平投影面积的 1/2 计算。

13. 建筑物顶部有围护结构的楼梯间、水箱间、电梯机房等，层高在 2.20m 及以上者应计算全面积；层高不足 2.20m 者应计算 1/2 面积。

14. 设有围护结构不垂直于水平面而超出底板外沿的建筑物，应按其底板面的外围水平面积计算。层高在 2.20m 及以上者应计算全面积；层高不足 2.20m 者应计算 1/2 面积。

15. 建筑物内的室内楼梯间、电梯井、观光电梯井、提物井、管道井、通风排气竖井、垃圾道、附墙烟囱应按建筑物的自然层计算。

16. 雨篷结构的外边线至外墙结构外边线的宽度超过 2.10m 者，应按雨篷结构板的水平投影面积的 1/2 计算。

17. 有永久性顶盖的室外楼梯，应按建筑物自然层的水平投影面积的 1/2 计算；无永久性顶盖，或有不能完全遮盖楼梯的雨篷的室外楼梯不计算面积。

18. 建筑物的阳台均应按其水平投影面积的 1/2 计算。

19. 有永久性顶盖无围护结构的车棚、货棚、站台、加油站、收费站等，应按其顶盖水平投影面积的 1/2 计算。

20. 高低联跨的建筑物，应以高跨结构外边线为界分别计算建筑面积；其高低跨内部连通时，其变形缝应计算在低跨面积内。

21. 以幕墙作为围护结构的建筑物，应按幕墙外边线计算建筑面积。

22. 建筑物外墙外侧有保温隔热层的，应按保温隔热层外边线计算建筑面积。

23. 建筑物内的变形缝，应按其自然层合并在建筑物面积内计算。

24. 下列项目不应计算面积：

(1) 建筑物通道（骑楼、过街楼的底层）。

(2) 建筑物内的设备管道夹层。

(3) 建筑物内分隔的单层房间，舞台及后台悬挂幕布、布景的天桥、挑台等。

(4) 屋顶水箱、花架、凉棚、露台、露天游泳池。

(5) 建筑物内的操作平台、上料平台、安装箱和罐体的平台。

(6) 勒脚、附墙柱、垛、台阶、墙面抹灰、装饰面、镶贴块料面层、装饰性幕墙、空调室外机搁板(箱)、飘窗、构件、配件、宽度在 2.10m 及以内的雨篷以及与建筑物内不相连通的装饰性阳台、挑廊。

(7) 无永久性顶盖的架空走廊、室外楼梯和用于检修、消防等的室外钢楼梯、爬梯。

(8) 自动扶梯、自动人行道。

(9) 独立烟囱、烟道、地沟、油(水)罐、气柜、水塔、贮油(水)池、贮仓、栈桥、地下人防通道、地铁隧道。

【例 12-2】 某单层建筑物外墙轴线尺寸如图 12-15 所示,墙厚均为 240,轴线坐中,试计算建筑面积。

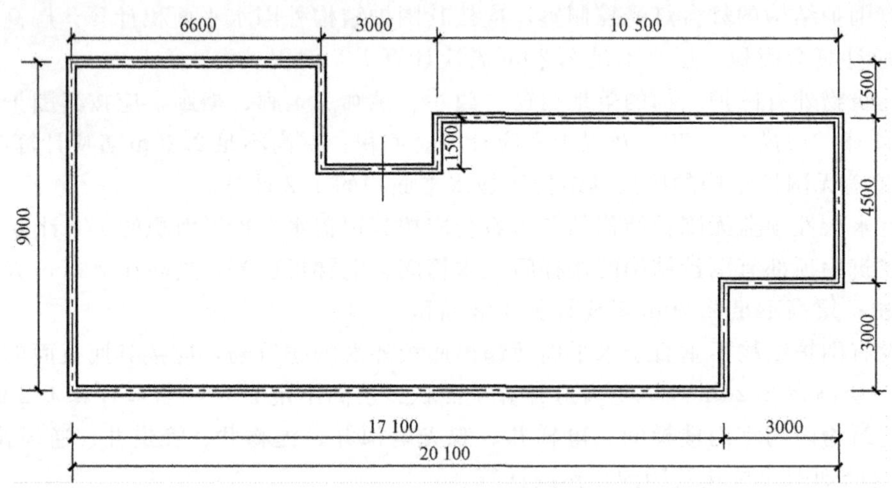

图 12-15 某单层建筑物平面图

解: 建筑面积 $S=20.34\times9.24-3\times3-13.5\times1.5-2.76\times1.5$

$=154.552\ (m^2)$

【例 12-3】 某 5 层建筑物的各层建筑面积一样,底层外墙尺寸如图 12-16 所示,墙厚均为 240,试计算建筑面积。(轴线坐中)

解: 用面积分割法进行计算:

1. ②、④轴线间矩形面积 $S_1=13.8\times12.24=168.912\ (m^2)$

2. ②轴左侧半堵墙面积 $S_2=3\times0.12\times2=0.72\ (m^2)$

3. 扣除 $S_3=3.6\times3.18=11.448\ (m^2)$

4. 三角形 $S_4=0.5\times4.02\times2.31=4.643\ (m^2)$

5. 半圆 $S_5=3.14\times3.12^2\times0.5=15.283\ (m^2)$

6. 扇形 $S_6=3.14\times4.62^2\times150/360=27.926\ (m^2)$

总建筑面积

$$S=(S_1+S_2-S_3+S_4+S_5+S_6)\times5$$
$$=(168.912+0.72-11.448+4.643+15.283+27.926)\times5$$
$$=1030.18(m^2)$$

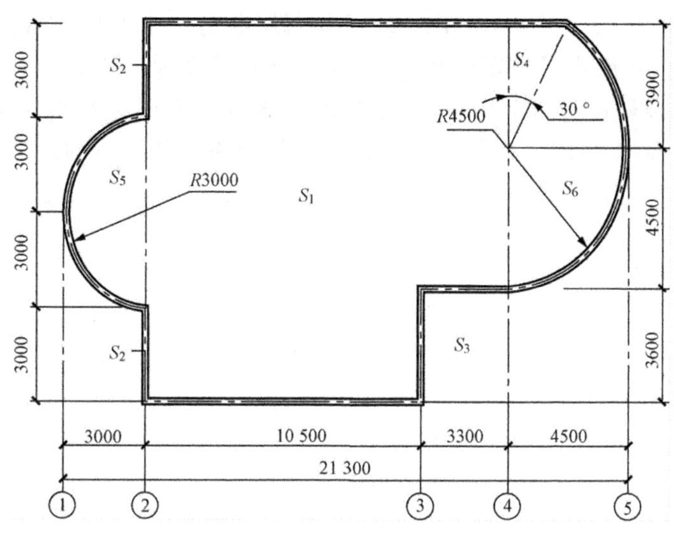

图 12 - 16　某建筑物标准层平面图

第三节　建筑面积指标

1. 使用面积

建筑物各层平面中可直接为生产或生活使用的净面积总和，在民用建筑中的居室净面积。

2. 辅助面积

建筑物各层平面中辅助生产或生活使用的净面积总和。

3. 结构面积

建筑物各层平面布置中的墙体、柱与结构所占有的面积总和。

4. 有效面积

使用面积与辅助面积之和。

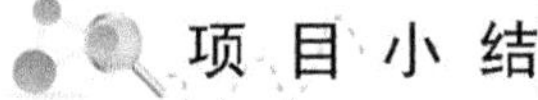

项目小结

本项目内容主要介绍了建筑物建筑面积的计算范围和规定，以及建筑面积指标的定义及计算。重点是能运用 GB/T 50353—2005 的计算规范计算建筑物的建筑面积。

思考与练习题

1. 某建筑物为一栋 7 层框架结构房屋，并利用深基础架空层作设备层，层高 2.3m，外围水平面积 774.19m²；第 1 层层高 6m，外墙厚 240mm，外墙中心线尺寸为 15m×50m；第 1～5 层外围水平面积均为 765.66m²；第 6 层和第 7 层外墙中心线尺寸为 6m×50m。除第 1

层外，其他各层的层高均为 2.8m，在第 2～7 层每层各有一水平投影面积为 $20m^2$ 的封闭阳台。另有一室外楼梯每层水平投影面积为 $15m^2$，该室外楼梯一直到顶，最顶层无永久性顶盖。第 1 层设有双排柱的车棚，该车棚有永久性顶盖且无围护结构，顶棚水平投影面积 $60m^2$，柱外围水平面积为 $42m^2$。第 1 层顶有一悬挑雨篷，其结构的外边线至外墙结构外边线为 2.4m，雨篷长 3.6m。求该建筑物建筑面积。(计算结果小数点后取两位)

项目13　土 石 方 工 程

第一节　基 础 知 识

土石方工程主要包括：土（或石）的挖掘、运输、回填和压实等施工过程；排水、降低地下水位和土壁支撑等准备和辅助过程。

一、土石方类别

按照土壤及岩石名称、天然湿度下平均容重、极限压碎强度等参数，普氏分类法将土壤和岩石划分为一、二类土，三类土，四类土，软土等七大类。

二、土石方开挖

土（石）方工程按开挖方法不同可分为人工土（石）方工程和机械土（石）方工程。人工土（石）方工程主要是指采用手动、电动工具的操作进行的施工。施工工艺包括场地平整、基坑（槽）及管沟土方开挖、土方运输和土方回填压实。

当建筑场地和基坑开挖面积和土方量较大时，一般采用机械化开挖方式。常用的机械一般有挖掘机、推土机、铲运机、压路机、自卸汽车、岩石破碎机等。其中挖掘机有正铲（图13-1）、反铲（图13-2）和抓铲（图13-3）之分。

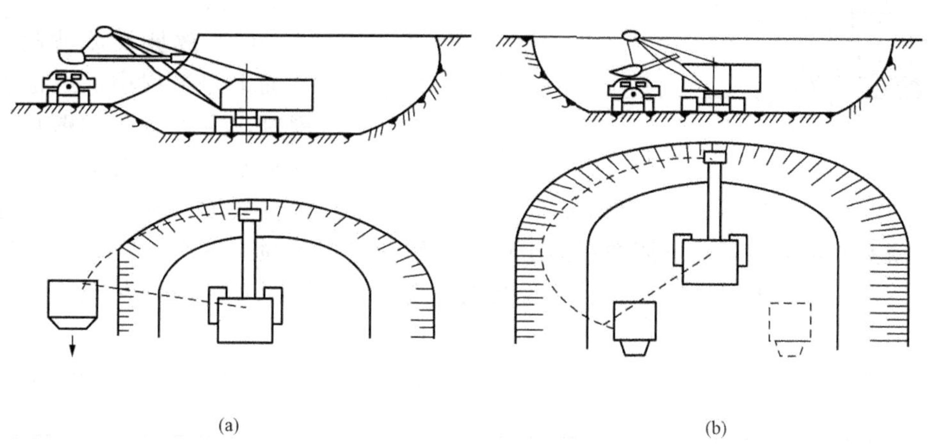

图13-1　正铲挖土机

(1) 正铲挖土机施工。

特点：向前向上，强制切土，适用于停机面以上的基坑开挖。

(2) 反铲挖土机施工。

特点：后退向下，强制切土，适用于停机面以下的基坑开挖。

(3) 抓铲挖土机施工。

特点：直上直下，自重切土。

适用范围：挖窄而深的基坑、疏通旧有渠道以及挖取水中淤泥。

三、名词解释

(1) 天然密实体积。挖掘前的天然密实体积（未动的自然土）土方体积。

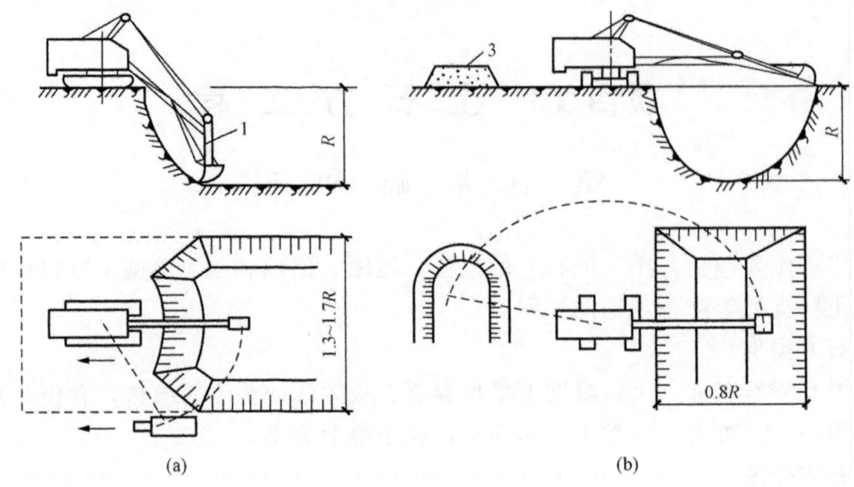

图 13-2　反铲挖土机

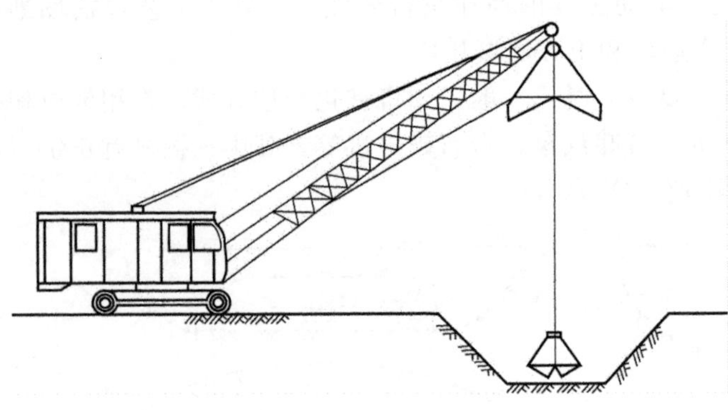

图 13-3　抓铲挖土机

(2) 场地平整（图 13-4）。在土方开挖前，对施工场地高低不平的部位进行平整工作。工作内容包括 30cm 以内的就地挖土、填土、找平。

(3) 放坡及放坡起点。在挖基坑土方工程中，当挖到一定深度时，为了防止侧壁坍塌，确保安全施工及必要的工作面，需要进行放坡（图 13-5），这个“一定深度”就是放坡起点了。不同类别的土壤其放坡起点也不同，一、二类土的为 1.2m，三类的为 1.5m，四类的为 2.0m，也就是说当挖三类土深度超过 1.5m 时就可以计算放坡，以此类推。

(4) 工作面。根据基础施工的需要，挖土时按基础垫层的双向尺寸向周边放出一定范围的操作面积作为工人施工时的操作空间，这个单边放出的宽度就是工作面（图 13-5）。

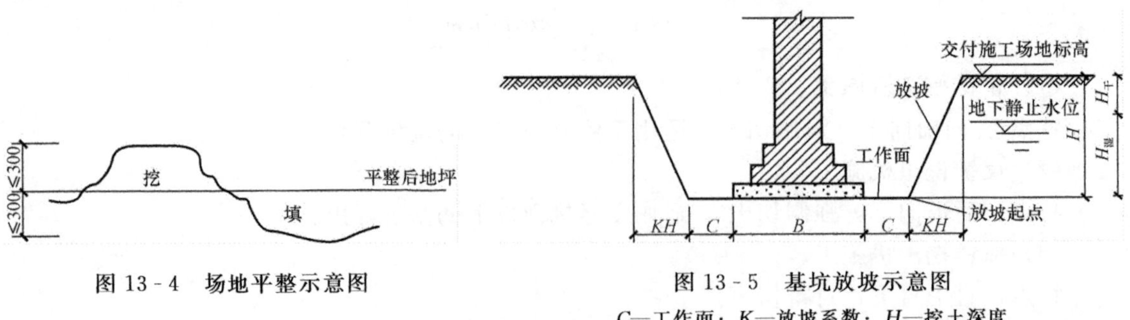

图 13-4　场地平整示意图

图 13-5　基坑放坡示意图

C—工作面；K—放坡系数；H—挖土深度

(5) 基坑支护。为保证地下结构施工及基坑周边环境的安全，对基坑侧壁及周边环境采用的支挡、加固与保护措施。基坑支护有横撑式支撑、重力式支护结构、板桩式支护结构。

板式支护结构常有钢板桩、钢筋混凝土板桩、灌注桩、地下连续墙等。

（6）淤泥。是指含水率大于液限值，不易成形而呈稀软流动状的灰黑色、有臭味、含有半腐朽的动、植物残骸、置于水中有动植物残体浮于水面上，并会有气泡由水中冒出的泥土。

（7）流砂。是指受动力水扰动，坑底的土会成流动状态，随地下水涌出的砂土。

（8）填土。是指将符合要求的土填充到需要的部位，填土时从最低处开始，由下向上整个宽度分层铺填碾压或压实。

（9）预裂爆破。是指为降低爆震波对周围已有建筑物、构筑物的影响，按照设计的开挖边线，钻一排预裂炮眼，并按设计规定药量装炸药，在开挖区爆破前预先炸裂一条缝，以反射、阻隔开挖区爆破时产生较强的爆震波。

（10）减震孔。是指在设计开挖边线加密炮眼，缩小排间距离，不装炸药，也可起到与预裂爆破相同的作用。

（11）光面爆破。是指当设计要求某一坡面（多为垂直面）需要实施光面爆破的，在这个坡面设计开挖边线加密炮眼，缩小排间距离，控制药量，以达到爆破后该坡面比较规整的要求。

（12）基底摊座。是指开挖爆破后，在需要设置的基底进行凿石找平，使基底达到设计标高要求，便于基础及垫层的施工。

（13）解小。是指石方爆破工程中，设计对爆破后的石块有最大粒径的规定，对超过设计规定的最大粒径的石块，或不便于装车运输的石块，进行再爆破，又称“二次爆破”。

第二节　定　额　计　价

一、定额使用说明

（1）“土石方工程”定额分人工土方、机械土方、石方、基础排水。

（2）同一工程的土石方类别不同，除另有规定外，应分别列项计算。土石方类别详见土壤及岩石分类表。

（3）土石方体积均按天然密实体积（自然方）计算，回填土按碾压夯实后的体积（实方）计算。土方体积折算系数见表 13-1。

表 13-1　　土方体积折算系数表

天然密实体积	虚方体积	夯实后体积	松填体积
0.77	1.00	0.67	0.83
1.00	1.30	0.87	1.08
1.15	1.50	1.00	1.25
0.92	1.20	0.80	1.00

注　虚方指未经碾压、堆积时间≤1 年的土壤。

【例 13-1】　某工程挖土15 000m^3，填土 3000m^3，求外运土方。

解： 外运土方＝15 000－3000×1.15＝11 550（m^3）

（4）干、湿土的划分以地质勘察资料为准，含水率≥25%为湿土；或以地下常水位为准，常水位以上为干土，以下为湿土。采用井点排水等措施降低地下水位施工时，土方开挖应按干土计算，并按施工组织设计要求套用基础排水相应定额，不再套用湿土排水定额。

(5) 挖桩承台土方时，人工综合定额乘以 1.08，人工单项定额乘以 1.25，机械定额乘以 1.1。计算工程量时应扣除直径 800mm 及以上的未经回填桩孔所占的体积。

【例 13-2】 人工挖地槽土方（有桩基），三类土，深 2.8m，人力车运土 50m，求定额基价。

解：套用定额 1-11H+20

基价=15.08×1.25+5.2=24.05（元/m^3）

(6) 土石方、泥浆如发生外运（弃土外运或回填外运），各市有规定的，从其规定，无规定的按本章相应定额执行，弃土外运的处置费等其他费用，按各市的有关规定执行。

(7) 人工土方。**人工土方定额分为综合定额和单项定额，无论是综合还是单项定额，挖土深度都不超过** 3m。

1) 房屋基础挖土深度超过 3m，应按机械挖土考虑。若局部超过 3m 仍采用人工，超深范围土方，综合定额每增加 1m 乘系数 1.05，单项定额乘 1.15。

【例 13-3】 人工综合挖二类土，局部深度 4.6m，求定额基价。

解：套用定额 1-1H

基价=21.67×1.05×1.05=23.89（元/m^3）

2) 人工土方综合定额（1-1～3）。

a. 适用范围：适用于挖土深度不超过 3m，房屋工程基础土方及附属于房屋内的设备基础土方、地沟土方、局部满堂基础土方；不适用于房屋工程大开口挖土的基础土方、单独地下室土方及构筑物土方，以上土方应套用相应的单项定额。

b. 综合定额综合的工作内容：平整场地、挖土、原土打夯、回填土、150m 以内运土。

c. 房屋基槽、坑土方开挖时，应工作面、放坡重叠造成的槽、坑计算体积之和大于实际大开口挖土体积时，按大开口挖土体积计算，套用综合土方定额。

d. 平整场地指原地面与设计室外地坪标高平均相差（高于或低于）30cm 以内的原土找平。如原地面与设计室外地坪标高平均相差 30cm 以上时，应另按挖、运、填土方计算，不再计算平整场地。

e. 人工土方定额除淤泥、流砂为湿土外，均按挖干土考虑，若挖运湿土，综合定额乘以系数 1.06，单项定额乘以系数 1.18。

【例 13-4】 人工综合挖土，二类湿土，深 2.8m，求定额基价。

解：套用定额 1-1H

基价=21.67×1.06=22.97（元/m^3）

若同时满足上列条件时，系数连乘。

【例 13-5】 人工综合挖二类湿土，局部深度 4.6m，求定额基价。

解：套用定额 1-1H

基价=21.67×1.06×1.05×1.05=25.32（元/m^3）

f. 地槽、地坑与一般土方的划分：坑宽度小于等于 7m、底长大于 3 倍底宽的为沟槽；底长小于等于 3 倍底宽、底面积小于等于 150m^2 的为基坑。超出上述范围及平整场地挖土厚度在 30cm 以上的，均按一般土方套用定额。

（8）机械土方。定额分场地机械平整碾压、挖掘机挖土、挖掘机挖土装土、械挖淤泥流砂、推土机推土、铲运机铲土和人力机械装土、自卸汽车运土七部分。

1）机械挖土方定额已包括人机配合所需的人工，遇地下室底板下翻构件等部位的机械开挖时，下翻部分工程量套用相应定额乘以系数 1.3，如下翻部分实际采用人工施工时，套用人工土方综合定额乘以系数 0.9，下翻开挖深度从地下室底板垫层底开始计算。

2）推土机、铲土机重车上坡，坡度大于 5%时，运距按斜坡长度乘以表 13-2 系数。

表 13-2　　坡度系数表

坡度（%）	5～10 以内	15 以内	20 以内	25 以内
系数	1.75	2.00	2.25	2.50

3）推土机、铲运机载土层平均厚度小于 30cm 的挖土区施工时，推土机定额乘以系数 1.25，铲运机定额乘以系数 1.17。

4）挖掘机在有支撑的大型基坑内挖土，挖土深度在 6m 以内时，相应定额乘以 1.2；挖土深度在 6m 以上时，相应定额乘以 1.4；如发生土方翻运，不再另行计算。挖掘机在垫板上进行工作时，定额系数乘以 1.25，铺设垫板所增加的工料机械费用按每 1000m^2 增加 230 元。

5）挖掘机挖含石子的粘质砂土按一二类定额计算，挖砂石按三类土定额计算；挖松散、风化的片岩、页岩或砂岩按四类土定额计算；推土机、铲运机推、铲未经压实的堆积土时，按推一、二类土乘以系数 0.77。

6）机械土方定额按天然湿度（25%以内）土壤为准，若含水超过 25%，定额×1.15，含水率 40%以上另行按实际发生计算。机械运湿土，相应定额不乘系数。

【例 13-6】　反铲挖掘机挖三类湿方，挖深 4m，装载机装土，自卸汽车运土 1km，求定额基价。

解： 套用定额 1-34H+66+67

基价=3.065×1.15+1.363+5.195=10.083（元/m^3）

7）机械推土或铲运土方，凡土壤中含石量大于 30%或多年沉积的砂砾以及含泥砾层石质时，推土机套用机械明挖出渣定额，铲运机按四类土定额乘以系数 1.25。

（9）石方。

1）同一石方，如其中一种类别岩石的最厚一层大于设计横断面的 75%时，按最厚一层岩石类别计算。

2）石方爆破定额是按机械凿眼编制的，如用人工凿眼，费用仍按定额计算。

3）爆破定额已综合了不同阶段的高度、坡面、改炮、找平等因素。如设计规定爆破有粒径要求时，需增加的人工、材料和机械费用应按实计算。

4）爆破定额是按火雷管爆破编制的，如使用其他炸药或其他引爆方法费用按实计算。

5）定额中的爆破材料是按炮孔中无地下渗水、积水（雨积水除外）计算的，如带水爆破。所需的绝缘材料费用另行按实计算。

6）爆破工作面所需的架子，爆破覆盖用的安全网和草袋、爆破区所需的防护费用以及申请爆破的手续费、安全保证费等，定额均未考虑，如发生时另行按实计算。

7）基坑开挖深度以 5m，深度超过 5m，定额乘以系数 1.09。

8）石方爆破，沟槽底宽大于 7m 时，套用一般开挖定额；基坑开挖上口面积大于 150m² 时，按相应定额乘以系数 0.5。

9）石方爆破现场必须采用集中供风时，所需增加的临时管道材料及机械安拆费用应另行计算，但发生的风量损失不另计算。

10）石碴回填定额适用采用现场开挖岩石的利用回填。

（10）基础排水。

1）轻型井点、喷射井点排水的井管安装、拆除以“根”为单位计算，使用以“套·天”计算；真空深井、自流深井排水的安装拆除以“套·天”计算，使用以“座·天”计算。

2）井管间距应根据地质条件和施工降水要求，按施工组织设计规定，施工组织设计未考虑时，可按轻型井点管距 1.2m、喷射井点管距 2.5m 确定。

二、工程量计算规则

（一）平整场地

工程量按建（构）筑物底面积的外边线每边各放 2m 计算。

【例 13-7】 计算图 13-6 所示平整场地的工程量。

解： $S = (9+2\times2)\times(18+2\times2) = 286(\text{m}^2)$

（二）地槽、坑挖土深度

按槽坑底至交付施工场地标高确定，无交付施工场地标高时，应按自然地面标高确定。

（三）地槽长度

外墙按外墙中心线长度计算，内墙按基础底净长计算，不扣除工作面及放坡重叠部分的长度（图 13-7），附墙垛凸出部分按砌筑工程规定的砖垛折加长度合并计算，不扣除搭接重叠部分的长度，垛的加深部分亦不增加（图 13-8）。

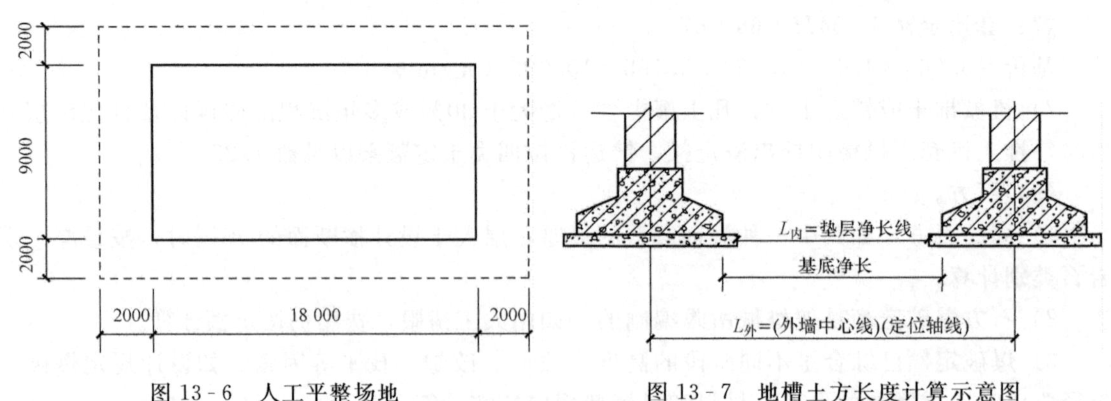

图 13-6　人工平整场地　　图 13-7　地槽土方长度计算示意图

（四）基础施工所需工作面

如施工组织设计未规定时按以下方法计算（表 13-3）：基础或垫层为混凝土时，按混凝土宽度每边各增加工作面 30cm 计算；挖地下室、半地下室土方按垫层底宽每边增加工作面 1m（烟囱，水、油池，水塔埋入地下的基础，挖土方按地下室放工作面）。如基础垂直表面需做防腐或防潮处理的，每边增加工作面 80cm。砖基础每边增加工作面 20cm，块石基础每边增加工作面 15cm。如同一槽、坑遇有多个增加工作面条件时，按其中较大的一个计算。

地下构件设有砖摸的，挖土工程量按砖模下设计垫层面积乘以下翻深度，不另增加工作面和放坡。

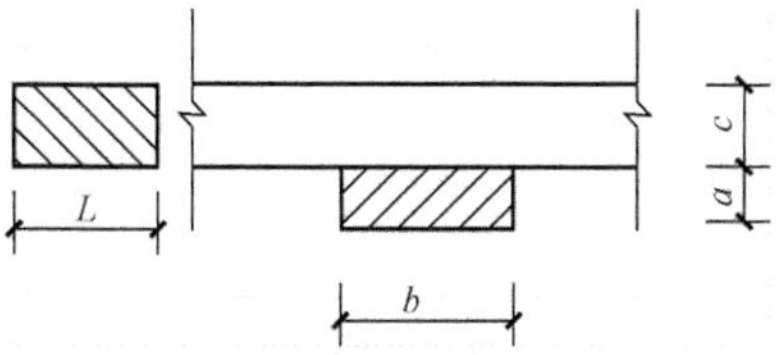

图 13-8　折加长度计算示意图

砖垛折加长度 $L=\frac{ab}{c}$

表 13-3　　基础施工所需工作面宽度计算表

基础材料	每边各增加工作面宽度
砖基础	200mm
块石基础	150mm
混凝土基础垫层	300mm
地下室、半地下室	1m
基础垂直面防潮防腐处理	800mm

（五）有放坡和工作面的地槽、坑挖土体积

1. 地槽（图 13-5）

$$V=(B+KH+2C)HL$$

式中　V——挖土体积（m³）；

K——放坡系数；

B——地槽底面宽度（m）；

C——工作面宽度（m）；

H——地槽深度（m）；

L——地槽长度（m）。

当挖土深度超过地下常水位高度时，挖土方工程量应分为干土工程量和湿土工程量两部分计算。

①湿土工程量 $V=(B+2C+KH_{湿})H_{湿}L$

其中：$H_{湿}$ 为湿土深度。

②干土工程量 $V=V_{全}-V_{湿}$

2. 地坑（图 13-9）

方形地坑　　$V=(B+2C+KH)(L+2C+KH)H+K^2H^3/3$

圆形地坑　$V=\pi H[(R+C)^2+(R+C)(R+C+KH)+(R+C+KH)^2]/3$

式中　V——挖土体积（m³）；

K——放坡系数；

B——地坑底宽度（m）；

L——地坑底长度（m）；

C——工作面宽度（m）；

R——坑底半径（m）；

H——地坑深度（m）。

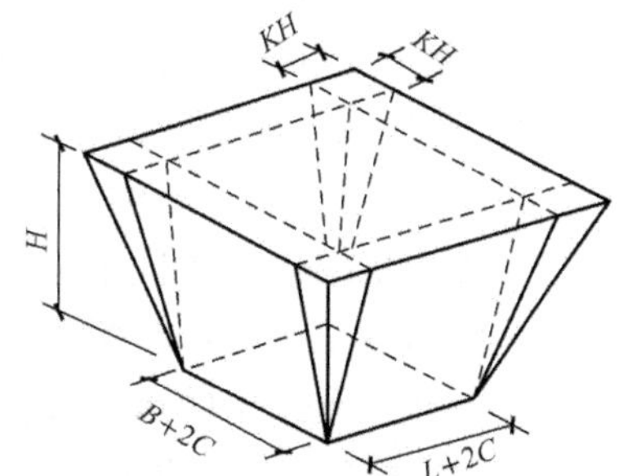

图 13-9　地坑示意图

当挖土深度超过地下常水位高度时，挖土方工程量应分为干土工程量和湿土工程量两部分计算。

（1）湿土工程量：

方形地坑　$V=(B+2C+KH_{湿})(L+2C+KH_{湿})H_{湿}+K^2(H_{湿})^3/3$

圆形地坑　$V=\pi H_{湿}/3[(R+C)^2+(R+C)(R+C+KH_{湿})+(R+C+KH_{湿})^2]$

(2) 干土工程量 $V=V_{全}-V_{湿}$

(六) 人工土方

(1) 综合定额工程量。以房屋基础地槽、坑的挖土工程量为准。

(2) 地槽、坑放坡工程量。按施工设计规定计算，如施工设计未规定时按表 13-4 所示方法计算。

表 13-4 人工土方放坡系数表

土壤类别	深度超过 (m)	放坡系数	说明
一、二类土	1.2	0.50	1. 同一槽坑内土类不同时，分别按其放坡起点、放坡系数，依不同土类别厚度加权平均计算； 2. 放坡起点均自槽、坑底开始； 3. 如遇淤泥、流砂及海涂工程，放坡系数按施工组织设计的要求计算
三类土	1.5	0.33	
四类土	2.0	0.25	

(3) 回填土及弃土工程量。

1) 地槽、坑回填土工程量为地槽、坑挖土工程量减去交付施工场地标高（或自然地面标高）以下的砖、石、混凝土或钢筋混凝土构件及基础、垫层工程量。

2) 室内回填土工程量为主墙间的净面积乘以室内填土厚度，即设计室内与交付施工场地地面标高（或自然地面标高）的高差减地坪的垫层及面层厚度之和。底层为架空层时，室内回填土工程量为主墙间的净面积乘以设计规定的室内回填土厚度。

3) 弃土工程量为地槽、坑挖土工程量减回填土工程量乘以相应的表 13-1 中的折算系数。

(4) 挖管道沟槽土方按工程图示中心线长度计算，不扣除窨井所占长度，各种井类及管道接口处需增加的土方量不另行计算；沟底宽度按施工设计规定计算，设计不明确时，按管道宽度加 40cm 计算。

(七) 机械土方

(1) 机械土方按施工组织设计规定开挖范围及有关内容计算。

(2) 余土或取土运输工程量按施工组织设计规定的需要发生运输的天然密实体积计算。

(3) 场地原土碾压面积按工程图示碾压面积计算；填土碾压，按图示尺寸计算。

(4) 机械运土的运距按下列规定计算：

1) 推土机的运距按推土重心至弃土重心的直线距离计算。

2) 铲运机铲土的运距按铲土重心至卸土重心加转向距离 45m 计算。

3) 自卸汽车运土的运距按挖方重心至弃土重心之间的最短行驶距离计算。

(5) 机械挖土方全深超过表 13-5 所示深度，如施工设计未明确放坡标准时，可按表列系数计算放坡工程量。施工设计未明确基础施工所需工作面时，可参照人工土方标准计算。

(八) 石方

(1) 一般开挖，按图示尺寸以“m^3”计算。

表 13-5 **机械土方放坡系数表**

土壤类别	深度超过（m）	放坡系数	
		坑内挖掘	坑上挖掘
一、二类土	1.2	0.33	0.75
三类土	1.5	0.25	0.5
四类土	2.0	0.10	0.33

注 凡有围护或地下连续墙的部分，不再计算放坡系数。

（2）槽坑爆破开挖，按图示尺寸另加允许超挖厚度：软石、次坚石 20cm；普坚石、特坚石 15cm，石方超挖量与工作面宽度不得重复计算。

（3）机械明挖出碴运距的计算方法与机械运土运距同。

（4）人工凿石、机械凿石，按图示尺寸以“m^3”计算。

（九）基础排水

（1）湿土排水工程量同湿土工程量。

（2）轻型井点以 50 根为一套，喷射井点以 30 根为一套，使用时累计根数轻型井点少于 25 根，喷射井点少于 15 根，使用费按相应定额乘以系数 0.7。

（3）使用天数以 24h 为一天，并按施工组织设计要求的使用天数计算。

三、计算示例

【例 13-8】 某房屋工程基础平面及断面如图 13-10 所示，已知土质为一、二类土，地下常水位标高为－1m，自然地面标高为－0.3m，弃土运距 150m，采用人力开挖，明排水，试计算该房屋土方工程的直接费。

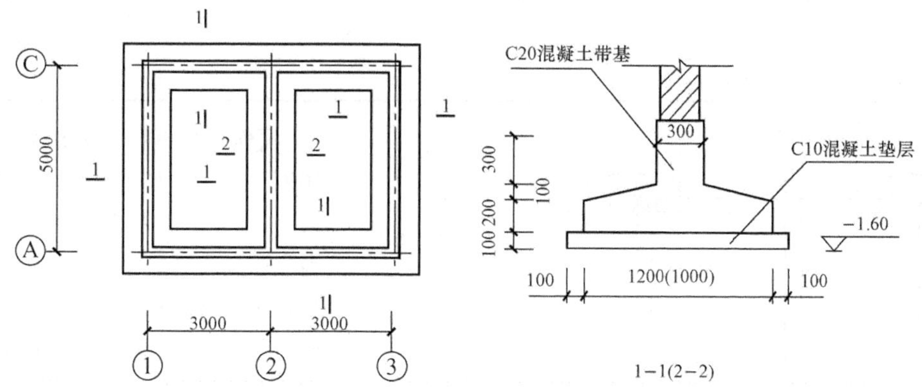

图 13-10 某工程基础平面图

解： 该土方工程为挖地槽土方，地槽断面分 1—1 和 2—2 两种类型，应分开计算工程量。套用人工房屋基础土方综合定额

$$工程量\ V=(B+2C+KH)HL$$

（1）$B_{1-1}=1.4\text{m}$，$B_{2-2}=1.2\text{m}$。

（2）因为该工程的基础垫层均为混凝土，故 $C=0.3\text{m}$。

（3）挖土深度 $H=1.6-0.3=1.3\ (\text{m})>1.2\text{m}$，查定额“人工土方放坡系数表”（表13-4）：$K=0.5$

$H_{湿}=1.6-1=0.6$（m）

(4) 挖土长度。

1-1（外墙）　　$L=(5+6)\times 2=22$（m）

2-2（内墙）　　$L=5-0.7-0.7=3.6$（m）

(5) 挖土工程量。

1-1　土方工程量：

总土方 $V=(1.4+2\times 0.3+0.5\times 1.3)\times 1.3\times 22=75.79$（$m^3$）

湿土 $V=(1.4+2\times 0.3+0.5\times 0.6)\times 0.6\times 22=30.36$（$m^3$）

干土 $V=75.79-30.36=45.43$（m^3）

2-2　土方工程量

总土方 $V=(1.2+2\times 0.3+0.5\times 1.3)\times 1.3\times 3.6=11.46$（$m^3$）

湿土工程量 $V=(1.2+2\times 0.3+0.5\times 0.6)\times 0.6\times 3.6=4.54$（$m^3$）

干土工程量 $V=11.46-4.54=6.92$（m^3）

小计：干土$=45.43+6.92=52.35$（m^3）

湿土$=30.36+4.54=34.90$（m^3）

(6) 分项工程直接费计价表（表 13-6）。

表 13-6　　分项工程直接费计价表

定额编号	项目名称	计量单位	工程数量	单价	合价
	土石方工程				
1-1	人工综合挖干土	m^3	52.35	21.67	1134.42
1-1H	人工综合挖湿土	m^3	34.90	22.97	801.65
1-110	湿土排水	m^3	34.90	5.78	201.72
	合计	元			2137.79

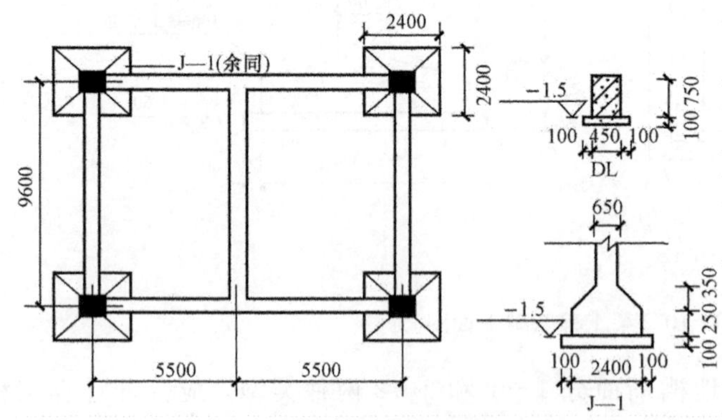

图 13-11　某房屋工程基础示意图

【例 13-9】 某房屋工程基础如图 13-11 所示，已知场地类别为一、二类，人力开挖，室外标高为−0.3，垫层采用 C10 素混凝土，基础及基础梁为 C25 现拌混凝土，地下水位−1.00m，明排水，计算该房屋土方的直接工程费。如该土方工程实际需采用轻型井点降水，施工组织设计井点竖管根数 65 根，使用天数 15d，试计算该工程轻型井点降水措施费用。

解：判定套用人工土方房屋基础综合定额。

(1) 地槽土方：DL

工程量：$V=(B+2C+KH)HL$

1) $B=0.65$m，挖土深度：$H=1.6-0.3=1.3$（m）　$H_{湿}=1.6-1=0.6$（m）

2）因为该工程的基础垫层均为混凝土，故 $C=0.3\text{m}$

3）挖土深度 1.3m>1.2m，查定额“人工土方放坡系数表”（表 13-4），$K=0.5$

4）挖土长度

外墙：$L=(9.6+11)\times2-1.3\times8=30.8$（m）

内墙：$L=9.6-0.325\times2=8.95$（m）

总长度：30.8+8.95=39.75（m）

5）$V_{总}=(0.65+0.3\times2+0.5\times1.3)\times1.3\times39.75=98.18(\text{m}^3)$

$V_{湿}=(0.65+0.3\times2+0.5\times0.6)\times0.6\times39.75=36.97(\text{m}^3)$

$V_{干}=V_{总}-V_{湿}=61.21(\text{m}^3)$

（2）地坑土方：J-1

$$工程量：V=(B+2C+KH)H(L+2C+KH)+1/3K^2H^3$$

1）挖土深度：$H=1.6-0.3=1.3$（m）　$H_{湿}=1.6-1=0.6$（m）

2）$B=2.6\text{m}$　$C=0.3\text{m}$　$K=0.5$

$V_{总}=(2.6+2\times0.3+0.5\times1.3)^2\times1.3+0.5^2\times1.3^3/3=19.452\text{m}^3\times4=77.81(\text{m}^3)$

$V_{湿}=(2.6+2\times0.3+0.5\times0.6)^2\times0.6+0.5^2\times0.6^3/3=7.368\text{m}^3\times4=29.47(\text{m}^3)$

$V_{干}=V_{总}-V_{湿}=48.34(\text{m}^3)$

（3）$V_{干土合计}=61.21+48.34=109.55(\text{m}^3)$

$V_{湿土合计}=36.97+29.47=66.44(\text{m}^3)$

分项工程直接费计价表见表 13-7。

表 13-7　　分项工程直接费计价表

定额编号	项目名称	计量单位	工程数量	单价	合价
	土石方工程				
1-1	人工综合挖干土	m^3	109.55	21.67	2374
1-1H	人工综合挖湿土	m^3	66.44	22.97	1526
1-110	湿土排水	m^3	66.44	5.78	384
	合计	元			4284

（4）轻型井点降水。

“安拆”工程量=65 根

“使用”工程量共 2 套，一套竖管 50 根，一套竖管 15 根。

2 套的使用天数均为 15d，即 15 套·d。

分项工程直接费计价表，见表 13-8。

表 13-8　　分项工程直接费计价表

定额编号	项目名称	计量单位	工程数量	单价	合价
1-99	井点安拆	根	65	133.30	8665
1-100	井点使用	套·d	15	256.00	3840
1-100H	井点使用	套·d	15	179.20	2688
小计		元			15 193

第三节 清单及清单计价

一、工程量清单编制

土石方工程项目按《计算规范》附录A列项，包括A.1土方工程、A.2石方工程和A.3回填三节，共13个项目。

土方工程包括：平整场地、挖一般土方、挖沟槽土方、挖基坑土方、冻土开挖、挖淤泥、流砂和管沟土方六个项目，项目编号分别按010101001×××—010101007×××设置。

石方工程包括：挖一般石方、挖沟槽石方、挖基坑石方、管沟石方四个项目，项目编号分别按010102001×××～010102004设置。

回填包括回填方和余方弃置两项，编号为010103001×××和010103002×××。

1. 土方工程

(1) 平整场地。

平整场地适用于建筑场地在±0.3m以内的挖、填找平及其运输项目。

1) 平整场地的工程内容一般包括：土方挖填、场地找平和土方运输。在项目列项时，应描述场地现有及整以后需达到的要求特征，如：挖填范围、土壤类别、弃土或取土的运输距离（或地点）。

2) 现场土方平整时，可能会遇到±0.3m以内全部是挖方或填方的情况，这时就应在清单项目中描述弃土或取土的内容和特征。

3) 工程量计算规则：按设计图示尺寸以建筑物首层面积（m^2）计算。

4) "首层面积"应按建筑物外墙外边线计算。落地阳台计算全面积；悬挑阳台不计算面积。设地下室和半地下室的采光井等不计算建筑面积的部位也应计入平整场地的工程量内。地上无建筑物的地下停车场按地下停车场外墙外边线外围面积计算，包括出入口、通风竖井和采光井。

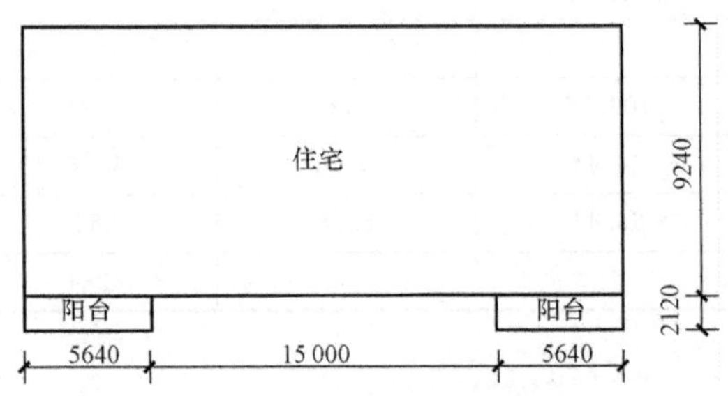

图13-12 某住宅工程首层的外墙外边示意图

【例13-10】 某住宅工程首层的外墙外边尺寸如图13-12所示，带2个落地阳台，该场地在±300mm内挖填找平，三类土，经计算弃土7.5m^3，距离150m，试计算人工平整场地清单工程量并编制清单。

解： 人工平整场地清单工程量$=(5.64\times2+15.0)\times9.24+5.64\times2.12\times2$

$=242.83+23.91=266.74(m^2)$

根据工程量清单格式，编制该项目清单如表13-9所示。

表13-9 **分部分项工程量清单**

序号	项目编码	项目名称	项目特征	计量单位	工程数量
1	010101001001	平整场地	三类土，弃土7.5m^3运距150m	m^2	266.74

（2）挖一般土方。

适用于建筑场地在±0.3m以上的场地挖土或山坡切土，包括在指定范围内的土方运输。

1）内容一般包括土方开挖、地表水排放、土方运输等。在项目列项时，应明确描述土方开挖时涉及的有关特征，如土壤类别、挖土平均厚度、弃土运距。

2）工程量计算规则：按设计图示尺寸以体积（m^3）计算。

3）“图示尺寸”也包括勘察设计图和招标人在地形起伏变化较大、不能明确提供平均挖土厚度时需要提供的方格网或土方平面、断面图。

4）挖土方平均厚度应按自然地面测量标高至设计地坪标高间的平均厚度确定。场地设计标高以下的填土应按“土石方回填”项目编码列项。

（3）挖沟槽土方和挖基坑土方

适用于建筑物、构筑物工程的基础基槽、基坑的土方开挖项目列项，也适用于人工单独挖孔桩土方。

1）沟槽、基坑和一般土方的划分和定额的规定相同，挖沟槽土方主要指带型基础，挖基坑土方包括独立基础、满堂基础（包括地下室基础）及设备基础等。其工程内容包括：排地表水、土方开挖、挡土板支拆（设计或招标人对现场有具体要求时）、基底钎探、截桩头、土方运输（场内或场外）等。

2）项目特征描述的内容一般有：土壤类别、基础类型、垫层底尺寸、挖土深度、弃土运距等，且应包括土方含水率、地下水情况等。有桩基础的工程，应描述桩头截桩要求和有关特征。

3）土方开挖的干湿土划分，应按地质资料提供的地下常水位为界，地下常水位以下为湿土。

4）工程量计算规则：按设计图示尺寸以基础垫层底面积乘以挖土深度的体积（m^3）计算。基础土方开挖深度应按基础垫层底表面标高至交付施工场地标高确定，无交付施工场地标高时，应按自然面标高确定。

5）桩间挖土方工程量不扣除桩所占体积。

（注：浙江省补充规定：挖沟槽、基坑、一般土石方因工作面和放坡增加的工程量并入各土方工程量中计算，如各专业工程清单提供的工作面宽度和放坡系数与我省现行预算定额不一致，按定额有关规定执行。）

【例13-11】 某房屋工程基础平面及断面如图13-10所示，已知土质为一、二类土，地下常水位标高为－1m，设计室外地坪标高为－0.3，自然地坪标高为－0.45。弃土运距5km。试计算该基础土方开挖清单工程量，并编制工程量清单。

解：清单工程量：

1-1：

$B=1.4\text{m}\quad L=(5+6)\times2=22\ (\text{m})\qquad H=1.6-0.45=1.15\ (\text{m})$

$C=0.3\quad K=0$

$V=(1.4+2\times0.3)\times1.15\times22=50.60\ (\text{m}^3)$

2-2：

$B=1.2\text{m}\quad L=5-1.4=3.6\ (\text{m})\qquad H=1.15\text{m}$

$C=0.3\quad K=0$

$V=(1.2+2\times0.3)\times1.15\times3.6=7.45\ (\text{m}^3)$

编制该项目清单如表13-10所示。

表 13-10 分部分项工程量清单

序号	项目编码	项目名称	项目特征	计量单位	工程数量
1	010101003001	挖沟槽土方	1-1，二类土，有梁式带形基础，垫层宽度1.4，开挖深度1.15，弃运5km	m^3	50.60
2	010101003002	挖沟槽土方	2-2，二类土，有梁式带形基础，垫层宽度1.2，开挖深度1.15，弃运5km	m^3	7.45

(4) 挖淤泥、流砂。

1) 在工程地质资料中标有淤泥、流砂时，应将淤泥、流砂单独列项。现场挖方出现淤泥、流砂时，可根据实际情况由发包人与承包人双方现场确定。

2) 工程内容包括挖、运淤泥、流砂。如按地质资料预先列项的，应在清单中描述挖掘深度和弃运淤泥、流砂的距离。在淤泥、流砂开挖过程中发生的相应措施，应在措施项目清单列项。

3) 淤泥、流砂的工程量计算，应结合地质资料，按设计图示位置、界限的范围以体积(m^3)计算。如为挖方过程中出现的，应由承包人与发包人双方现场计量确定，作为工程计价依据资料。

(5) 管沟土方。

1) 管沟土方除适用于建筑工程管道地沟土方开挖、回填以外，也适用于与安装工程有关管沟土方的列项。

2) 管沟土方工程内容一般包括：排地表水、土方开挖、挡土板支拆（设计或招标人对现场有具体要求时）、土方运输、管沟土方回填。

3) 管沟土方特征应对土壤类别、管外径、挖沟深度、弃土运距、沟内回填要求及非直埋管道的基础（或垫层）的类型、宽度、厚度等予以描述。

4) 采用多管同一管沟埋设时，管间距离必须符合有关规范的要求，并在清单中予以描述。有管沟设计时，平均深度以沟垫层底表面标高至交付施工场地标高计算；无管沟设计时，直埋管道深度应按管外表面标高至交付施工场地标高计算。如有变坡时，应分段列项或加权平均计算管沟深度。

5) 管沟土方工程量应按设计图示管道中心线长度以“m”计算。

2. 石方工程

(1) 石方开挖。

包括挖一般石方、挖沟槽石方和挖基坑石方。适用于人工凿石、人工打眼爆破和机械打眼爆破等，并包括指定范围内的石方清除运输。在场地、基槽坑、人工单独挖孔桩开挖时遇有石方应单独列项。

1) 工程内容包括：打眼、装药、放炮、处理渗水、积水、解小、岩石开凿、摊座、清理、运输、安全防护、警卫等。

2) 根据工程实际需要完成的工程内容，除对岩石类别、开凿深度清单要求描述的项目特征进行描述外，还应对石方开挖的具体部位、范围、基础（或垫层）类型、尺寸等作出必要的描述。

3) 工程量按设计图示尺寸以体积(m^3)计算。

（2）管沟石方。

管沟石方开挖工程内容包括：石方开凿、爆破、处理渗水和积水等。

清单项目应对岩石类型、管外径、开凿深度、弃碴运距、基底摊座要求和爆破石块直径要求、管道基础（或垫层）类型、宽度、厚度、管沟槽内回填要求以及管沟开挖涉及的有关内容进行描述。

3. 回填

（1）回填方包括就地回填、场内土方回填、场外土方借土回填以及场内余土填弃，清单编制时，应结合工程现场情况，考虑适当内容予以列项。

（2）回填工程内容包括：挖土（石）方、装卸、运输、回填、分层碾压、夯实。清单项目应对回填的土质要求、密实度要求、粒径要求、夯填（碾压）、松填、运输距离等特征进行描述。

（3）回填工程量按设计图示尺寸以体积（m^3）计算，其中：

1）场地回填：回填面积乘以平均回填厚度。

2）室内回填：主墙间净面积乘以回填厚度。

3）基础回填：挖方体积减去设计室外地坪以下埋没的基础体积（包括基础垫层及其他构筑物）。

（4）余方弃置工程量：$V=V_{挖方}-V_{回填}$

【例 13-12】 根据图 13-13 所示某平房建筑平面图及有关数据，计算室内回填土清单工程量。有关数据：室内外地坪高差 0.30m，C15 混凝土地面垫层 80 厚，1∶2 水泥砂浆面层 25 厚。

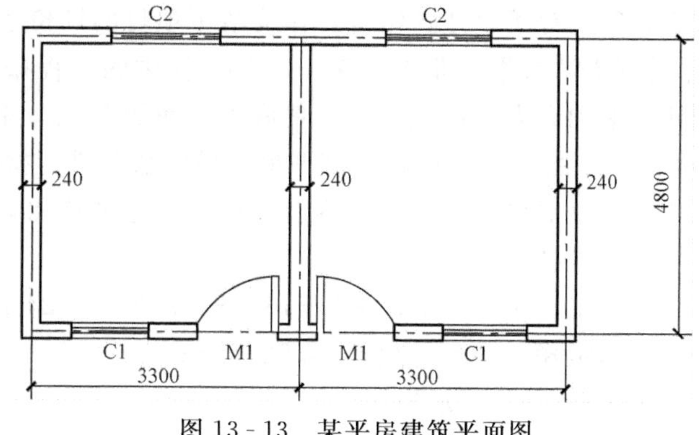

图 13-13　某平房建筑平面图

解：（1）回填土厚＝室内外地坪高差－垫层厚－面层厚

0.30－0.08－0.025＝0.195(m)

（2）主墙间净面积

$$(3.30-0.24)\times(4.80-0.24)\times 2$$
$$=3.06\times 4.56\times 32$$
$$=27.90(m^2)$$

（3）室内回填土体积＝主墙间净面积×回填土厚

$$27.90\times 0.195=5.44(m^3)$$

4. 注意事项

（1）对于同类型但不同基底尺寸、不同开挖深度的基槽坑土（石）方工程，虽然计价人可能套用同一个定额子目进行计价，但由于规格尺寸不同，其放坡、工作面增加开挖的含量也就不同，因而应将不同规格尺寸的基槽坑分别予以编码列项。

（2）招标人在编制土石方开挖工程量清单时一般只确定工程数量而不列施工方法（有特殊要求的除外），如招标文件对土石方开挖有特殊要求的，在编制工程量清单时可规定施工方法。

(3) 因地质情况变化或设计变更引起的土石方工程量的变更，由业主与承包人双方现场确认，依据合同条件进行调整。

(4) 挡土板支拆如非设计或招标人根据现场具体情况要求而属于投标人自行采用的施工方案，则清单项目特征中不予描述。

(5) 根据地质资料确定有地下水的，清单编制时应在措施项目清单内考虑施工时基槽基坑内的施工排水因素。

(6) 深基础土石方开挖，设计文件中可能提示或要求采用支护结构，但到底用什么支护结构，是打预制混凝土桩、钢板桩、人工挖孔桩、地下连续墙，是否作水平支撑等，招标人应在措施项目清单中列项明示。

二、工程量清单计价

1. 土方工程

(1) 清单计价可组合的内容。

清单计价时，应对清单项目的描述作出仔细分析，并结合工程有关资料、施工组织设计拟定的方案，根据工程具体情况确定组合内容和套用定额进行计价。

(2) 清单项目计价。

1) 平整场地。按照清单项目工程内容，可以根据施工方案，将场地找平、土方挖填、土方运输以人工原土找平、打夯、人工平基土方、就地回填和借土回填、运土，机械平整、碾压、运土等予以选择组合，作为清单项目的计价子目。

【例 13-13】 根据［例 13-10］提供的工程条件和清单工程量，假设该工程采用人工场地平整和人力车运土，管理费取人工费的 20%，利润 5%。采用《浙江省建筑工程预算定额》(2010 版) 的单价，对该平整场地的清单进行报价。

解：该清单可组价的内容有两项：场地平整和人力车运土。

场地平整：

定额工程量＝(5.64×2＋15.0＋4) × (9.24＋4) ＝400.91 (m^2)

套用定额 1-15　基价：1.72 元/m^2

人工费＝1.72 元/m^3

管理费＝1.72×20%＝0.344 (元/m^2)

利润＝1.72×5%＝0.14 (元/m^2)

小计：1.72＋0.344＋0.14＝2.15 (元/m^2)

运土 (人力车)：

定额工程量＝7.5m^3

套用定额 1－20＋21×2

人工费＝5.2＋1.16×2＝7.52 (元/m^3)

管理费＝7.52×20%＝1.504 (元/m^3)

利润＝7.52×5%＝0.376 (元/m^3)

小计：7.52＋1.504＋0.376＝9.40 (元/m^2)

清单综合单价计算：

综合单价＝ (400.91×2.15＋7.50×9.40) / 266.74 ＝ 3.50 (元/m^2)

其中：人工费＝ (400.91×1.72＋7.5×7.52) / 266.74＝2.80 (元/m^2)

管理费＝（400.91×0.344＋7.5×1.504）/ 266.74＝0.56（元/m²）

利润　＝（400.91×0.086＋7.5×0.376）/ 266.74＝0.14（元/m²）

计算表格如表13-11所示，清单报价表如表13-12～表13-14所示。

表13-11　　分部分项工程量清单

序号	项目编码	项目名称	项目特征	计量单位	工程数量	综合单价	合计（元）
1	010101001001	平整场地	三类土，弃土7.5m³，运距150m	m²	266.74		

表13-12　　分部分项工程量清单综合单价计算表

单位及专业工程名称：　　　　第　　页共　　页

序号	编号	项目名称	单位	数量	综合单价（元）						合计（元）
					人工费	材料费	机械费	管理费	利润	小计	
1	010101001001	平整场地，三类土，弃土7.5m³，运距150m	m²	266.74	2.80			0.56	0.14	3.50	933
	1-15	平整场地	m²	400.91	1.72			0.344	0.086	2.15	861.96
	1—20＋21×2	弃土运输150m	m³	7.5	7.52			1.504	0.376	9.40	70.5

表13-13　　分部分项工程量清单与计价表

单位及专业工程名称：　　　　第　　页共　　页

序号	项目编码	项目名称	项目特征	计量单位	工程数量	综合单价	合价	其中（元）		备注
								人工费	机械费	
1	010101001001	平整场地	三类土，弃土7.5m³，运距150m	m²	266.74	3.50	933	746		

表13-14　　工程量清单综合单价工料机分析表

单位及专业工程名称：　　　　第　　页共　　页

项目编码	010101001001	项目名称	平整场地	计量单位	m²

清单综合单价组成明细

序号	名称及规格		计量单位	工程数量	金额（元）	
					单价	合价
1	人工	Ⅰ类人工	工日	0.07	40	2.80
	人工费小计					2.80
2	材料					
	材料费小计					
3	机械					
	机械费小计					
4	直接工程费（1＋2＋3）					2.80
5	管理费					0.56
6	利润					0.14
7	风险费用					
8	综合单价（4＋5＋6＋7）					3.50

2）挖一般土方。

a. 挖土方工程计价主要应考虑的因素是工程的现场条件、地基土质、施工方案。

b. 根据清单工程内容结合现场条件、施工方案确定土方的平衡、调配，根据土方的平衡情况和地基土质（包括地下水）情况及施工方案确定清单项目的具体组合内容并套用定额进行计价。

3）挖沟槽和挖基坑土方。根据施工方案确定的基槽坑放坡、操作工作面和机械挖土进出施工工作面的坡道等增加的施工量，应包括在挖基础土方综合单价中。

【例 13 - 14】 根据［例 13 - 11］提供的工程条件和清单工程量，企业施工方案为：采用人工挖土，坑回填后余土人工装土、自卸汽车运土，运距 5km。假设 1 - 1 余土 15m³、2 - 2 余土 2m³，当时当地人工单价 28 元/ 工日，自卸汽车 450 元/台班，其余价格按照 2010 年《浙江省建筑工程预算定额》取定，企业管理费为人工费及机械费之和的 15％，利润为人工及机械之和的 15％，风险为人工及机械之和的 8％，试计算该工程基础土方 1 - 1 综合单价。

解：1 - 1 剖面，挖基础土方，二类土，有梁式带形基础，垫层宽度 1.4m，开挖深度 1.15m。

按定额该清单可组价的项目为两项：挖土方和运土。

挖土方定额工程量计算：

1 - 1 地槽工程量 $V=(B+2C+KH)HL$

挖土深度 $H=1.6-0.45=1.15\text{m}<1.2\text{m}$，$K=0$

$H_{湿}=1.6-1=0.6$（m）

$C=0.3$

$L=(5+6)\times2=22$（m）

$V_{总}=(1.4+2\times0.3+0\times1.3)\times1.15\text{m}\times22=50.60$（$\text{m}^3$）

$V_{湿}=(1.4+2\times0.3+0\times1.3)\times0.6\text{m}\times22=26.4$（$\text{m}^3$）

套用定额 1 - 7H

人工消耗量：0.177 工日/m^3

人工费＝$0.177\times1.18\times28=5.848$（元/$\text{m}^3$）

$V_{干}=V_{总}-V_{湿}=50.60-26.4=24.2$（$\text{m}^3$）

套用定额 1 - 7

人工费＝$0.177\times28=4.956$（元/m^3）

运土（人工装土，自卸汽车运土）定额工程量计算：

a. 人工装土，15m³。

套用定额 1－65

人工＝$0.1128\times28=3.16$（元/m^3）

b. 自卸汽车运土 5km，15 m³。

套用定额 1－67＋68×4

人工＝$0.0048\times28=0.1344$（元/m^3）

机械＝$(0.00776+0.001954\times4)\times450=7.009$（元/$\text{m}^3$）

清单报价表详见表 13 - 15～表 13 - 17。

表 13-15　**分部分项工程量清单**

序号	项目编码	项目名称	项目特征	计量单位	工程数量	综合单价	合价（元）
1	010101003001	挖沟槽土方	1-1，二类土，有梁式带形基础，垫层宽度 1.4，开挖深度 1.15，弃运 5km	m^3	50.60		
2	010101003002	挖沟槽土方	2-2，二类土，有梁式带形基础，垫层宽度 1.2，开挖深度 1.15，弃运 5km	m^3	7.45		

表 13-16　**分部分项工程量清单综合单价计算表**

单位及专业工程名称：　　　　第　　页共　　页

序号	编号	项目名称	单位	数量	综合单价（元）							合计（元）
					人工费	材料费	机械费	管理费	利润	风险	小计	
1	010101003001	挖沟槽土方，1-1，二类土，有梁式带形基础，垫层宽度 1.4，开挖深度 1.15，弃运 5km	m^3	50.60	6.40		2.08	1.27	1.27	0.68	11.70	592
	1-7	人工挖二类干土	m^3	24.2	4.956			0.743	0.743	0.396	6.838	165.48
	1-7H	人工挖二类湿土	m^3	26.4	5.848			0.877	0.877	0.468	8.07	213.05
	1-65	人工装土	m^3	15	3.160			0.474	0.474	0.253	4.361	65.42
	1－67＋68×4	自卸汽车运土 5km	m^3	15	0.134 4		7.009	1.072	1.072	0.571	9.858	147.88

表 13-17　**分部分项工程量清单与计价表**

单位及专业工程名称：　　　　第　　页共　　页

序号	项目编码	项目名称	项目特征	计量单位	工程数量	综合单价	合价	其中（元）		备注
								人工费	机械费	
1	010101003001	挖沟槽土方	1-1，二类土，有梁式带形基础，垫层宽度 1.4m，开挖深度 1.15m，弃运 5km	m^3	50.60	11.70	592	324	105	

4）挖淤泥、流砂。挖淤泥、流砂的计价，可组合的主要内容包括人工挖淤泥、流砂和人工、机械运输，遇有淤泥、流砂的工程，其开挖时的施工排水另行计算。

5）管沟土方。管沟土方清单计价同基础地槽开挖计价相近，但管沟土方的工程内容与基础土方相比，它包括了管沟内土方回填，且使用范围不仅限于建筑工程。

计价工程量根据设计管道基础、施工组织设计及定额工程量计算规则，管沟开挖及接口处加宽的工作面、放坡等因素应包括在管沟土方计价内。

2. 石方工程

工程量清单计价包括的项目有：石方一般开挖；石方沟带、基坑开挖；人工岩石表面找平；人工、机械凿石；人工运石碴、机械出碴等。

(1) 工程量清单计价时，除清单项目工程内容及特征描述的计价因素以外，应结合采用的计价定额规则，考虑一些必要费用成本，如设计规定爆破有粒径要求、带水爆破、现场必须采用集中供风等情况下的费用。

(2) 爆破工作面所需的架子及有关安全、防护费等，定额均未考虑，如发生时另行计算，列入施工措施项目内计价。

(3) 石方爆破定额既适用于机械凿眼也适用于人工凿眼；爆破定额已综合了不同阶段的高度、坡面、改炮、找平等因素。

(4) 爆破定额是按火雷管爆破编制的，如使用其他炸药或其他引爆方法费用按实计算。

(5) 石方工程的施工工程量计算，按开挖内容及施工工艺等各有所不同。一般爆破开挖和人工凿石、机械凿石按图示尺寸以"m^3"计算；槽坑爆破开挖，按图示尺寸另加允许超挖厚度：软石、次坚石 20cm；普坚：特坚石 15cm；人工岩石表面找平按找平面积计算。

3. 回填

土（石）方回填项目计价时，可组合的主要内容包括：挖（运）土石方、人工回填夯实、机械碾压、夯实等。

(1) 土方回填计价。应按照设计要求和现场施工场地情况选定相应的组合工程内容，当工程现场土方堆放受限制或土方不能平衡时，应考虑土方的场外堆放以及需要向场外取土回填等因素。

(2) 就地回填土运输距离。超过 5m 的，应按运土相应定额计算；借土回填是指场内土方量不足，需从场外取土回填的情况，该定额不包括挖、运土方。

(3) 回填土石方施工工程量的计算。要按照不同回填范围分别计算。室内回填土工程量为主墙间的净面积乘设计规定的室内填土厚度计算。

4. 注意事项

(1) 土石方清单项目计价。应包括指定范围内的土石方一次或多次运输、装卸以及基底夯实、修理边坡、清理现场等全部施工工序。

(2) 人工挖房屋基础综合土方。只适用于工料单价法计价，且最大深度按 3m 计算，超过 3m 时（不包括局部加深），应考虑机械挖土方。

(3) 定额挖土方。除淤泥、流砂为湿土外，均以干土为准；发生湿土排水（包括淤泥、流砂）应另行列入措施项目计算。

1）湿土排水是指基槽坑开挖时，在槽坑一侧或两侧设置明沟，间隔设置集水坑，用水泵抽排水的措施，工程量计算同湿土工程量。如采用集中集水井抽水，井的开挖、砌筑、抽水台班费用按实计算，不再套用湿土排水定额。

2）土石方工程定额中列入了基础排水子目，包括轻型井点、喷射井点、真空深井降水和湿土排水。

3）采用井点排水时，应按施工组织设计规定套用井点排水相应定额。井点管的场外运输按照实际发生费用另行计算。

4）湿土排水、降水工程列入措施项目清单内计价。

（4）采用机械施工时，土方机械应计算的进退场费用在施工措施项目清单内计价。

项目小结

本项目内容主要介绍了土石方工程的定额使用规定、工程量计算规则以及土石方工程的清单编制与综合单价的计算。重点是把握人工土方的定额套用和挖地槽土方的工程量计算，包括工作面、放坡、地槽长度的计算，掌握土石方工程的清单列项与项目特征描述，同时要注意清单土方工程量计算规则与定额的区别。

思考与练习题

1. 什么是放坡系数？它与哪些因素有关系？同一地槽、地坑有两种不同类别土方，放坡系数如何计取？

2. 简述人工综合土方定额的适用条件和包含的内容？

3. 土方工程计算时，工作面如何取定？同一基槽遇到多个工作面时应如何处理？

4. 土石方工程量清单项目的工程内容和特征描述应考虑哪些因素？

5. 清单编制和计价在工程量的计算上有什么不同？

6. 写出下列项目的定额编号、计量单位、基价（如需换算，应列出换算式）。

（1）厂房人力综合挖填土方，三类湿土，深度 3m，桩基础。

（2）烟囱基础人力挖二类湿土，深度 4m。

（3）人工挖地坑四类土方，坑长 35m，坑宽 10m，全部为湿土。

（4）人力车运湿土，运距 500m。

（5）反铲挖掘机挖三类湿土，挖土深度 4m，有桩基础。

（6）人力装土，自卸汽车运湿土 5km。

（7）喷射井点降水，施工组织设计井点竖管根数 40 根，使用天数 10 d。

7. 某传达室基础见图 13 - 14，已知二类土，地下常水位－1.0m，施工采用人力挖土，明排水，计算该土方工程定额直接费。

8. 某房屋基础工程平面图和剖面图如图 13 - 15 所示。已知本工程基础土为三类土，设计室外地坪标高为－0.45m，地下常水位标高－2.0m，垫层为 C10 素混凝土垫层，J - 1 基础、1 - 1 基础均采用 C30 混凝土，砖基础为 M5.0 水泥砂浆砌筑标准砖基础，墙体厚度为 240mm，C25 混凝土柱断面尺寸为 300mm×300mm。企业施工方案为：采用人工挖土，基

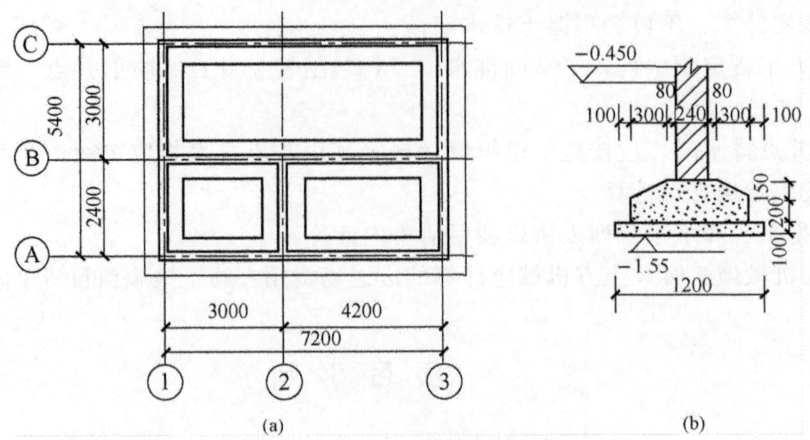

图 13-14 某传达室基础示意图

(a) 基础平面图；(b) 基础剖面图

坑回填后余土 10m³，用装载机装土、自卸汽车运土，运距 5km。

(1) 试编制该建筑物 J-1 和 1-1 基础土方工程量清单。

(2) 计算 J-1 基础的清单综合单价。(管理费 10%，利润 5%，风险不计)

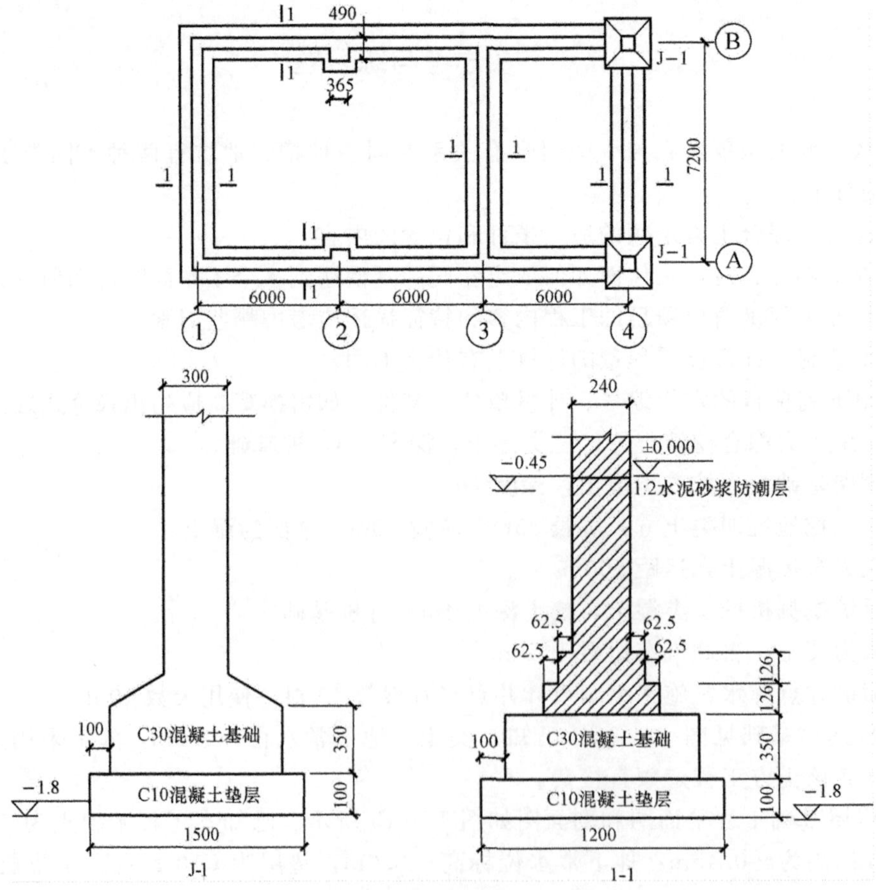

图 13-15 某房屋基础工程示意图

项目14 桩基础及地基加固工程

第一节 基 础 知 识

一、桩基础工程

桩是置于岩土中的柱型构件。一般房屋基础中，桩基的主要作用是将承受的上部竖向荷载，通过较弱地层传至深部较坚硬的、压缩性小的土层或岩层。

按桩基传递荷载的形式分为端承桩和摩擦桩，按照施工工艺划分主要有预制混凝土桩、灌注混凝土桩。

1. 预制混凝土桩

按断面形式分为预制方桩和预应力混凝土管桩。

（1）预制方桩为钢筋混凝土桩（图14-1），由现场（或工厂）制作，根据设计桩长可以是单节桩或分段（2～3节）接桩而成，桩端部做成锥形称桩尖。

（2）预应力管桩（如图14-2）所示，一般为专业化工厂制作生产，按照设计桩长需要进行配桩，端部一节与钢板制成的桩尖连接。

图14-1 预制方桩

图14-2 预应力管桩

预制桩的施工包括制桩（或购成品桩）、运桩、沉桩三个过程；当单节桩不能满足设计要求时，应接桩；当桩顶标高要求在自然地坪以下时，则通过送桩把桩继续往下送到设计要求标高。

2. 灌注混凝土桩

按照成孔方法划分如下。

（1）沉管灌注桩。

根据设计需要，沉管灌注桩可以采用复打、夯扩等工艺，以增加单桩的承载能力。

"复打"是指在在第一次混凝土灌注达到要求标高拔出桩管后，立即在原桩位作第二次沉管，使未凝固的混凝土向桩管四周挤压，然后再次灌注混凝土以扩大桩径。

"夯扩"是指采用双管施王、通过内管夯击桩端混凝土形成扩大头，以提高单桩承载力扩大头以提高单桩承载力的施工工艺（见图 14-3)。

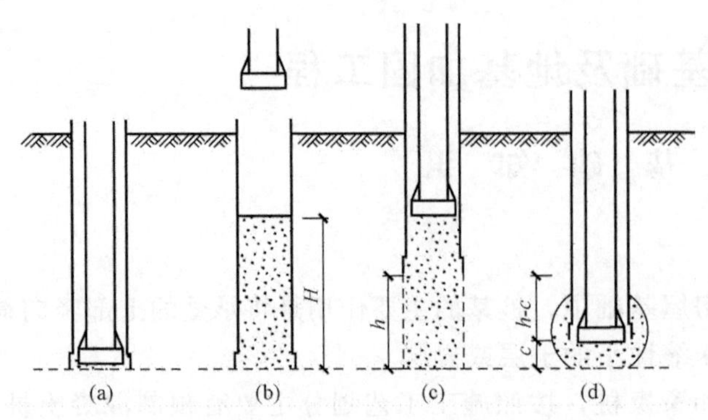

图 14-3　夯扩桩夯扩参数示意图

夯扩桩工艺按图 14-3 (a) ～ (d) 顺序说明：外、内管沉管至设计要求深度；提升内管，按设计参数 H 第一次灌入混凝土；内管顶住混凝土面，提升外管至设计参数 h 所谓高度；内管放入，压出外管内的混凝土，内外管同步夯击下沉尺寸以设计规定参数 $h-c$ 为准，形成桩端扩大头。

(2) 钻（冲）孔灌注桩。

利用钻孔（冲孔）机械在地基土层中成孔后，安放钢筋笼，灌注混凝土形成桩基，成孔一般采用泥浆护壁。

(3) 人工挖孔灌注桩。

采用人工挖成桩孔，安放钢筋笼，灌注混凝土形成混凝土桩基（如图 14-4 所示)。

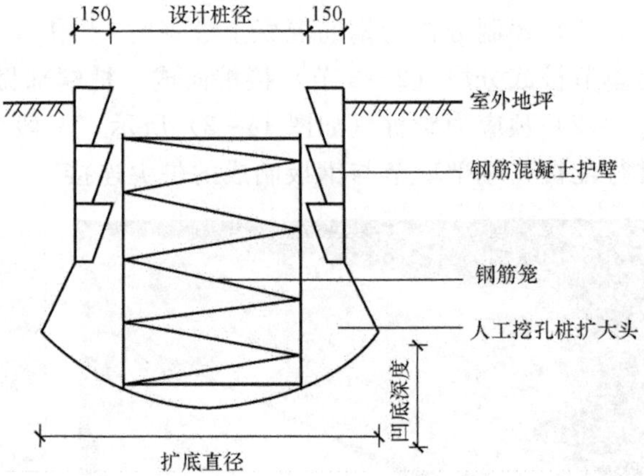

150　设计桩径　150
室外地坪
钢筋混凝土护壁
钢筋笼
人工挖孔桩扩大头
凹底深度
扩底直径

图 14-4　人工挖孔桩纵断面

二、地基加固及边坡处理

1. 预制混凝土板桩和钢板桩

这两种桩常用于基坑施工的围护结构。预制混凝土板桩的施工与预制方桩基本相同，但在打桩过程中常采用导向夹具（围檩支架）辅助施工。

2. 深层水泥搅拌桩

搅拌桩施工工序按桩机流程为：定位、搅拌下沉、喷浆（粉）搅拌提升、原位重复搅拌下沉、重复搅拌提升、机械移位。

3. 高压旋喷桩

旋喷桩按旋喷形式分为浆液与压缩空气同时喷射的“二重管法”和浆液、压缩空气和水同时喷射的“三重管法”。

4. 树根桩

树根桩是一种直径较小的小型灌注桩，适用于荷载小而分散的中小型建筑。树根桩的施工工艺比较简单，采用小型钻机按设计直径钻至设计深度，安放钢筋笼，同时放入灌浆管，注入水泥浆或水泥砂浆，结合碎石骨料成桩。

5. 压密注浆

压密注浆是一种通过注浆泵将配制成的浆液压入地基土层中，浆液凝结、硬化，达到强化地基和防水止渗的作用。

6. 锚杆桩

锚杆的制作材料有钢筋、钢绞线、钢管、并有预应力锚杆和非预应力之分。

7. 钢筋混凝土地下连续墙

沿深基础或地下建筑（构筑）物周边，按设计要求逐段开挖一定厚度和深度的深槽，槽内采用泥浆护壁，放置钢筋骨架，用导管浇灌水下混凝土，各段用特殊的接头方式将单元槽连接成一道连续的钢筋混凝土地下墙。

第二节　定　额　计　价

一、定额使用说明

（1）“桩基础与地基加固工程”定额适用于陆地上桩基工程；所列打桩机械的规格、型号是按常规施工工艺和方法综合取定。

（2）定额中未涉及（岩石）层的子目，已综合考虑了各类土（岩石）层因素。涉及土（岩石）层的子目，其各类土（岩石）层鉴别标准如下：

1）砂、黏土层：粒径在 2～20mm 的颗粒质量不超过总质量 50%的土层，包括黏土、粉质黏土、粉土、粉砂、细砂、中砂、粗砂、砾砂。

2）碎、卵石层：粒径在 2～20mm 的颗粒质量超过总质量 50%的土层，包括角砾、圆砾及 20～200mm 的碎石、卵石、块石、漂石，此外亦包括软石及强风化岩。

3）岩石层：除软石及强风化岩以外的各类坚石，包括次坚石、普坚石和特坚石。

（3）桩基施工前场地平整、压实地表、地下障碍处理等，定额均未考虑，发生时另行计算。

（4）探桩位已综合考虑在各类桩基定额内，不另行计算。

（5）混凝土预制桩：

1）打、压预制钢筋混凝土方桩（空心方桩），定额按购入构件考虑，已包含了场内必需的就位供桩，发生时不再另行计算。如采用现场制桩，场内供运桩不论采用何种运输工具均按本定额第四章中规定的混凝土构件汽车运输定额执行，运距在 500m 以内，定额乘以系数 0.5。

2）打、压预制钢筋混凝土方桩定额已综合了接桩所需的打桩机台班，但未包括接桩（见图 14-5）本身费用，发生时套用相应定额（2-17 或 2-18）。打、压预应力钢筋混凝土管桩定额已包括接桩费用，不另行计算。

3）打、压预制钢筋混凝土方桩（空心方桩），单节长度超过 20m 时，按相应定额乘以系数 1.2。

【例 14-1】　打、压预制混凝土方桩，桩长 60m，单节长度为 25m，求定额基价。

解： 套用定额 2－4H＋12H

基价＝1097×1.2＋880×1.2＝2372.4（元/10m³）

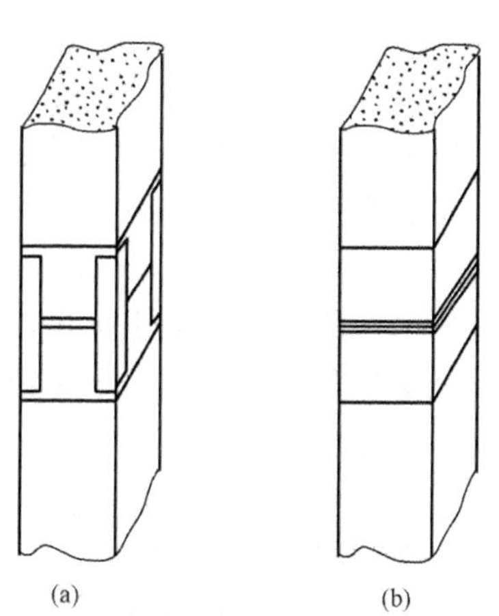

图 14-5　预制桩电焊接桩示意图
（a）包角钢接桩；（b）包钢板接桩

4）打、压预应力管桩，定额按购入成品构件考虑，已包含了场内必需的就位供桩，发生时不再另行计算。桩头灌芯部分套用人工挖孔桩灌桩芯定额（2-104、2-105）执行；设计要求设置的钢骨架、钢托板分别套用本定额第四章混凝土及钢筋混凝土工程中的桩钢筋笼（4-421、4-422）和预埋铁件相应定额（4-433、4-434）执行。

打、压预应力管桩如设计要求需设置桩尖时另按定额第四章混凝土及钢筋混凝土工程中的预埋铁件定额（4-433、4-434）执行。打、压预应力空心方桩套用打、压预应力管桩相应定额。

（6）灌注桩。

1）转盘式钻孔桩机成孔、旋挖桩机成孔定额按桩径划分子目，定额已综合考虑了穿越砂（黏）土层、碎（卵）石层的因素，如设计要求进入岩石层时，套用相应定额计算入岩增加费。

2）冲孔打桩机冲抓（击）锤冲孔定额分别按桩长及进入各类土层、岩石层划分套用相应定额。

3）泥浆池建造和拆除按成孔体积套用相应定额，泥浆场外运输按成孔体积和实际运距套用泥浆运输定额。旋挖桩的土万场外运输按成孔体积和实际运距分别套用第一章相应土方装车、运输定额。

4）桩孔空钻部分回填应根据施工组织设计要求套用相应定额，填土者按土方工程松填土方定额（1-17）计算填碎石者按砌筑工程碎石垫层定额（3-9）乘以系数0.7计算。

【例14-2】 某桩基工程，桩孔空钻部分回填碎石，求其回填的预算基价。

解： 套用定额3-9H

基价＝1092×0.7＝764.4（元/10m^3）

5）人工挖孔桩挖孔按设计注明的桩芯直径及孔深套用定额；桩孔土方需外运时，按土方工程相应定额计算；挖孔时若遇淤泥、流砂、岩石层，可按实际挖、凿的工程量套用相应定额计算挖孔增加费。

6）人工挖孔桩护壁不分现浇或预制，均套用安设混凝土护壁定额。

7）灌注桩定额均已包括混凝土灌注充盈量，实际不同时不予调整。

8）注浆管埋设定额按桩底注浆考虑，如设计采用侧向注浆，则人工和机械乘以系数1.2。

9）沉管灌注砂、砂石桩空打部分按相应定额（扣除灌注部分的工、料）执行。

【例14-3】 振动式沉管灌注砂石桩，桩长18m，试计算该桩空打部分的预算基价。

解： 套用定额2-37H

基价＝1576－4.3×43－18.4×40－1.3×2.95＝651.27（元/10m^3）

10）沉管灌注混凝土桩定额子目未包括预制桩尖制作、埋设等，应另列定额子目。其中预制桩尖制作、加劲圈按本定额第四章规定分别套用定额4-266和4-433、4-434；埋设套用2-50定额子目。

11）振动式、静压振拔式沉管混凝土桩，安放钢筋笼（图14-6），人工、机械乘以系数1.5，钢筋笼制作、安放按（4-421、4-422）另列项目计算。

【例14-4】 振动式沉管灌注混凝土桩成孔，桩长25m，安放钢筋笼，试计算该桩的预算基价。

解： 套用定额2-43H

基价＝775＋（331.1＋364.83）×0.15＝879.39（元/10m^3）

图 14-6　钢筋笼

（7）地基加固、围护桩及其他。

1）打、拔钢板桩，定额仅考虑打、拔施工费用，未包含钢板桩使用费，发生时另行计算。

2）水泥搅拌桩的水泥掺入量按加固土重（1800kg/m^3）的 13%考虑，如设计不同时按每增减 1%定额计算。

3）单、双头深层水泥搅拌桩定额已综合了正常施工工艺需要的重复喷浆（粉）和搅拌。空搅部分按相应定额的人工及搅拌桩机台班乘以系数 0.5 计算。

4）SMW 工法搅拌桩定额按二搅二喷施工工艺考虑，设计不同时，每增（减）一搅一喷按相应定额人工和机械费增（减）40%计算。

5）SMW 工法搅拌桩的水泥掺入量按加固土重（1800kg/m^3）的 18%考虑，如设计不同时按单、双头深层水泥搅拌桩每增减 1%定额计算。定额中对插、拔型钢仅考虑打、拔施工费用，未包含型钢使用费，发生时另行计算。SMW 工法搅拌桩设计要求全断面套打时，相应定额的人工及机械乘以系数 1.5，其余不变。

6）水泥搅拌桩定额按不掺添加剂（如石膏粉、木质素硫酸钙、硅酸钠等）编制，如设计有要求，定额应按设计要求增加添加剂材料费，其余不变。

7）高压旋喷桩定额已综合接头处的复喷工料；高压旋喷桩中设计水泥用量与定额不同时应予调整。

8）基坑、边坡支护方式不分锚杆、土钉，均套用同一定额，设计要求采用预应力锚杆时，预应力张拉费用另行计算。

9）喷射混凝土按喷射厚度及边坡坡度不同分别设置子目。其中，钢筋网片制作、安装套用本定额第四章混凝土及钢筋混凝土工程中相应定额子目。

10）地下连续墙导墙土方的运输、回填，套用土石方工程相应定额。

11）地下连续墙的钢筋笼、钢筋网片及护壁、导墙的钢筋制作、安装，套用本定额第四章混凝土及钢筋混凝土工程相应定额。

12）重锤夯实定额按一遍考虑，设计遍数不同，每增加一遍，定额乘以系数 1.25。定额已包含了夯实过程（后）的场地平整，但未包括（补充）回填，发生时另行计算。

(8) 单独打试桩、锚桩，按相应定额的打桩人工及机械乘以系数1.5。

(9) 在桩间补桩或在地槽（坑）中及强夯后的地基上打桩时，按相应定额的打桩人工及机械乘以系数1.15，在室内或支架上打桩可另行补充。

(10) 预制桩和灌注桩定额以打垂直桩为准，如打斜桩，斜度在1∶6以内时，按相应定额的人工及机械乘以系数1.25；如斜度大于1∶6者，其相应定额的打桩人工及机械乘以系数1.43。

(11) 单位（群体）工程打桩工程量少于表14-1者，相应定额的打桩人工及机械乘以系数1.25。

表14-1　　各类桩工程量数量表

桩　类	工程量	桩　类	工程量
预制钢筋混凝土方桩、空心方桩	200m³	钢板桩	50t
预应力钢筋混凝土管桩	1000m	水泥搅拌桩、冲孔灌注桩、高压旋喷桩、树根桩	100 m³
沉管灌注桩、钻孔（旋挖成孔）灌注桩	150m³		
预制钢筋混凝土板桩	100m³		

【例14-5】 C20（40）振动式沉管灌注混凝土桩成孔，桩长24m，（试桩），工程量140m³，求定额基价。

解： 套用定额2-43H

基价＝331.1×1.25×1.5＋364.83×1.25×1.5＋78.69＝1383.56（元/m³）

二、工程量计算规则

(1) 预制钢筋混凝土方桩。

1) 打、压预制钢筋混凝土方桩（空心方桩）工程量（m³）按设计桩长（包括桩尖）乘以桩截面积计算，空心方桩不扣除空心部分体积。

$$V=\text{桩截面积}\times\text{设计桩长（包括桩尖长度）}$$

2) 送桩工程量（m³）按送桩长度乘以桩截面积计算，送桩长度按设计桩顶标高至打桩前的自然地坪标高另加0.50m计算。

$$V=\text{桩截面积}\times\text{送桩长度}$$

式中　送桩长度——设计桩顶标高至自然地坪＋0.5m（图14-7）。

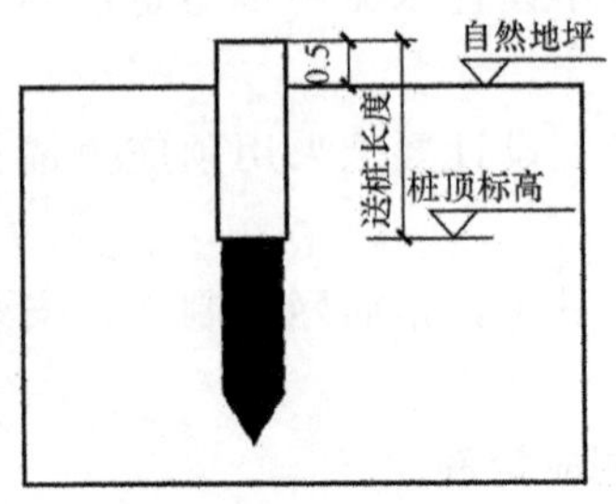

图14-7　送桩长度

3) 电焊接桩按设计图示以角钢或钢板的重量以“t”计算。

(2) 预应力钢筋混凝土管桩。

1) 打、压预应力钢筋混凝土管桩工程量（m³）按设计桩长（不包括桩尖）以延米计算。

$$L=\text{设计桩长（不包括桩尖）}$$

2) 送桩长度（m）按设计桩顶标高至打桩前的自然地坪标高另加0.50m计算。

$$L=\text{设计桩顶标高至自然地坪}+0.5\text{m}$$

3）管桩桩尖按设计图示重量计算。

4）桩头灌芯工程量（m^3）按设计尺寸以灌注实体积计算。

$$V=\text{管桩桩孔内径截面积}\times\text{设计灌芯深度}$$

（3）沉管灌注桩。

1）单桩体积（包括砂桩、砂石桩、混凝土桩）：不分沉管方法均按钢管外径截面积（不包括桩箍）乘以设计桩长（不包括预制桩尖）另加加灌长度计算。加灌长度：设计有规定者，按设计要求计算，设计无规定者，按 0.50m 计算。若按设计规定桩顶标高已达到自然地坪时，不计加灌长度（各类灌注桩均同）。

$$V=\text{管外径截面积}\times（\text{设计桩长}+\text{加灌长度}）$$

式中　设计桩长——不包括预制桩尖；

加灌长度——用来满足混凝土灌注充盈量，按设计规定；无规定时，按 0.5m 计取；桩顶标高已达自然地坪时，不计加灌长度。

2）夯扩（静压扩头）桩工程量：

V=管外径截面积×（夯扩高度（扩头部分高度）+设计桩长（不包括桩尖）+加灌长度）

式中，夯扩高度（扩头部分高度）按设计规定计算。

3）扩大桩的体积：

$$V=\text{单桩体积}\times（1+0.85\times\text{复打次数}）$$

4）沉管灌注桩空打部分工程量：按打桩前的自然地坪标高至设计桩顶标高的长度减加灌长度后乘以桩截面积计算。

（4）钻孔灌注桩。

1）钻孔桩、旋挖桩成孔工程量按成孔长度乘以设计桩径截面积以“m^3”计算。成孔长度为打桩前的自然地坪标高至设计桩底的长度。岩石层增加费工程量按实际入岩数量以“m^3”计算。

钻孔桩成孔工程量（m^3）：

①$V_{成孔}$=桩径截面积×成孔长度

②$V_{入岩}$=桩径截面积×入岩长度

其中，成孔长度为自然地坪至设计桩底标高；入岩长度为实际进入岩石层的长度，如图 14-8所示。

2）冲孔桩机冲击（抓）锤冲孔工程量分别按进入各类土层、岩石层的成孔长度乘以设计桩径截面积以“m^3”计算。

冲孔桩成孔工程量（m^3）：

①$V_{砂黏土层}$=桩径截面积×砂黏土层长度

②$V_{碎卵石层}$=桩径截面积×碎卵石层长度

③$V_{岩石层}$=桩径截面积×岩石层长度

其中：砂黏土层长度+碎卵石层+岩石层长度=成孔长度

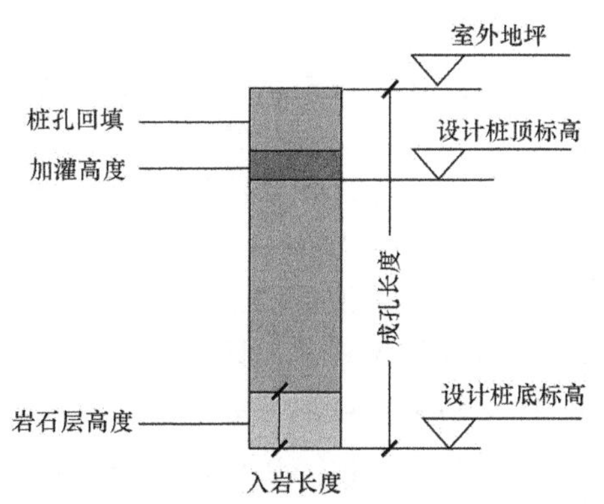

图 14-8　钻孔灌注柱示意图

3）灌注水下混凝土工程量按桩长乘以设计桩径截面积计算，桩长=设计桩长+设计加灌长度，设计未规定加灌长度时，加灌长度（不论有无地下室）按不同设计桩长确定：25m 以内按 0.5m、35m 以内按 0.8m、35m 以上按 1.2m 计算。

$$V=\text{桩径截面积}\times(\text{设计桩长}+\text{加灌长度})$$

式中 设计桩长——桩顶标高至桩底标高；

加灌长度——按设计要求。如无设计规定，桩长 25m 以内按 0.5m，桩长 35m 以内按 0.8m，桩长 35m 以上按 1.2m。

图 14-9 泥浆池

4）泥浆池（图 14-9）建造和拆除、泥浆运输工程量按成孔工程量以“m^3”计算。

泥浆池建拆、泥浆运输工程量=钻孔体积

5）桩孔回填工程量按加灌长度顶面至打桩前自然地坪标高的长度乘以桩孔截面积计算。

$$V_{\text{回填}}=\text{桩孔截面积}\times\text{回填深度}$$

其中：回填深度为自然地坪至加灌长度顶面。

6）注浆管、声测管工程量按打桩前的自然地坪标高至设计桩底标高的长度另加 0.2m 计算。

7）桩底（侧）后注浆工程量按设计注入水泥用量计算。

8）钻孔灌注桩定额已包含了 2.0m 酌钢护套筒埋设，如实际施工钢护套筒埋设超过 2.0m 时，定额中的金属周转材料按比例换算。

（5）人工挖孔桩。

1）人工挖孔工程量按护壁外围截面积乘孔深以“m^3”计算，孔深按打桩前的自然地坪标高至设计桩底标高的长度计算。

$$V_{\text{挖孔}}=\text{护壁外围截面积}\times\text{成孔长度}$$

其中：成孔长度为自然地坪至设计桩底标高。

2）挖淤泥、流砂、入岩增加费按实际挖、凿数量以“m^3”计算。

3）灌注桩芯混凝土工程量按设计图示实体积以“m^3”计算，加灌长度设计无规定时，按 0.25m 计算。护壁工程量按设计图示截面积乘以护壁长度以“m^3”计算，护壁长度按打桩前的自然地坪标高至设计桩底标高（不含入岩长度）另加 0.20m 计算。

注意：人工挖孔桩设计要求扩底。

（6）钻（冲）孔灌注桩、人工挖孔设计要求扩底时，其扩底工程量按设计尺寸计算，并入相应的工程量内。

（7）打、拔钢板桩工程量按设计图示钢板桩的质量以“t”计算，安拆导向夹具按设计图示钢板桩的水平延米计算。

（8）圆木桩材积按设计桩长（包括接桩）及梢径，按木材材积表计算，其预留长度的材积已考虑在定额内。送桩按大头直径的截面积乘以入土深度计算。

（9）水泥搅拌桩。

1）水泥搅拌桩工程量按桩长乘以桩径截面积计算。桩径截面积应扣除重叠部分面积。

桩长按设计桩顶标高至桩底长度另加 0.5m 计算；若设计桩顶标高至打桩前的自然地坪标高小于 0.5m 或已达打桩前的自然地坪标高时，另加长度应按实际长度计算或不计。

2）空搅部分的长度按设计桩顶标高至打桩前的自然地坪标高的长度减去另加长度计算。

3）SMW 工法搅拌桩中的插、拔型钢王程量按设计图示型钢的质量以“t”计算。

（10）高压旋喷桩工程量，引（钻）孔按自然地坪标高至设计桩底的长度计算，喷浆按设计加固桩截面面积乘以设计桩长计算。

（11）树根桩按设计长度乘以桩截面积以“m^3”计算。

（12）压密注浆钻孔按设计图示深度以“m”计算，注浆按下列规定以“m^3”计算：

1）设计图纸明确加固土体体积的，按设计图纸注明的体积计算。

2）设计图纸以布点形式图示土体加固范围的，则按两孔间距的 1/2 作为每孔扩散半径，以步点边线各加扩散半径，形成计算平面计算灌浆体积。

3）如设计图纸注浆点在钻孔灌注混凝土桩之间，按两注浆孔距作为每孔的扩散直径，以此圆柱体体积计算注浆体积。

（13）锚杆（土钉）支护及喷射混凝土。

1）锚杆（土钉）支护钻孔、灌浆按设计图示以“延米”计算。

2）锚杆（土钉）制作、安装分别按钢管、钢筋设计长度乘以单位重量以“t”计算，定位支架（座）、护孔钢筋（型钢）、锁定筋已包含在定额中，不得另行计算。

3）边坡喷射混凝土按设计图示面积以“m”计算。

（14）地下连续墙：

1）导墙开挖按设计长度乘以开挖宽度及深度以“m^3”计算。浇捣按设计图示以“m^3”计算。

2）成槽工程量按设计长度乘以墙厚及成槽深度（自然地坪标高至连续墙底加 0.5m）以“m^3”计算。泥浆池建拆、泥浆外运工程量按成槽工程量乘以系数 0.2 计算；土方外运工程量按成槽工程量计算。

3）连续墙混凝土浇筑工程量按设计长度乘以墙厚及墙深加 0.5m 以“m^3”计算。

4）清底置换、接头管安拔按分段施工时的槽壁单元以“段”计算。

（15）重锤夯实按设计图示夯击范围面积以“m^2”计算。

三、计算示例

【例 14-6】　如图 14-10 所示，C30 预制钢筋混凝土方桩，自然地坪标高－0.30m，桩顶标高－2.80m，设计桩长 18m（包括桩尖）。已知房屋基础共有预制方桩 90 根，采用包角钢接桩（角钢用量为 2.5kg/根），采用 4t 柴油打桩机，计算打桩、送桩与接桩的直接工程费。

解：（1）打桩。

①套用定额 2-2　基价＝123.50 元/ m^3

②工程量：$V=0.45\times0.45\times18\times90=328.05$（$m^3$）

③直接工程费＝328.05×123.5＝40 514（元）

（2）送桩。

①套用定额 2-6　基价＝107.4 元/ m

②工程量：$V=0.45\times0.45\times(2.5+0.5)\times90=54.68$（$m^3$）

③直接工程费＝54.68×107.4＝5873（元）

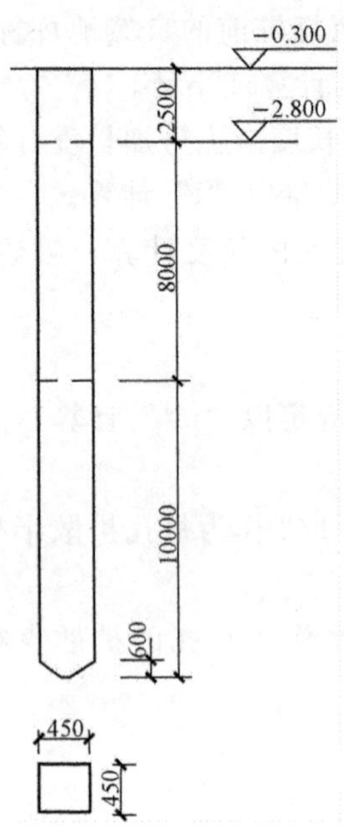

图 14-10 预制混凝土方桩示意图

(3) 接桩。

①套用定额 2-17 基价=6635 元/t

②工程量=2.5×90=225 (kg)

③直接工程费=0.225×6635=1493 (元)

【例 14-7】 某工程 110 根 C60 预应力钢筋混凝土管桩，采用压桩机施工，桩外径 ϕ600，壁厚 100mm，每根桩总长 25m，每根桩顶连接构造（假设）钢托板 3.5kg、圆钢骨架 38kg，桩顶灌注 C30 现拌混凝土 1.5m 高，设计桩顶标高－3.5m，现场自然地坪标高－0.45m。试计算该工程的桩基直接费。(计算结果保留两位小数)

解：(1) 压管桩。

①套用定额 2-29 基价=20.17 元/m

②工程量：L=110×25=2750 (m)

③直接工程费=2750×20.17=55 467.5 (元)

(2) 送桩。

①套用定额 2-33 基价=21.55 元/m

②工程量：L=110×（3.5－0.45＋0.5）=390.5 (m)

③直接工程费=390.5×21.55=8415.275 (元)

(3) 桩顶灌芯。

①套用定额 2-104H

基价=306.1＋（236.28－224.18）×1.015=318.381 5 (元/m^3)

②工程量：V=110×［（0.6－0.2）/2］^{2}×π×1.5=20.73 (m^3)

③直接工程费=20.73×318.381 5=6600.048 (元)

(4) 圆钢骨架。

①套用定额 4-421 基价=4656 元/t

②工程量=110×38/1000=4.18 (t)

③直接工程费=4.18×4656=19 462.08 (元)

(5) 钢托板。

①套用定额 4-433 基价=7519 元/t

②工程量=110×3.5/1000=0.385 (t)

③直接工程费=0.385×7519=2894.815 (元)

(6) 直接费合计=55 467.5＋8415.275＋6600.048＋19 462.08＋2894.815=92 839.72 (元)

【例 14-8】 本市某商品住宅，设计采用 ϕ377 震动式 C20 (40) 现浇混凝土沉管灌注桩 200 根，其中单独打试桩 4 根，设计桩长 21m (不包括桩尖)，自然地坪标高－0.5m，混凝土桩顶设计标为－3.5m，不设钢筋笼及加劲圈，桩尖长度 0.53m，C30 混凝土预制桩尖按每只 0.40m^3 计算，运距按 10km 考虑。暂不考虑空打和桩尖安装，试计算该桩基工程的定额直接费。(计算结果保留两位小数)

解：(1) 成孔。

①套用定额 2-43　基价＝77.5 元/m^3

②工程量：$V=\pi\times(0.377/2)^2\times(21+0.5)\times(200-4)=470.40$（$m^3$）

③直接工程费＝470.40×77.5＝36 456（元）

（2）成孔（试桩）。

①套用定额 2-43H

基价＝77.5＋（33.11＋36.483）×0.5＝112.297（元/m^3）

②工程量：$V=\pi\times(0.377/2)^2\times(21+0.5)\times4=9.60$（$m^3$）

③直接工程费＝9.60×112.297＝1078.05（元）

（3）成桩（灌注混凝土）。

①套用定额 2-81　基价 319 元/m^3

②工程量：$V=\pi\times(0.377/2)^2\times(21+0.5)\times200=480$（$m^3$）

③直接工程费＝480×319＝153 120（元）

（4）桩尖制作。

①套用定额 4-266　基价 423.3 元/m^3

②工程量：$V=0.4\times200\times1.015=81.2$（$m^3$）

③直接工程费＝81.2×423.3＝34 371.96（元）

（5）桩尖运输。

①套用定额　4－450＋451×5

基价＝77.5＋3.7×5＝96（元/m^3）

②工程量：$V=0.4\times200=80$（m^3）

③直接工程费＝80×96＝7680（元）

（6）桩尖埋设。

①套用定额 2-50　基价＝3.5 元/个

②工程量＝200 个

③直接工程费＝200×3.5＝700（元）

（7）直接费合计＝36 456＋1078.05＋153 120＋34 371.96＋7680＋700＝233 406.01（元）

【例 14-9】　某工程有直径 1200mm 钻孔混凝土灌注桩（C30 商品水下混凝土）36 根。已知：自然地坪－0.3m，桩顶标高－4.6m，桩底标高－29.00m，进入岩石层平均标高－26.5m 计算。计算：（1）成孔直接工程费；（2）成桩直接工程费；（3）孔径回填土直接工程费；（4）泥浆池建拆与泥浆运输直接工程费（运距 12km）。

解：（1）成孔

①套用定额 2-54　基价＝110.9 元/m^3

②工程量：$V=\pi\times(1.2/2)^2\times(29-0.3)\times36$ 根＝1167.929（m^3）

③直接工程费＝1167.929×110.9＝129 523.33（元）

其中入岩增加费：

①套用定额 2-57　基价＝484.7 元/ m^3

②工程量：$V_{入岩}=\pi\times(1.2/2)^2\times(29-26.5)\times36=101.736$（$m^3$）

③直接工程费＝101.736×484.7＝49 311.44（元）

（2）成桩

①套用定额 2-84　基价=423.3 元/ m^3

②工程量：$V=\pi\times(1.2/2)^2\times(24.4+0.5)\times36=1013.291$（$m^3$）

③直接工程费=1013.291×423.3=428 926.08（元）

（3）孔径回填

①套用定额：1-17　基价=2.44 元/ m^3

②工程量：$V=\pi\times(1.2/2)^2\times(4.3-0.5)\times36=154.639$（$m^3$）

③直接工程费=154.639×2.44=377.32（元）

（4）泥浆

①泥浆池建拆：套用定额 2-92　基价=3.5 元/ m^3

②工程量：$V=V_{成孔}=1167.929$（m^3）

③直接工程费=1167.929×3.5=4087.75（元）

（5）泥浆运输（运距 12km）

①套用定额 2—93+94×7　基价=87.6 元/ m^3

②工程量：$V=1167.929\ m^3$

③直接工程费=1167.929×87.6=102 310.58（元）

【例 14-10】　人工挖孔桩，共 20 根；设计桩长 12m，桩径 1.00m，桩底标高－14.5m，入岩总深度 1.2m，平底，入岩扩底上部直径 1.2m，下部直径 1.6m；自然地坪标高－0.6m；桩芯灌注 C25 混凝土；C20 钢筋混凝土预制护壁外径 1.3m，平均厚度 100mm，试计算该桩基工程的定额直接费。（计算结果保留两位小数）

解：（1）成孔

①套用定额 2-96H

$$基价=77.1+61.06\times0.15+45.93\times0.082\times0.15=86.82（元/m^3）$$

②工程量：

直筒部分 $V_1=\pi\times(1.3/2)^2\times(14.5-1.2-0.6)\times20$ 根=337.14（m^3）

扩底圆台 $V_2=\pi\times1.2\times[(1.2/2)^2+(1.6/2)^2+0.6\times0.8]/3\times20=37.2$（$m^3$）

小计 $V=337.14+37.2=374.34$（m^3）

③直接工程费=374.34×86.82=32 500.20（元）

（2）入岩增加费

①套用定额 2-102　基价=91.2 元/ m^3

②工程量：$V_{入岩}=37.2$（m^3）

③直接工程费=37.2×91.2=3392.64（元）

（3）护壁

①套用定额 2-103　基价=690.8 元/m^3

②工程量：

$$V=\pi\times[(1.3/2)^2-(1.1/2)^2]\times(14.5-1.2-0.6+0.2)\times20=97.27(m^3)$$

③直接工程费=97.27×690.8=67 194.12（元）

（4）桩芯混凝土

①套用定额 2-104　基价=306.1 元/ m^3

②工程量：

$$V=\pi\times(1.1/2)^2\times(12-1.2+0.25)\times20+37.2=247.22(m^3)$$

③直接工程费＝247.22×306.1＝75 674.04（元）

（5）直接费合计＝32 500.20＋3392.64＋67 194.12＋75 674.04＝178 761（元）

第三节　清单及清单计价

一、工程量清单编制

本章桩基础及地基加固工程项目清单按《计算规范》附录B和附录C列项，适用于地基与边坡的处理、加固。包括B.1地基处理、B.2基坑与边坡支护、C.1打桩和C.2灌注桩共计39个项目。

1. 地基处理与边坡支护

清单由地基处理和基坑与边坡支护两部分内容构成。

地基处理包括换填垫层、强夯地基、深层水泥搅拌桩等17项清单项目，项目编号分别从010201001×××～010201017×××设置；基坑与边坡处理包括地下连续墙、锚杆、土钉等11项清单，项目编号分别从010202001×××～010202011×××设置；

（1）工程量清单项目设置

1）砂石桩适用于各种成孔方式（振动沉管、锤击沉管等）的砂桩、砂石灌注桩。

2）灰土挤密桩项目适用于各种成孔方式的灰土、石灰、水泥、粉煤灰、碎石等挤密桩。

3）喷粉桩项目适用于水泥、生石灰粉等喷粉桩。

4）地下连续墙项目适用于各种导墙施工的复合型地下连续墙工程。

5）强夯地基项目适用于采用强夯机械对松软地基进行强力夯击以达到一定密实要求的工程。

6）锚杆项目适用于岩石高削坡混凝土支护挡墙和风化岩石混凝土、砂浆护坡。

7）土钉项目适用于土层的锚固，置入方式包括置入、打入或射入等。

（2）工程量清单项目的编制

清单编制按照项目划分及工程内容，结合工程设计图纸进行清单项目特征的描述。

1）连续墙清单项目特征除包括墙厚、槽深及混凝土强度等级以外，还应包括连续墙轴线尺寸（长度）顶标高、自然地坪标高以及设计明确的槽段划分、接头形式、导墙有关构造和尺寸、导沟土方类别、土方运回填等要求。

2）强夯地基按设计地基尺寸范围需要增加的，应在清单中予以明确要求。

3）锚杆制作、安装应按设计内容注明具体材料（钢筋、钢管、钢绞线等）、规格（锚杆长度、每吨孔数等）入岩深度以及工艺（预应力或非预应力等）要求；坡壁支护设计有坡面钢筋网的，应明确钢筋网的规格以及喷射混凝土强度、厚度等。

4）土钉清单编制内容与锚杆基本相同，仅土钉一般不入岩、不采用预应力工艺。

（3）清单项目工程数量的计算。

1）地下钢筋混凝土连续墙：按设计图示墙中心线长乘以厚度乘以槽深以“m^3”计算；槽深度以设计连续墙底标高至自然地坪标高计算。

2）导墙开挖按设计长度乘开挖宽度及深度以“m^3”计算；浇捣按设计图示以“m^3”

计算。

3）锚杆、土钉支护：按设计图示尺寸以桩孔深度“m”或以数量“根”计算。

【例 14 - 11】 某地下室工程采用地下连续墙作基坑挡土和地下室外墙。设计墙身长度纵轴线 80m 两道，横轴线 60m 两道围成封闭状态，墙底标高－12m，墙顶标高－3.6m，自然地坪标高－0.6m，墙厚 1000mm，C35 混凝土浇捣；设计要求导墙采用 C30 素混凝土浇筑，具体方案由施工方自行确定（根据地质资料已知导沟范围为三类土）；现场余土及泥浆必须外运 5km 处弃置。试计算该连续墙清单工程量及编列清单。

解：(1) 计算清单工程数量：

连续墙长度＝（80＋60）×2＝ 280（m）

成槽深度＝12－0.6＝ 11.4（m）

墙高＝12－3.6＝ 8.4（m）

$$V=280\times 11.4\times 1= 3192.00\ (m^3)$$

(2) 根据清单规范附录提示结合工程具体资料、拟订的施工方案及清单编制确定的工程内容和特征编项目清单见表 14 - 2。

表 14 - 2 **分部分项工程量清单**

序号	项目编码	项目名称	项目特征	计量单位	工程数量
1	010202001001	地下连续墙	C35 钢筋混凝土，成槽长度 280m，深度 11.4m，墙厚 1m，墙底标高－12m，墙顶标高－3.6m，自然地坪标高－0.6m，C30 素混凝土导墙浇捣，余土及泥浆外运 5km	m^3	3192

(4) 注意事项。

1）“地下连续墙”项目适用于各种导墙施工的复合型地下连续墙工程；如果设计对于导槽不予设定的，计价人自行考虑方案。

2）连续墙的槽段划分、接头设计、墙顶部分按质量要求考虑浮浆应加灌部分等因素设计不予设定时，计价人根据拟订的施工方案确定并组合计算。

3）连续墙施工的泥浆设施清单中不予体现，由计价人根据拟订的施工方案确定并组合计价。

4）强夯地基涉及现场试验、障碍物处理等因素，应在措施项目清单中予以列项。

5）地下连续墙和喷射混凝土（砂浆）、锚杆、土钉支护的钢筋网等，应按附录 E 混凝土及钢筋混凝土有关项目编码列项。

6）砖石挡土墙、护坡和混凝土挡土墙分别按《计算规范》附录 D 砌筑工程和附录 E 混凝土及钢筋混凝土项目列项；基坑和边坡支护的排桩和水泥土墙、坑内加固等分别按《计算规范》附录 C 桩基工程和附录 B.1 地基处理列项。

2. 桩基工程

清单由打桩和灌注桩两部分内容构成。

打桩主要指预制桩，包括预制钢筋混凝土方桩、管桩、钢板桩、凿桩头 4 个清单项目，项目编码从 010301001×××～010301004×××设置；灌注桩主要指现场浇捣混凝土桩，包括成孔灌注桩、沉管灌注桩、人工挖孔灌注桩等 7 个清单项目，项目编码从 010302001××

×～010302007×××设置。

（1）工程量清单项目设置。

1）泥浆护壁成孔灌注桩是指在泥浆护壁条件下成孔，采用水下灌注混凝土的桩。其成孔方式包括冲击钻成孔、冲抓锤成孔等。

2）干作业成孔灌注桩是指不用泥浆护壁和套管的情况下，用钻机成孔后，下钢筋笼灌注混凝土的桩，适用于地下水位以上的土层使用。其成孔方式包括螺旋钻成孔、干作业的旋挖成孔等。

（2）工程量清单项目的编制。

1）各类桩规格（断面、总长度等）不同时，应按相应桩基础项目编码单独列项。

2）灌注桩的成桩工艺较多，且一般均由施工图设计选定，在清单编制时，应结合相应计价定额对桩基础的项目特征予以扩展描述。

（3）清单项目工程数量的计算。

1）预制混凝土方桩（管桩）：按设计图示尺寸以桩长（包括桩尖）或根数或截面积乘以桩长（包括桩尖）以实体积计算。

2）凿桩头：按设计图示规定数量，方桩接桩按桩头个数计算；板桩按接头长度计算。桩截面乘以桩头长度以体积计算或以“根”计算。

3）混凝土成孔灌注桩和沉管灌注桩：按设计图示尺寸以桩长（包括桩尖）或根数或按不同截面在桩上范围内以体积计算。

4）人工挖孔桩灌注桩：按桩芯混凝土体积或根数计算。

【例 14-12】　某工程 110 根 C60 预应力钢筋混凝土管桩，桩外径 $\phi600$，壁厚 100mm，每根桩总长 25m，每根桩顶连接构造（假设）钢托板 3.5kg、圆钢骨架 38kg，桩顶灌注 C30 现拌混凝土 1.5m 高，设计桩顶标高－3.5m，现场自然地坪标高－0.45m，现场条件允许可以不发生场内运桩。以“米”为计量单位编制该管桩清单。

解：清单工程量计算：C60 预应力钢筋混凝土管桩

$$L=110\text{ 根}\times25\text{m}=2750\text{m}$$

所编列的清单见表 14-3。

表 14-3　　**分部分项工程量清单**

序号	项目编码	项目名称	项目特征	计量单位	工程数量
1	010301002001	预制钢筋混凝土管桩	C60 钢筋混凝土预应力管桩，每根总长 25m，共 110 根，外径 $\phi600$，壁厚 100；桩顶标高－3.5m，自然地坪标高－0.45m，桩顶端灌注 C30 混凝土 1.5m 高，每根桩顶圆钢骨架 38kg、构造钢托板 3.5kg	m	2750

（4）注意事项。

1）项目特征中的桩截面、混凝土强度、桩类型等可直接用标准图集或设计桩型进行描述。

2）打试锚桩和打斜桩应按相应项目单独列项，并应在项目特征中注明。

3）混凝土桩的钢筋骨架或钢筋笼及灌注桩的预制桩头钢筋等，应按《计算规范》附录

E 混凝土及钢筋混凝土有关项目编码列项。

4）同一截面规格的桩长、桩顶标高不同的以及现场自然地坪标高不一致的，应分别编码列项。

5）各类沉管灌注桩若要求安放钢筋笼、使用预制钢筋混凝土桩尖时，应在项目清单中予以注明。

6）现场灌注桩如要求采用商品混凝土浇灌的，可以在工程清单编制说明中统一明示，不需要在清单项目中一一描述。

7）设计如对人工挖孔桩的护壁有具体设计内容的，应在清单中明确描述其相应内容及其特征。如要求桩孔土方运出现场时，清单中应予以明确。

8）灌注桩的加灌长度不计算在清单工程量中，设计有要求的，清单项目特征中予以描述，设计无要求的，由计价人自行确定。

二、工程量清单计价

1. 地基处理与边坡处理支护

（1）清单计价内容。

地基处理与边坡支护项目计价方法适用于分部分项清单计价，也适用于施工措施项目清单计价。钻孔、布筋、锚杆安装、灌浆、张拉等搭设的脚手架以及属于施工方案采用的支护钢板桩，应列入措施项目清单内计价。

（2）工程量清单计价与定额使用。

1）地下连续墙。

导墙土方的运输、回填，套用土石方工程相应定额组合计价；钢筋笼、钢筋网片及护壁、导墙用钢筋制作、安装项目套用混凝土及钢筋混凝土工程相应定额计价。连续墙相关内容计价工程量计算规定如下：

①成槽工程量按设计长度乘墙厚及成槽深度（自然地坪至连续墙底加 0.5m）以“m^3”计算；

②泥浆池建拆、泥浆外运工程量按成槽工程量乘以系数 0.2 计算。

③连续墙混凝土浇筑工程量按设计长度乘墙厚及墙深加 0.50m 以“m^3”计算。

④清底置换、接头管安拔按分段施工时的槽壁单元以“段”计算。

2）重锤夯实。

计价定额按一遍考虑，设计遍数不同时，每增加一遍，定额乘系数 1.25。工程量按设计图示夯击范围面积以平方米计算。

3）锚杆钻孔、灌浆按设计图示以延米计算；锚杆制作、安装按设计图示以“t”计算。

（3）注意事项。

1）施工前的场地平整、压实地表、地下障碍物处理等，定额均未考虑，发生时可另行计算，列入措施项目计价。

2）单位（群体）工程打桩工程量少于定额说明规定数量时，按相应定额计价时，打桩人工及机械乘系数 1.25。

2. 桩基工程

（1）清单计价可组合的内容。

桩基工程计价主要包括混凝土预制桩和灌注桩的计价，具体计价时应根据不同桩种和成桩工艺，按照清单项目内容和要求，结合施工方案选定相应的计价定额，进行项目组合计价。

1）如施工方案选定的机械种类、规格与计价定额不同时，应按施工方案确定的机械进行组价计算。

2）因清单工程量的计量单位与计价定额取定不同，在计价时，应按计价定额有关规则计算清单项目每一单位的计价工程量含量，进行综合单价的分析。

3）计价定额中未涉及土（岩石）层的子目，已综合了各类土（岩石）层因素。计价定额中的入岩标准可按入极限压碎强度大于等于 200kg/cm^2、或轻型钻机每米钻进耗时 3.5min、或紧固系数大于等于 2 等指标来判别。

（2）工程量清单计价与定额使用。

1）预制混凝土方桩和管桩。

①预制桩的计价应包括桩的制作、运输（场内或场外）、打（或压）桩、接桩、送桩以及管桩桩头的灌芯等完整的工程内容。

②打（压）预制桩定额中桩体含量是按购入成品考虑的，应按成品购入价格组合计价；如采用自制桩，桩的制作数量按钢筋混凝土部分定额组合计价，桩体含量应按混凝土分部定额规则计算。

③管桩定额已包括了接桩费用，不另计算；方桩接桩应按清单接桩描述内容进行组合计价。

④预应力管桩桩头灌芯部分套用人工挖孔桩灌芯定额计价，钢骨架、钢托板按钢筋混凝土工程中的钢筋笼、铁件定额计价。

2）混凝土灌注桩。

混凝土灌注桩计价定额按成孔方式划分为沉管、钻孔、冲孔、人工挖孔四类；其中钻孔、冲孔、人工挖孔桩的成孔与灌注分别编列消耗量定额。

①灌注桩定额均已包括混凝土灌注充盈量。

②沉管灌注桩空打部分按相应子目沉管部分定额消耗量组合计价；沉管桩发生预制桩尖时，按“钢筋混凝土”分部定额组合计价。

③钻孔桩成孔定额按桩径划分子目，定额已综合考虑了穿越砂、黏土层、碎、卵石层及强风化岩层的素。如设计要求进入岩石层时，套用相应定额计算入岩增加费。

④卷扬机带冲抓（击）锤冲孔定额分别按桩长及进入各类土层、岩石层划分进行计价。

⑤桩孔护壁需用的泥浆制作、使用消耗已经列入相应定额子目中，但泥浆池建造和拆除、泥浆场外运按成孔体积套用相应定额计价，运输按场外实际运距计算。

⑥桩孔空钻部分回填根据施工设计要求套用相应定额，填土者按土方工程松填土方定额计算，填碎石者按砌筑工程碎石垫层定额乘系数 0.7 计算。

⑦人工挖孔桩挖孔按设计注明的桩芯直径及孔深套用定额；桩孔土方需外运时，按土方工程定额计算，挖孔时若遇淤泥、流砂、岩石层，可按实际挖、凿的工程量套用相应定额计算挖孔增加费。

（3）桩基工程计价工程量的计算。

1）打、压预制桩：混凝土方桩按设计桩长（包括桩尖）乘桩截面积计算；空心方桩不扣除空心部分的体积；管桩按设计桩长（不包括桩尖）以“延米”计算。

2）送桩：方桩按送桩长度乘桩截面积以体积计算；管桩按送桩长度计算。送桩长度为设计桩顶标高至自然地坪另加0.50m。

3）接桩工程量：硫磺胶泥接桩按接头处桩截面积以“m^2”计算；电焊接桩按设计图示尺寸以角钢或钢板的质量以“t”计算。

4）沉管灌注桩的单桩体积不分沉管方法均按钢管外径截面积（不包括桩箍）乘设计桩长（不包括预制桩尖）另加加灌长度计算。

5）夯扩（静压扩头）桩工程量按体积计算：

V=桩管外径截面积×（夯扩（扩头）部分高度+设计桩长+加灌长度）

式中夯扩部分高度按清单描述或设计规定计算。

6）扩大桩的体积按单桩体积乘以复打次数计算，其复打部分乘系数0.85。

7）沉管灌注桩空打部分工程量按自然地坪至设计桩顶标高的长度减去加灌长度，乘桩截面积计算。

8）钻（冲）孔灌注桩成孔与成桩分别计算计价工程量。钻孔桩成孔工程量按成孔长度乘设计桩径截面积以“m^3”计算。成孔长度为自然地坪至设计桩底的长度。岩石层增加费工程量按实际入岩数量以“m^3”计算。

9）卷扬机带冲抓（击）锤冲孔工程量分别按进入各类土层、岩石层的成孔长度乘设计桩径截面积以“m^3”计算。

10）灌注水下混凝土工程量按桩长乘设计桩径截面积计算。桩长=设计桩长+加灌长度。

11）泥浆池建造和拆除、泥浆运输工程量按成孔工程量以“m^3”计算。

12）桩孔回填工程量按加灌长度顶面至自然地坪的长度乘桩孔截面积计算。

13）人工挖孔桩。

①人工挖孔工程量按护壁外围截面积乘孔深以“m^3”计算，孔深按自然地坪至设计桩底标高的长度计算。

②灌注桩芯混凝土工程量按设计图示实体积以“m^3”计算。

③混凝土护壁工程量按设计图示实体积以“m^3”计算。

④入岩增加费按设计要求尺寸以“m^3”计算。

14）钻（冲）孔灌注桩、人工挖孔桩设计要求扩底时，其扩底工程量按设计尺寸计算，并入相应的工程量内。

15）各种灌注桩加灌长度：各桩加灌长度设计有规定时，按设计要求计算，设计无规定时，按计价定额规则计算。若按设计规定桩顶标高已达到自然地坪时，不再计算加灌长度。

【例14-13】 根据［例14-12］提供的清单，计算“预应力混凝土管桩”的综合单价。投标方设定的施工方案（采用压桩机压桩）及市场询价，人工单价按28元计算，部分材料按市场信息计算：管桩160元/m，圆钢3200元/t，铁件6.5元/kg，其余材料价格假设与定额取定价格相同，3000kN压桩机台班单价按1800元计算，其余机械假设与定额取定价相同；施工取费按企业管理费5%，利润5%，风险费暂不考虑。（合价取整）

解： 计算计价工程量（见表14-4）。

表 14-4　**计价工程量计算表**

序号	项目名称	工程量计算式	单位	数量
1	压管桩	110×25	m	2750
2	送桩	110×（3.5－0.45＋0.5）	m	390.5
3	桩顶灌芯	110×［（0.6－0.2）÷2］^{2}×π×1.5	m^3	20.73
4	钢骨架	110×38÷1000	t	4.18
5	钢托板	110×3.5÷1000	t	0.385

根据组合内容套用定额确定工料机费用。

1）压管桩：套用定额 2-29

人工费＝0.057×28＝1.60（元/m）

材料费＝2.06＋160×1.01＝163.66（元/m）

机械费＝15.66＋（1800－1747.54）×0.0071
＝16.03（元/m）

2）送桩：套用定额 2-33

人工费＝0.0816×28＝2.28（元/m）

材料费＝0.22 元/m

机械费＝17.82＋（1800－1747.54）×0.0102
＝18.36（元/m）

3）桩顶灌芯：套用定额 2-104

人工费＝1.26×28＝35.28（元/m^3）

材料费＝229.228＋（236.28－224.18）×1.015
＝241.51（元/m^3）

机械费＝22.739 元/m^3

4）圆钢骨架：套用定额 4-421

人工费＝11.44×28＝320.32（元/t）

材料费＝3972.9＋（3200－3850）×1.02
＝3309.9（元/t）

机械费 ＝190.88 元/t

5）钢托板：套用定额 4-433

人工费＝35×28＝980（元/t）

材料费＝4297.21＋（6.5－3.8）×555＋（6.5－3.85）×
（101＋152）＋（6.5－3.78）×202
＝7015.6（元/t）

机械费＝1717.27 元/t

计算分部分项工程量清单项目综合单价（表 14-5）。

按照计算的综合单价，填报分部分项清单计价表（表 14-6）。

表 14-5 分部分项工程量清单综合单价计算表

单位及专业工程名称： 第 页共 页

序号	编号	项目名称	单位	数量	综合单价（元）						合计（元）
					人工费	材料费	机械费	管理费	利润	小计	
1	010301002001	预制钢筋混凝土桩，C60钢筋混凝土预应力管桩，每根总长25m，共110根，外径ϕ600，壁厚100；桩顶标高－3.5m，自然地坪标高－0.45m，桩顶端灌注C30混凝土1.5m高，每根桩顶圆钢骨架38kg、构造钢托板3.5kg	m	2750	2.80	171.53	19.34	1.11	1.11	195.89	538 699
	2-29	压管桩	m	2750	1.60	163.66	16.03	0.881	0.881	183.05	503 393
	2-33	送桩	m	390.5	2.28	0.22	18.36	1.03	1.03	22.92	8950
	2-104	桩顶灌芯	m^3	20.73	35.28	241.51	22.739	2.90	2.90	305.33	6329
	4-421	钢骨架	t	4.18	320.32	3309.9	190.88	25.56	25.56	3872.22	16 186
	4-433	钢托架	t	0.385	980.0	7015.6	1717.27	134.86	134.86	9976.59	3841

表 14-6 分部分项工程量清单与计价表

单位及专业工程名称： 第 页共 页

序号	项目编码	项目名称	项目特征	计量单位	工程数量	综合单价	合价	其中（元）		备注
								人工费	机械费	
1	010301002001	预制钢筋混凝土桩	C60钢筋混凝土预应力管桩，每根总长25m，共110根，外径ϕ600，壁厚100；桩顶标高－3.5m，自然地坪标高－0.45m，桩顶端灌注C30混凝土1.5m高，每根桩顶圆钢骨架38kg、构造钢托板3.5kg	m	2750	195.89	538 699	7700	53 185	

（4）注意事项。

1）单独打试桩和锚桩（其中预制桩包括接桩、送桩）、在桩间补桩或在地槽（坑）中及强夯后的地基打桩、打斜桩等应按相应定额打桩人工及机械乘系数。

2）预制桩刷防护材料应包括在报价内。

3）沉管灌注桩的复打、夯扩、静压扩头等体积在报价中计算。

4）人工挖孔桩挖孔时采用的护壁，如工程设计以及工程量清单未予明确时，计价人应按施工方案内容计算包括在清单报价内。

5）钻孔固壁泥浆的搅拌运输、泥浆池、泥浆沟槽的砌筑、拆除，应包括在报价内。

6）预制混凝土方桩和管桩项目均以成品桩编制，应包括成品桩购置费，如采用现场预制，应包括现场预制桩的所有费用。

项目小结

本项目内容主要介绍了桩与地基基础工程的定额使用规定、工程量计算规则以及桩基工程和地基处理与边坡支护工程的清单编制与综合单价的计算。重点是把握两种预制混凝土桩和三种混凝土灌注桩的定额列项和定额工程量计算，掌握桩与地基基础工程的清单编制与清单计价。

思考与练习题

1. 列出预制方桩、预应力管桩、沉管灌注桩、钻孔灌注桩及人工挖孔桩的定额工程量计算公式。

2. 各类桩基础计价定额有哪些使用系数？针对什么情况？

3. 桩与地基基础工程量清单项目的适用范围。

4. 桩与地基基础工程量清单编制时，工程量清单项目的工程内容和特征描述应考虑哪些因素？

5. 写出下列项目的定额编号、计量单位、基价（如需换算，应列出换算式）：

（1）静力压 ϕ500 预应力钢筋混凝土管桩，试桩；

（2）振动式混凝土沉管灌注桩成孔，桩长 25m；

（3）凿 ϕ1000 钻孔混凝土灌注桩桩头；

（4）静压振拔式混凝土沉管灌注桩，桩长 30m，安放钢筋笼；

（5）预制桩尖制作、运输和埋设；

（6）打预制钢筋混凝土斜方桩（斜度 1∶3），桩长 45m。

6. 某工程采用人工挖孔桩，共 20 根；设计桩长 12m，桩径 1.00m，桩底标高－18.3m，入岩总深度 1m，平底，入岩扩底上部直径 1.2m，下部直径 1.4m；自然地坪标高－0.3m；桩芯灌注 C25 混凝土；C20 钢筋混凝土预制护壁外径 1.3m，平均厚度 100mm，试计算该桩基工程的定额直接费。（计算结果保留两位小数）

7. 根据上题条件，以“m”为计量单位编制人工挖孔桩的工程量清单，并计算该清单投标报价的综合单价（施工方确定按企业管理费 10%和利润 5%，风险按人工费的 20%报价，单价均参照《浙江省建筑工程预算定额》（2010 版）。

8. 按照［例 14－13］的方法，自行设定条件，计算［例 14－11］连续墙工程量清单综合单价。

项目15 砌 筑 工 程

第一节 基 础 知 识

建筑物的墙体既起维护、分割作用，又起承重构件的作用。砌筑工程工程量计算应掌握不同部位砌体的有关构造、规则及其尺寸的确定。

1. 墙的分类

（1）按所处的位置：内墙和外墙。

（2）按所受力的性质：承重墙和非承重墙。

（3）按砌筑方法不同：实砌砖墙、空斗墙、空花墙、填充墙。

（4）按装修方法：清水墙（如图15-1所示）和混水墙（如图15-2所示）。清水墙是砌筑后不抹灰，不贴面，以表现砌体本身之感的墙体。黏土砖清水墙要求砌筑平整，灰缝平、直、匀，向外部分光洁，对砖的标号要求较高，并要求勾缝。混水墙是表面抹灰或喷涂饰面材料的墙体，对砌筑墙体的外观要求略低于清水墙。表面抹灰和喷涂饰面材料可以保护墙体免遭风雨侵蚀，提高墙体的防水、保温、隔热等物理性能，同时大大增加墙体美观。但造价要高于清水墙。

图15-1 清水墙

图15-2 混水墙

2. 砌筑工程中所用的砌筑砂浆

（1）种类：黏土砂浆、石灰黏土砂浆、混合砂浆、水泥砂浆。（混合砂浆、水泥砂浆较常用）

（2）常用砂浆等级：M2.5、M5.0、M7.5、M10。

注意

设计用砂浆与定额不同时按照"用量不变、价格换算"的原则进行换算。

3. 砌筑墙基

当墙基承受荷载较大、砌筑高度达到一定范围时，在其底部作成阶梯形状，俗称"大放脚”，分为等高式和间隔式两种，如图 15－3 所示。

（1）等高式为二皮一收三层大放脚，间隔式为二皮一收与一皮一收间隔四层做法。

（2）二皮砖高度为 126mm 或 63mm。大放脚每一层一侧收进的水平尺寸按砌筑用砖的模数加灰缝来确定，图 15－3 如为标准砖砌筑时，每层大放脚收进尺寸为 62.5mm 。

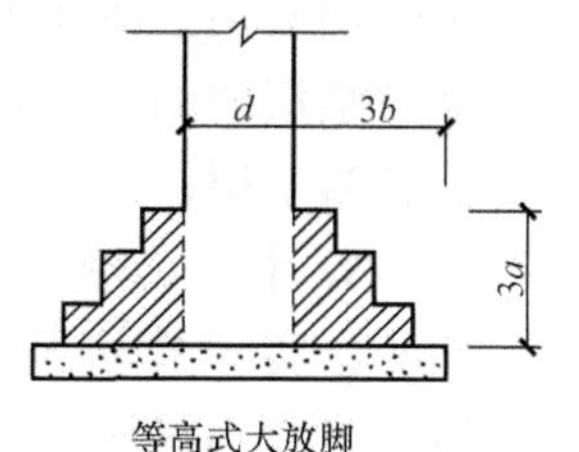

等高式大放脚

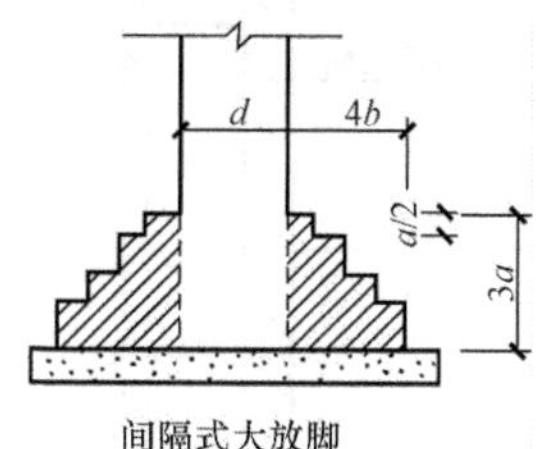

间隔式大放脚

图 15－3 砖砌大放脚

a—两皮砖高度；b—每层收（放）宽度；d—墙厚；

斜线阴影部分：大放脚截面积 S

（3）除砖砌基础以外，常用的还有块石、砌块等砌筑的基础，这类基础的截面往往做成梯形或阶梯形的，其截面应按设计尺寸计算。

4. 附墙砖垛

当墙体承受集中荷载时，墙砌体会在一侧凸出，以增加支座承压面积（图 15－4）。

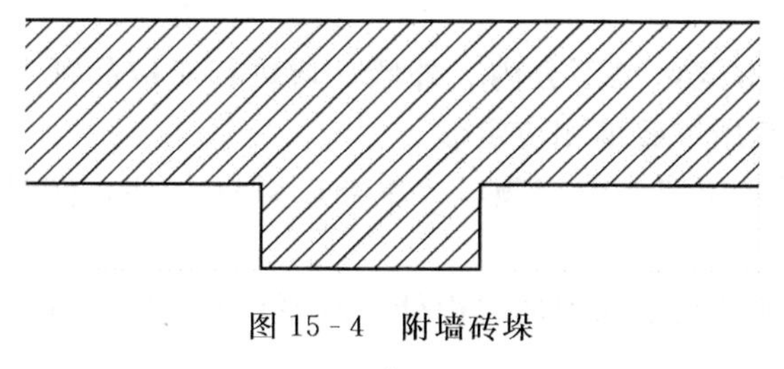

图 15－4 附墙砖垛

5. 砌体出檐及附墙烟道等

某些建筑因构造要求，在墙身面做出砖挑檐，起分隔立面装饰、滴水等作用（图 15－5）；因排烟、排气需要设置的附墙烟道、通风道，一般随墙体同时砌筑（图 15－6）。

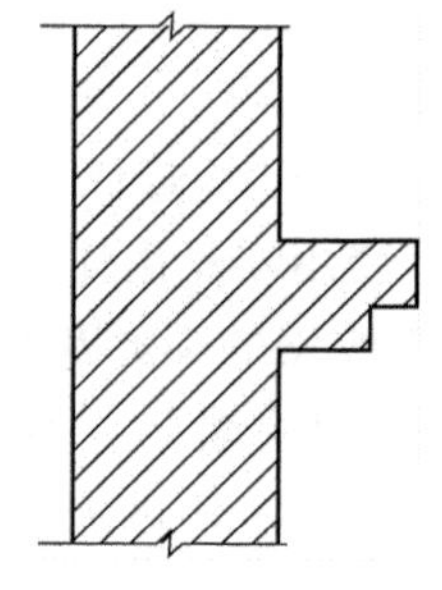

图 15－5 墙身二出沿挑沿

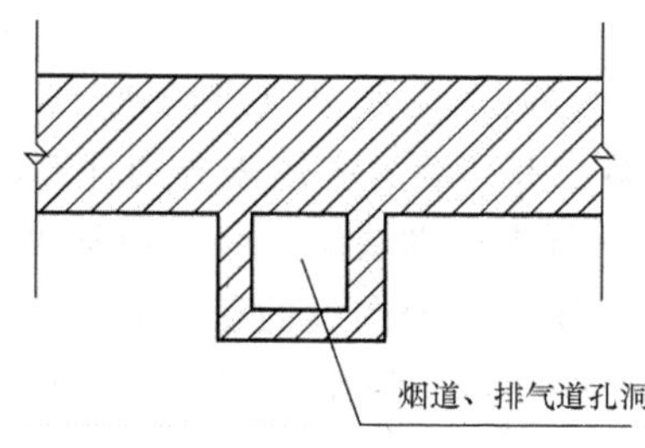

图 15－6 附墙烟道、排气道

第二节 定 额 计 价

一、定额使用说明

1. 建筑物砌筑工程基础与上部结构的划分：基础与墙身使用同一种材料时，以设计室内地面为界（有地下室者，以地下室室内设计地面为界），以下为基础，以上为墙（身）；基础与墙身使用不同材料时，位于设计室内地面高度小于等于±300mm 时，以不同材料为分界线，高度大于±300mm 时，以设计室内地面为分界线（如图 15－7 所示）。砖基础不分砌筑宽度及有否大放脚，均执行对应品种及规格砖的同一定额；地下混凝土及钢筋混凝土构件的砖模、舞台地龙墙套用砖基础定额。

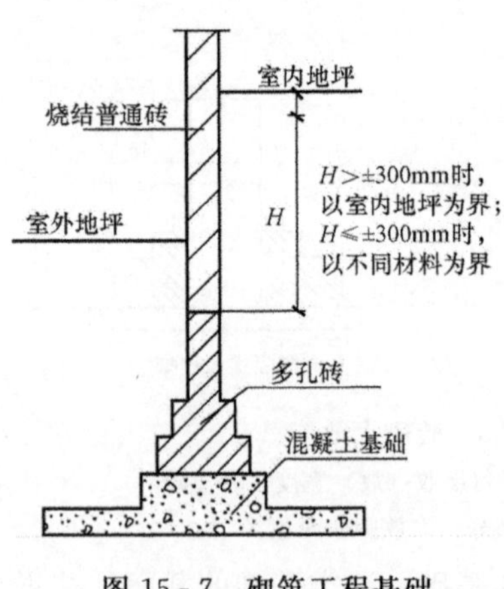

图 15-7 砌筑工程基础

2. 本章垫层定额适用于基础垫层和地面垫层。混凝土垫层套用混凝土及钢筋混凝土工程相应定额。块石基础与垫层的划分，如图纸不明确时，砌筑者为基础，铺排者为垫层。

3. 本章定额中砖及砌块的用量按标准和常用规格计算的，实际规格与定额不同时，砖、砌块及砌筑（粘结）材料用量应作调整，其余用量不变；定额所列砌筑砂浆种类和强度等级、砌块专用砌筑粘结剂及砌块专用砌筑砂浆品种，如设计与定额不同时，应作换算。

【例 15-1】 求 M7.5 水泥砂浆砌烧结普通砖基础定额基价。

解： 套用定额 3-15H

$$基价 = 2754 + 2.3 \times (168.17 - 174.77) = 2738.82(元/10m^3)$$

4. 砖墙及砌块墙定额中已包括立门窗框的调直用工以及腰线、窗台线、挑沿等的一般出线用工。

5. 砖墙及砌块墙不分清水、混水和艺术形式，也不分内、外墙，均执行对应品种及规格砖和砌块的同一定额，墙厚一砖以上的均套用一砖墙相应定额。

6. 夹心保温墙（包括两侧）按单侧墙厚套用墙相应定额，人工乘以系数 1.15，保温填充料另行套用保温隔热工程的相应定额。

【例 15-2】 求 M5 混合砂浆砌烧结普通砖夹心保温墙（内外一砖厚）的定额基价。

解： 套用定额 3-45H

$$基价 = 2927 + (181.66 - 181.75) \times 2.36 + 563.3 \times 0.15 = 3011.28(元/m^3)$$

7. 多孔砖、空心砖及砌块砌筑有防水、防潮要求的墙体时，若以实心（普通）砖作为导墙砌筑的，导墙与上部墙身主体需分别计算，导墙部分套用零星砌体相应定额。

8. 蒸压加气混凝土类砌块墙定额已包括砌块零星切割改锯的损耗及费用。

9. 采用砌块专用粘结剂砌筑的蒸压粉煤灰加气混凝土砌块墙，若实际以柔性材料嵌缝连接墙端与混凝土柱或墙等侧面交接的，换算砌块单价，套用蒸压砂加气混凝土砌块墙的相应定额。

除自保温墙外，若实际以砌块专用砌筑粘结剂直接连接蒸压砂加气混凝土砌块墙的墙端与混凝土柱或墙等侧面交接的，换算砌块单价，套用蒸压粉煤灰加气混凝土砌块墙的相应定额。

10. 柔性材料嵌缝定额已包括两侧嵌缝所需用量，其中 PU 发泡剂的单侧嵌缝尺寸按 2.0cm×2.5cm 考虑，如实际与定额不同时，PU 发泡剂用量按比例调整，其余用量不变。

11. 砖砌洗涤池、污水池、垃圾箱、水槽基座、花坛及石墙定额中未包括的砖砌门窗口立边、窗台虎头砖及钢筋砖过梁等砌体，套用零星砌体定额。

空斗墙设计要求实砌的窗间墙、窗下墙的工程量另计，套用零星砌体定额。

12. 空花墙适用于各种类型的空花墙，使用混凝土花格砌筑的空花墙，实砌墙体与混凝土花格应分别计算，混凝土花格按定额第四章中预制构件定额执行。

13. 除圆弧形构筑物以外，各类砖及砌块的砌筑定额均按直形砌筑编制，如为圆弧形砌筑者，按相应定额人工用量乘以系数 1.10，砖（砌块）及砂浆（粘结剂）用量乘以系数 1.03。

【例 15-3】　求 M10 水泥砂浆砌圆弧形普通烧结砖基础的定额基价。

解： 套用定额 3-15H

$$基价 = 2754 + 425.70 \times 0.10 + (5.28 \times 360 + 2.3 \times 174.77) \times 0.03 = 2865.65(元/10m^3)$$

14. 构筑物砌筑包括砖砌烟囱、烟道、水塔、贮水池、贮仓、沉井等。

15. 砌体钢筋加固和墙基、墙身的防潮、防水及定额第三章未包括的土方，基础，垫层，抹灰，铁件，金属构件的制作、安装、运输，油漆等有关章节的相应定额及规定计算。

16. 干铺垫层上如有砌筑工程者，每 $10m^3$ 垫层另加 M5.0 混合砂浆 $0.5m^3$，200L 灰浆搅拌机 0.08 台班，其余用量不变。

【例 15-4】　求砖砌体下碎石干铺垫层计价。

解： 套用定额 3-9H

$$基价 = 1092 + 181.66 \times 0.5 + 58.57 \times 0.08 = 1187.52(元/10m^3)$$

二、工程量计算规则

1. 条形基础垫层工程量按设计图示尺寸以“m^3”计算。长度：外墙按外墙中心线长度计算；内墙按内墙基底净长计算；附墙垛凸出部分按砖垛折加长度计算；柱网结构的条基垫层不分内外墙均按基底净长计算；柱基垫层工程量按设计垫层面积乘以厚度计算。

①条形基础下垫层：

$$V_{垫层} = 设计图示尺寸(断面积 \times 长度)$$

其中，长度：外墙按中心线；内墙按垫层净长线（图 13-7）；附墙垛凸出部分按折加长度（图 13-8）；柱网结构按基底净长线。

②独立（杯形）基础下垫层：

$$V_{垫层} = 底面积 \times 垫层厚度$$

③满堂基础（地下室底板）下垫层：

$$V_{垫层} = 底面积 \times 垫层厚度$$

2. 地面垫层工程量按地面面积乘以厚度计算，地面面积按楼地面工程的工程量计算规则计算。

3. 条形砖基础、块石基础工程量按设计图示尺寸以体积计算。

长度：外墙按外墙中心线长度计算；内墙砖基础按内墙净长计算；附墙垛凸出部分按砖垛折加长度：柱网结构均按基底净长线；其余基础按基底净长计算。按基底净长计算后应增加的搭接体积按设计图示尺寸计算。

（1）条形砖基础，计量单位：m^3。

$$V_{条形砖基础} = S_{断} \times L - V_{应扣} + V_{搭接}$$

式中　L——外墙按中心线，内墙按内墙净长线，附墙垛凸出部分按砖垛折加长度计算；

$V_{应扣}$——嵌入基础的混凝土体积（构造柱、地圈梁等）；

$V_{搭接}$——柱网结构时，搭接体积按图示尺寸计算。

（2）砌筑基础防潮防水，计量单位：m^2。

①$S_{砖基防潮层} = 墙厚 \times 长度$

注：长度计算方法与条形砖基础长度相同。

②$S_{砖基立面防潮}$＝实际展开面积

4. 计算条形砖（石）基础与垫层长度时，附墙垛凸出部分按折加长度合并计算，不扣除搭接重叠部分的长度，垛的加深部分也不增加。附墙垛折加长度 L 按图 13-9 计算。

5. 计算条形砖基础工程量时，二边大放脚体积并入计算，大放脚体积＝砖基础长度×大放脚断面积（图 15-8）。

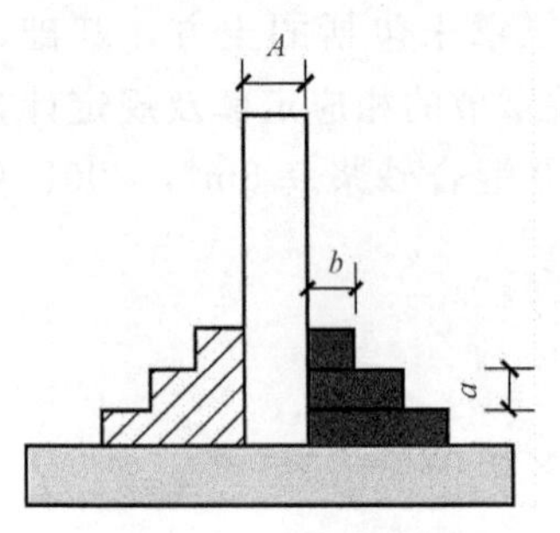

图 15-8　条形砖基础剖面图

大放脚断面积按下列公式计算。

等高式：

$$S = n(n+1)ab$$

间隔式：

$$S = \sum(ab) + \sum\left(\frac{a}{2} \cdot b\right)$$

式中　　n——放脚层数；

a、b——每层放脚的高和宽。

注：标准砖基础：a=0.126m（每层二皮砖）；b=0.062 5m。

6. 独立砖柱基础工程量按柱身体积加上四边大放脚体积计算，砖柱基础工程量并入砖柱计算。

7. 地下混凝土及钢筋混凝土构件的砖模、舞台地龙墙的工程量按设计图示尺寸计算。

8. 砖砌体及砌块砌体按设计图示尺寸以体积（m^3）计算。砖砌体及砌块砌体厚度，不论设计有无注明，均按砖墙厚度表（表 15-1）计算。

$$V_{主体砌筑} = (墙高 \times 墙长 - 应扣面积) \times 墙厚 - 应扣体积 + 应增加体积$$

表 15-1　　墙身厚度对照表　　mm

标准砖砌体厚度对照表								
墙身	1/4	1/2	3/4	1	1.5	2	2.5	3
图纸尺寸	60	120	180	240	370	500	620	740
计算尺寸	53	115	178	240	365	490	615	740

9. 墙身高度计算见表 15-2。

表 15-2　　墙身高度计算表

外墙	斜屋面	无檐口天棚	至屋面板底
		有屋架有天棚	屋架下弦底＋200mm
		有屋架无天棚	屋架下弦底＋300mm
	平屋面	钢筋混凝土板底	
内墙	位于屋架或梁下面	至屋架或梁底	
	有天棚，不砌到顶	天棚底＋100mm	
	无天棚	至楼板顶	
	框架梁	梁底	
山墙	平均高度		
女儿墙	屋面板上表面算至女儿墙顶面（有压顶算至压顶底）		

10. 墙身长度。外墙按外墙中心线长度计算；内墙按内墙净长计算；附墙垛按折加长度合并计算；框架墙不分内、外墙均按净长计算。

11. 空花墙（图 15-9）尺寸以空花部分外形体积计算，不扣除空花部分体积。

12. 空斗墙按设计图示尺寸以空斗墙外形体积计算。空斗墙的内、外墙交接处、门窗洞口立边、窗台砖、屋檐处的实砌部分，过人洞口、墙角、梁支座等的实砌部分及地面以上、圈梁或板底以下三皮实砌砖，均已包括在定额内，其工程量应并入空斗墙内计算；砖垛工程量应另行计算，套实砌墙相应定额。

图 15-9　空花墙

13. 地沟的砖基础和沟壁，工程量按设计图示尺寸以体积合并计算，套砖砌地沟定额。

14. 零星砌体按设计图示尺寸以“m^3”计量。砌体设置导墙时，砖砌导墙需单独计算，厚度与长度按墙身主体，高度以实际砌筑高度计算，墙身主体的高度相应扣除。

15. 附墙烟囱、通风道、垃圾道，按外形体积计算工程量并入所附的砖墙内，不扣除每个面积在 $0.1m^2$ 以内的孔道体积，孔道内的抹灰工料亦不增加；应扣除每个面积大于 $0.1m^2$ 的孔道体积，孔内抹灰按零星抹灰计算。附墙烟囱如带有瓦管、除灰门，应另列项目计算。

16. 石墙、空心砖墙、砌块墙的工程量按设计图示尺寸以体积计算，砌块墙的门窗洞口等镶砌的同类实心砖部分已包含在定额内，不单独另行计算。

17. 夹心保温墙砌体工程量按图示尺寸计算。

18. 石挡土墙、石柱、石护坡，按设计图示尺寸以体积计算。

19. 轻质砌块专用连接件的工程量按实际安放数量以“个”计算。

20. 柔性材料嵌缝根据设计要求，按轻质填充墙与混凝土梁或楼板、柱或墙之间的缝隙长度以“m”计算。

21. 砖烟囱、烟道。

（1）砖基础与砖筒身以设计室外地坪为分界，以下为基础，以上为筒身。

（2）砖烟囱筒身、烟囱内衬、烟道及烟道内衬均以实体积计算。

（3）砖烟囱筒身原浆勾缝和烟囱帽抹灰，已包括在定额内，不另计算。如设计规定加浆勾缝者，按抹灰工程相应定额计算，不扣除原浆勾缝的工料。

（4）如设计采用楔形砖时，其加工数量按设计规定的数量另列项目计算，套砖加工定额。

（5）烟囱内衬深入筒身的防沉带（连接横砖）、在内衬上抹水泥排水坡的工料及填充隔热材料所需人工均已包括在内衬定额内，不另计算，设计不同时不作调整。填充隔热材料按烟囱筒身（或烟道）与内衬之间的体积另行计算，应扣除每个面积在 $0.3m^2$ 以上的孔洞所占的体积，不扣除防沉带所占的体积。

（6）烟囱、烟道内表面涂抹隔绝层，按内壁面积计算，应扣除每个面积在 $0.3m^2$ 以上的孔洞面积。

(7) 烟道与炉体的划分以第一道闸门为界，在炉体内的烟遭应并入炉体工程量内，炉体执行安装工程炉窑砌筑相应定额。

22. 砖水塔。

(1) 砖基础与砖塔身以砖基础大放脚顶面为分界；砖塔身不分厚度、直径均以实体积计算。砖出沿等并入筒壁体积内，砖拱的支模费已包括在定额内，不另计算。

(2) 砖塔身中已包括外表面原浆勾缝，如设计要求加浆勾缝时，按抹灰工程相应定额计算，不扣除原浆勾缝的工料。

(3) 砖水槽不分内、外壁以实体积计算。

23. 砖（石）贮水池。

(1) 砖（石）池底、池壁均以实体积计算。

(2) 砖（石）池的砖（石）独立柱，套用本章相应定额。如砖（石）独立柱带有混凝土或钢筋混凝土结构者，其体积分别并入池底及池盖中，不另列项目计算。

24. 砖砌圆形仓筒壁高度自基础板顶面算至顶板底面，以实体积计算。

25. 砖砌沉井按图示尺寸以实体积计算。人工挖土、回填砂石、铁刃脚安装、沉井封底等配套项目按定额第四章混凝土及钢筋混凝土工程相应定额执行。

26. 计算砌体工程量时，应扣门窗洞口、过人洞、空圈、嵌入墙内的钢筋混凝土柱、梁、圈梁、拱墚、过梁、止水翻边及凹进墙内的壁龛、管槽、暖气槽、消火栓箱和每个面积在 0.3m^2 以上的孔洞所占的体积；但嵌入砌体内的钢筋、铁件、管道、木筋、铁件、钢管、基础砂浆防潮层及承台桩头、屋架、檩条、梁等伸入砌体的头子、钢筋混凝土过梁板（厚 7cm 内)、混凝土垫块、木楞头、沿缘木、木砖和单个面积小于等于 0.3m^2 的孔洞等所占体积不扣；突出墙身的窗台、1/2 砖以内的门窗套、二出檐以内的挑檐等的体积亦不增加。突出墙身的统腰线、1/2 砖以上的门窗套、二出檐以上的挑檐等的体积应并入所依附的砖墙内计算。凸出墙面的砖垛并入墙体体积内计算。

(1) 墙体计算应扣面积：门窗洞口；过人洞面积；每个面积大于 0.3m^2 的孔洞。

(2) 墙体计算应扣体积。

1) 应扣除：混凝土梁、板、柱等平等嵌入墙体所占的体积；

2) 不扣除：屋架、檩条、梁等伸入砌体的头子、钢筋混凝土过梁板（厚 7cm 以内)、钢筋混凝土垫块、沿柚木、木砖等所占的体积。砖墙内加固钢筋、木筋、铁件、钢管所占体积；单个面积小于等于 0.3m^2 孔洞所占体积。

(3) 墙体计算应增加体积：

1) 凸出墙身的统腰线；

2) 突出墙面的砖垛；

3) 二出檐以上的挑檐等；

4) 1/2 砖上的以门窗套；

5) 附墙垃圾道、烟囱、通风道体积。

三、计算示例

【例 15-5】 如图 15-10 所示某工程 M7.5 水泥砂浆砌筑混凝土实心砖墙基础（规格为 240×115×53)。试计算该砖基础和基础防潮层的直接工程费。（计算结果保留两位小数）

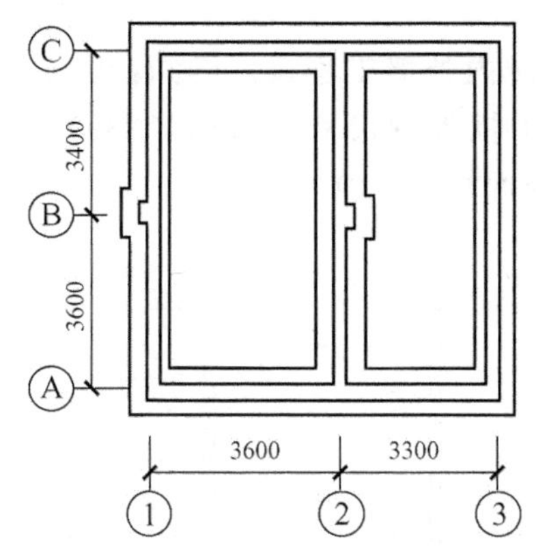

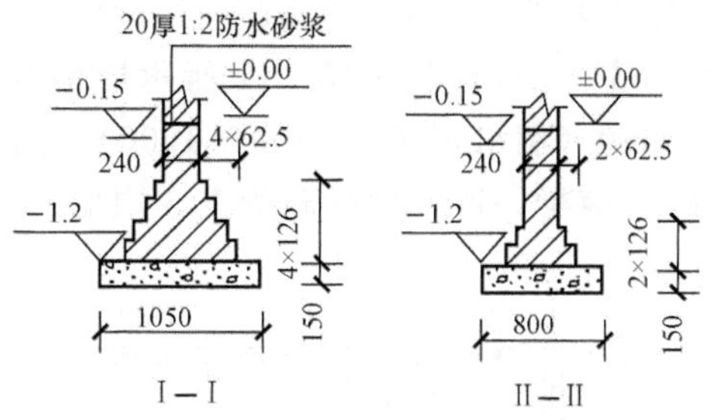

图 15 - 10　某工程实心砖基础

解： 1. 砖基础直接工程费

（1）工程量：

$$V = S_{断} \times L - V_{应扣} + V_{搭接}$$

①砖基础高度 $H=1.2-0.0=1.2$（m）

②砖基础长度 L

$$L_{折加} = 0.125 \times 0.365/0.24 = 0.19(\text{m})$$

Ⅱ - Ⅱ：$L_{外} = (3.6+3.3) \times 2 = 13.8(\text{m})$

Ⅰ - Ⅰ：$L_{外} = (3.6+3.4) \times 2 + 0.19 = 14.19(\text{m})$

$L_{内} = (3.6+3.4-0.12 \times 2) + 0.19 = 6.95(\text{m})$

$\sum = 14.19 + 6.95 = 21.14(\text{m})$

③砖基础断面积 $S_{断}$

Ⅰ - Ⅰ：$S_{断} = 0.24 \times 1.2 + 0.126 \times 0.0625 \times 20 = 0.4455(\text{m}^2)$

Ⅱ - Ⅱ：$S_{断} = 0.24 \times 1.2 + 0.126 \times 0.0625 \times 6 = 0.33525(\text{m}^2)$

④砖基础工程量

Ⅰ - Ⅰ：$V = 21.14 \times 0.4455 = 9.42(\text{m}^3)$

Ⅱ - Ⅱ：$V = 13.8 \times 0.33525 = 4.63(\text{m}^3)$

$\sum = 9.42 + 4.63 = 14.05(\text{m}^3)$

（2）套用定额　3 - 13H

基价 $= 250.3 + (168.17 - 174.77) \times 0.23 = 248.782$(元 /m^3)

（3）直接工程费$=14.05 \times 248.782 = 3495.39$（元）

2. 墙身防潮直接费

（1）工程量

$$S_{砖基防潮层} = 墙厚 \times 长度$$

Ⅰ - Ⅰ：$21.14 \times 0.24 = 5.07(\text{m}^2)$

Ⅱ - Ⅱ：$13.8 \times 0.24 = 3.31(\text{m}^2)$

$\sum = 5.07 + 3.31 = 8.38(\text{m}^2)$

（2）套用定额 7 - 40　基价：6.87 元/m^2

(3) 直接工程费＝8.38×6.87＝57.57(元)

【例 15-6】 试计算图 15-11 所示烧结普通砖内外墙工程量。已知：窗 C1 框外围尺寸：1480×1480（洞口尺寸：1500×1500），门 M1 框外围尺寸：1180×2390（洞口尺寸：1200×2400），圈梁一道（包括砖垛上、内墙上）断面均为 240×240。

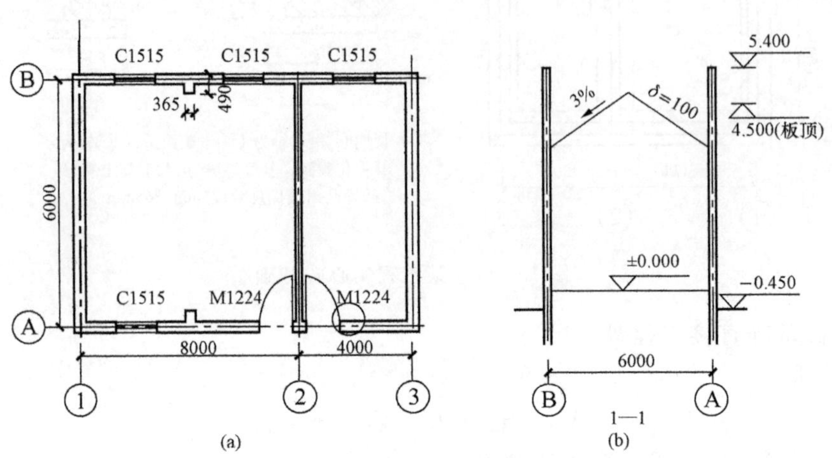

图 15-11 某烧结普通砖内、外墙
(a) 平面图；(b) 剖面图

解：(1) 外墙工程量：

$$V＝(墙高×墙长－应扣面积)×墙厚－应扣体积＋应增加体积$$

墙长：$L_{折加}=0.365\times(0.49-0.24)/0.24=0.38(\text{m})$

$L_{外}=(12+6)\times2+0.38\times2=36.76(\text{m})$

墙高：$H=5.4\text{m}$

应扣面积：$1.5\times1.5\times4+1.2\times2.4\times2=14.76(\text{m}^2)$

墙厚：0.24m

应扣体积：圈梁 $0.24\times0.24\times36.76=2.117(\text{m}^3)$

屋面板 $0.24\times0.1\times36.76=0.882(\text{m}^3)$

墙体体积：$V=(36.76\times5.4-14.76)\times0.24-(2.117+0.882)$

$=41.10(\text{m}^3)$

(2) 内墙工程量：

$$V＝(墙高×墙长－应扣面积)×墙厚－应扣体积＋应增加体积$$

墙长：$L_{内}=6-0.24=5.76(\text{m})$

墙高：$H_{山尖}=3.12\times3\%\times0.5=0.0468(\text{m})$

$H=4.5+0.0468=4.55(\text{m})$

墙厚：0.24m

应扣体积：圈梁 $0.24\times0.24\times5.76=0.332(\text{m}^3)$

屋面板 $0.24\times0.1\times5.76=0.138(\text{m}^3)$

墙体体积：$V=(5.76\times4.55)\times0.24-(0.332+0.138)$

$=5.82(\text{m}^3)$

第三节 清单及清单计价

一、工程量清单编制

（一）工程量清单项目设置

砌筑工程项目按《计算规范》附录D列项，包括：砖砌体，砌块砌体，石砌体和垫层四个小节共27个清单项目。

1. 砖砌体

按砌体部位、工艺、作用划分，包括14个部分项目的列项。

(1) 砖基础。适用于多种类型砖砌基础，如：柱基础、墙基础、烟囱基础、水塔基础等列项。

(2) 实心砖墙。适用于各类砖砌筑的清水、混水实心墙，包括直形、弧形及不同厚度的砌筑外墙、内墙、围墙。

(3) 空斗墙。适用于各种砌法砌筑空斗墙，一般常用于隔墙和围墙的砌筑。

(4) 空花墙。适用于各种类型空花墙。

(5) 填充墙。适用于各类砖砌筑的双层夹墙，夹墙内按需要填充各种保温、隔热材料。

(6) 实心砖柱和多孔砖柱。适用于各种砖砌筑的不同类型的砖柱，如矩形、异形、圆形柱及柱外包柱砌体。

(7) 零星砌砖。适用于台阶、台阶挡墙、梯带、锅台、炉灶、蹲台、池槽、池脚、花坛、栏板、地垄墙、屋面隔热板砖墩、空斗墙的窗间（下）墙实砌部分以及框架外表面的镶贴砌砖等。

2. 砌块砌体

包括砌块墙和砌块柱两个项目。适用于砌块砌筑的各种类型的墙和柱。

3. 石砌体

按砌体内容划分为石基础、石墙、石柱、石栏杆、石护坡、石台阶、石地沟等10个项目，适用于各种规格的方整石、块石砌筑列项。

4. 垫层

适用于混凝土垫层以外的，没有包括垫层要求的清单项目。

（二）工程量清单项目的编制

1. 砖砌体

(1) 砖基础（010401001）。

1）“砖基础”的工程内容一般包括：砂浆制作、运输；铺设垫层；砌砖；防潮层铺设；材料运输。清单项目应对基础的类型、砖及砂浆的品种、规格、强度等级、基础深度、垫层尺寸、防潮层构造等特征作出描述。

2）工程量计算规则：按设计图示尺寸以体积（m^3）计算。包括附墙垛基础宽出部分体积，扣除地梁（圈梁）、构造柱所占体积，不扣除基础大放脚T形接头处的重叠部分及嵌入基础内的钢筋、铁件、管道、基础砂浆防潮层和单个面积$0.3m^2$以内的孔洞所占体积，靠墙暖气沟的挑檐不增加。

砖基础计算公式如下：

$$V = (H_{设计} \times B + S_{大放脚}) \times L - V_{构件}$$

式中 $H_{设计}$——砖基础设计高度（从砖基础底起到与砖墙分界线为止）；

B——砖基础宽度；

L——砖基础长度（外墙按外墙中心线长，内墙按内墙净长线，砖垛按砖垛折加长度）；

$S_{大放脚}$——大放脚断面积；

$V_{构件}$——应扣除的体积。

注：应扣除的体积：地梁（圈梁）、构造柱所占体积；不扣除的体积：基础大放脚T形接头处的重叠部分，嵌入基础内钢筋、构件、管道、基础砂浆防潮层 $S \leqslant 0.3m^2$ 的孔洞所占体积。

【例 15-7】 如图 15-10 所示，某工程 M7.5 水泥砂浆砌筑 MU15 水泥实心砖墙基（砖规格为 240×115×53）。编制该砖基础砌筑项目清单。（提示：砖砌体内无混凝土构件）

解：（1）Ⅰ-Ⅰ

砖基础高度：$H=1.2m$

砖基础长度：

$$L = 7 \times 3 - 0.24 + 2 \times (0.365 - 0.24) \times 0.365 \div 0.24 = 21.14(m)$$

其中：$(0.365-0.24) \times 0.365 \div 0.24 = 0.19(m)$ 为砖垛折加长度。

大放脚截面：$S = n(n+1)ab = 4 \times (4+1) \times 0.126 \times 0.0625 = 0.1575(m^2)$

砖基础工程量：$V = (H_{设计} \times B + S_{大放脚}) \times L - V_{构件}$

$= (1.2 \times 0.24 + 0.1575) \times 21.14 = 9.42(m^3)$

垫层长度：$L = 7 \times 3 - 0.8 + 2 \times 0.19$（垛折加长度）$= 20.58(m)$（内墙按垫层净长计算）

（2）Ⅱ-Ⅱ

砖基础高度：$H = 1.2(m)$

砖基础长度：$L = (3.6 + 3.3) \times 2 = 13.8(m)$

大放脚截面：$S = 2 \times (2+1) \times 0.126 \times 0.0625 = 0.0473(m^2)$

砖基础工程量：$V = (1.2 \times 0.24 + 0.0473) \times 13.8 = 4.63(m^3)$

外墙基垫层、防潮层工程量在项目特征中予以描述。工程量清单见表 15-3。

表 15-3 **分部分项工程量清单**

序号	项目编码	项目名称	项目特征	计量单位	工程数量
1	010401001001	砖基础	Ⅰ-Ⅰ墙基，M7.5 水泥砂浆（240×115×53）MU 水泥混凝土一砖条形基础，四层等高式大放脚；-1.2m 基底下 C20 混凝土垫层，长 20.58m、宽 1.05m、厚 150mm；1：2 防水砂浆 20 厚防潮层	m^3	9.42
2	010401001002	砖基础	Ⅱ-Ⅱ墙基，M7.5 水泥砂浆（240×115×53）MU 水泥混凝土一砖条形基础，二层等高式大放脚；-1.2m 基底下 C20 混凝土垫层，长 13.80m，宽 0.8m，厚 150mm；1：2 防水砂浆 20 厚防潮层	m^3	4.63

（2）实心砖墙（010401003）、多孔砖墙（010401004）和空心砖墙（010401005）。

1）工程内容。包括砂浆制作、运输；砌砖；材料运输；清水墙包括勾缝；有砖砌压顶时包括压顶的砌筑。

2）应描述的项目特征。有砖品种、规格、强度等级；墙体类型（如直形、弧形等）；墙体厚度；墙体高度；（原浆、加浆）勾缝要求；压顶尺寸；砂浆强度等级、配合比等。

设计有突出墙面的腰线、挑檐、附墙烟囱、通风道等构造内容的，清单应该考虑有关计价要求，如：砖挑挑外挑出沿数、附墙烟囱、通风道的内空尺寸等予以明确描述。

3）工程量计算规则。按设计图示尺寸以体积立方米计算。应扣除门窗洞口、过人洞、空圈、嵌入墙内的钢筋混凝土柱、梁、圈梁、挑梁、过梁及凹进墙内的壁龛、管槽、暖气槽、消火栓箱所占体积。不扣除梁头、板头、檩头、垫木、木楞头、沿缘木、木砖、门窗走头、砖墙内加固钢筋、木筋、铁件、钢管及单个面积 0.3m^2 以内的孔洞所占体积。凸出墙面的腰线、挑檐、压顶、窗台线、虎头砖、门窗套的体积亦不增加。凸出墙面的砖垛并入墙体体积内计算。

墙体工程量计算公式：

$$V = (墙高 \times 墙长 - 应扣面积) \times 墙厚 - 构件应扣体积 + 应增加体积$$

注：注意比较清单工程量计算和定额工程量计算的差异。

a. 墙长度。外墙按中心线，内墙按净长计算；附墙砖垛高度同墙时，折加长度并入墙身长度内一并计算。

b. 墙高度。

①外墙：斜（坡）屋面无檐口天棚者算至屋面板底；有屋架且室内外均有天棚者算至屋架下弦底另加 200mm；无天棚者算至屋架下弦底另加 300mm，出檐宽度超过 600mm 时按实砌高度计算；平屋面算至钢筋混凝土板底。

②内墙：位于屋架下弦者，算至屋架下弦底；无屋架者算至天棚底另加 100mm；有钢筋混凝土楼板隔层者算至楼板顶；有框架梁时算至梁底。

③女儿墙：从屋面板上表面算至女儿墙顶面（如有混凝土压顶时算至压顶下表面）。

④内、外山墙：按其平均高度计算。

⑤围墙：高度算至压顶上表面（如有混凝土压顶时算至压顶下表面），围墙砖柱并入围墙体积内。

c. 墙体厚度。

工程量计算时应按表 15-4 墙体厚度计算参数表取定的厚度计算。

表 15-4　不同墙体计算厚度表　mm

砖种类	规格（长×宽×厚）	砖数（厚度）								
		$\frac{1}{4}$	$\frac{1}{2}$	$\frac{3}{4}$	1	$1\frac{1}{4}$	$1\frac{1}{2}$	2	$2\frac{1}{2}$	3
标准砖	240×115×53	53	115	180	240		365	490	615	740

4）注意事项。

①不论三皮砖以下或三皮砖以上的腰线、挑檐突出墙面部分均不计算体积。

②女儿墙的砖压顶、围墙的砖压顶突出墙面部分不计算体积，压项顶面凹进墙面的部分

也不扣除（包括一般围墙的抽屉檐、棱角檐、仿瓦砖檐等）。

③墙内砖平石旋、砖拱石旋、砖过梁的体积不扣除，也不另行计算。

④附墙烟囱、通风道、垃圾道，应按设计图示尺寸以体积（扣除孔洞所占体积）计算，并入所依附的墙体体积内。

⑤砖墙勾缝按《计算规范》附录 M 相关项目编码列项。

(3) 空斗墙（010401006）。

1）空斗墙砌筑的工程内容、项目特征与实心砖墙基本一致，但特征描述应明确具体的组砌方式，如设计要求空斗灌肚时，应对灌肚材料要求予以明确描述。

2）空斗墙工程量按设计图示尺寸以空斗墙外形体积计算。墙角、内外墙交接处、门窗洞口立边、窗台砖、屋檐处的实砌部分体积并入空斗墙体积内计算。

3）窗间墙、窗台下、楼板下、梁头下的实砌部分和空斗墙间的实砌砖垛，应另行计算，分别按零星砌砖和实心砖项目编码列项。

(4) 空花墙（010401007）。

空花墙项目除按一般墙的特征描述以外，尚应对空花外框形状、尺寸等予以描述。

1）空花墙项目除按一般墙的特征描述以外，尚应对空花外框形状、尺寸等予以描述。

2）工程量按设计图示尺寸以空花部分外形体积计算，不扣除空洞部分体积，应包括空花的外框。

3）使用混凝土花格砌筑的空花墙不按本项计算，应按实砌墙体与混凝土花格分别计算工程量，混凝土花格按混凝土及钢筋混凝土预制零星构件编码列项。

(5) 填充墙（010401008）。

1）填充墙项目除按一般墙的特征描述以外，应对两侧夹心墙的厚度、填充层的厚度、填充材料种类、规格及填充要求等予以描述。

2）工程量按设计图示尺寸以填充墙外形体积计算。

(6) 实心砖柱（010401009）与多孔砖柱（010401010）。

1）实心砖柱的项目特征包括：砖品种、规格、强度等级；砂浆强度等级；柱类型；柱截面尺寸；柱高；勾缝要求等。

2）工程量按设计图示尺寸以体积计算。应扣除混凝土及钢筋混凝土梁垫、梁头、板头所占体积。

(7) 砖检查井。

工程内容包括：土方挖、运、填；砂浆制作、运输；铺设垫层；底板混凝土制作、运输、浇筑、振捣、养护；砌砖；勾缝；井池底、壁抹灰；抹防潮层；材料运输等。

1）清单编制时，应对井、外围、深度尺寸；土方类别、运输及回填要求、地下水情况；垫层尺寸及材料种类；底、盖板尺寸及材料种类；井、池壁砌筑材料种类、规格；内外抹灰、勾缝做法及要求；防潮、防水层材料种类及做法；混凝土强度等级，砂浆强度等级、配合比等项目特征予以细化描述。

2）工程量计算规则：按设计图示数量以“座”计算。

3）注意事项：

a. 工程量按“座”计算，应包括完成挖土、运输、回填、井池底板、池壁、井池盖板，池内隔断、隔墙、隔栅小梁、隔板、滤板等全部工程内容。

b. 井内爬梯按《计算规范》附录 F 金属结构工程相关项目编码列项。混凝土构件内的钢筋按混凝土及钢筋混凝土相关项目编码列项。

【例 15-8】 某工程室外排水附属工程内径 620×620 砖砌窨井 14 座，设计采用浙 SI-91 标准图集，按设计选定内容和型号编制清单见表 15-5。

表 15-5　分部分项工程量清单

序号	项目编码	项目名称	项目特征	计量单位	工程数量
1	010401011001	砖窨井	内径 620×620，平均井深 1.50m，Mu10 水泥实心砖 M5.0 水泥砂浆砌筑井壁，厚 240，850×850×70 复合塑钢井圈盖；土方列入管道铺设工程，其余做法按图集浙 S1-91 图集第 12 页做法	座	14

（8）零星砌砖（010401012）。

1）零星砌砖项目清单除同各类砌体基本构造内容和特征以外，应将砌砖的部位、名称、相关构造（如垫层、基层、埋深、基础等）予以明确描述，必要时可将面层做法予以描述（必须有明确内容和规格、尺寸要求），以便计价内容的组合。

2）工程量计算基本规则：按设计图示尺寸以“m^3”计算。按具体工程内容不同，可以在“m、m^2、m^3”中选择适当的、利于计价组合和分析的计量单位。如：

①台阶工程量可按水平投影面积计算，但不包括台阶翼墙面积，翼墙可按“m”或“m^3”计算另行列项。

②小型池槽、锅台、炉灶可按个计算，以长×宽×高顺序标明外形尺寸。

③小便槽、地垄墙可按长度计算，其他工程量按“m^3”计算。

④按照《计算规范》规定编制可以分别列项的项目，如由于工程量不大，也可以在列项时予以合并。

2. 砌块砌体

砌块砌体的工程内容包括：砂浆制作、运输；砖、砌块的砌筑；勾缝；材料运输。

（1）砌块墙（010402001）。

1）清单项目特征描述一般应包括：墙体类型；墙体厚度；空心砖、砌块品种、规格、强度等级；勾缝要求；砂浆强度等级、配合比等。其他有关特征参照砖砌墙体。

2）工程量计算规则：按设计图示尺寸以“m^3”计算。具体计算界限、规则同砖墙。嵌入空心砖墙、砌块墙的实心砖不予扣除，但清单项目特征中应予以描述具体镶嵌部位和尺寸。

（2）砌块柱（010402002）。

1）清单项目特征描述一般应包括：柱高度；柱截面尺寸；空心砖、砌块品种、规格、强度等级；勾缝要求；砂浆强度等级、配合比等。

2）工程量计算规则：按设计图示尺寸以“m^3”计算。应扣除混凝土及钢筋混凝土梁垫、梁头、板头所占体积；梁头、板头下镶嵌的实心砖体积不予扣除，但项目特征中应予以描述具体镶嵌部位和尺寸。

3. 石砌体

（1）石基础、勒脚、墙。

1）项目设置及其基本工程内容和特征详见《计算规范》附录D.3。

2）工程量计算规则：

a. 石基础按设计图示尺寸以“m^3”计算。包括附墙垛基础宽出部分体积，不扣除基础砂浆防潮层及单个面积0.3m^2以内的孔洞所占体积，靠墙暖气沟的挑檐不增加体积。基础长度：外墙按中心线，内墙按净长计算，交叉基础搭接增加体积应并入计算。

b. 石勒脚按设计图示尺寸以“m^3”计算，应扣除单个0.3m^2以外的孔洞所占的体积。

c. 石墙同砖砌墙体工程量计算规则。石挡土墙按设计图示尺寸以“m^3”计算。

d. 石柱按设计图示尺寸以“m^3”计算，工程量应扣除混凝土梁头、板头和梁垫所占体积。

e. 石基础、石勒脚、石墙的划分：基础与勒脚应以设计室外地坪为界，勒脚与墙身应以设计室内地坪为界。石围墙内外地坪标高不同时，应以较低的标高为界，以下为基础；内外标高之差为挡土墙时，挡土墙以上为墙身。

3）应注意的问题：

a. 石基础包括凿打石料天、地座荒包等全部工序。

b. 石墙、柱包括石料天、地座打平，拼缝打平，打扁口等工序。石表砥加工包括：打钻路、钉麻石、剁斧、扁光等，项目清单描述时应明确具体加工程度和要求。

c. 石挡土墙设有变形缝、泄水孔、滤水层要求的，均应在项目清单中予以描述。

d. 各项目均应包括搭拆简易起重架。

（2）石栏杆、护坡、台阶、坡道、地沟。

1）“石栏杆”项目适用于无雕饰的一般石栏杆。

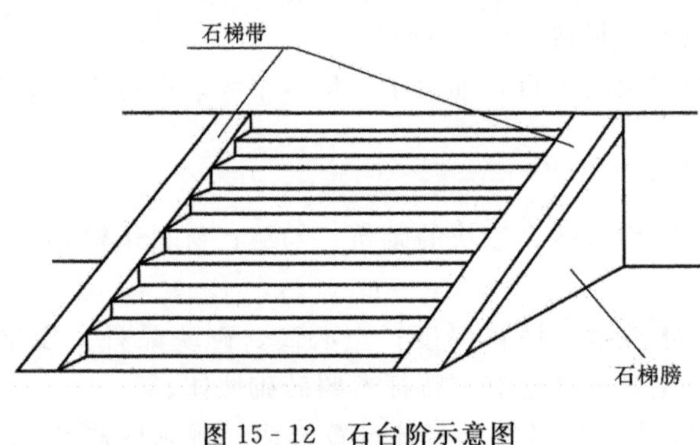

图15-12 石台阶示意图

2）“石台阶”（见图15-12）项目包括石梯带（垂带），不包括石梯膀，石梯膀按石挡墙项目编码列项。

3）“石护坡”项目适用于各种石质和各种石料（如条石、片石、毛石、块石、卵石等）的护坡。

4）工程量计算：

a. 石栏杆：按设计图示以“m”计算。

b. 石护坡、石台阶：按设计图示尺寸以“m^3”计算。

c. 石坡道：按设计图示尺寸以水平投影“m^2”计算。

（3）石地沟、石明沟。

1）工程内容包括：土石方挖、运、填；砂浆制作、运输；铺设垫层；砌石；石表面加工；勾缝；材料运输等。

2）项目特征描述应包括：沟截面尺寸；垫层种类、厚度；石料种类、规格；石表面加工要求；勾缝要求；砂浆强度等级、配合比；埋地深度、土方类别、弃土运输等涉及计价的相关因素。

3）工程量计算：按设计图示以中心线“m”计算。

4. 垫层（010404001）

（1）清单项目特征描述一般包括垫层材料、种类、配合比和厚度。

（2）工程量计算规则：按设计图示尺寸以立方体计算，计算方法与定额方法相同。

二、工程量清单计价

（一）砖砌体

1. 砖基础

（1）清单计价可组合的内容。

按照《浙江省建筑工程预算定额》（2010 版），砖基础可以组合的内容有两个部分：砖基础砌筑和防潮层铺设。

（2）工程量清单计价与定额使用。

1）砖基础砌筑。砖石基础有多种砂浆砌筑时，以多者为准。清单按零星砌砖列项的地笼墙如是舞台地笼墙，套用砖基础定额计价。

2）防潮层铺设。砖基础防潮层铺设根据设计不同，常见有：立面上铺贴卷材、涂刷沥青，抹防水砂浆和平面上铺设一层水泥砂浆或防水砂浆等做法。

3）砖石基础计算及与墙身的分界与清单基本一致，如剧院、会堂等室内地坪有坡度时，以地坪最低标高处为基础与墙身的分界。

4）计算砖（石）基础与垫层长度时，附墙垛凸出部分按折加长度合并计算，不扣除搭接重叠部分的长度，垛的加深部分也不增加。

5）独立砖柱基础工程量按柱身体积加上四边大放脚体积计算，砖柱基础套用砖柱定额计价。

【例 15-9】　按［例 15-7］提供的砖砌基础工程量清单，计算和分析Ⅱ-Ⅱ墙基的综合单价。（计价人确定的报价方案：市场人工单价按 28 元/工日，混凝土实心砖价格 280 元/千块，其余材料按定额单价取定，灰浆搅拌机按 50 元/台班，其余机械假设同定额单价以人工费和机械费之和为计算基数计取。企管费 10%，利润 10%，经市场调查，考虑风险费用为人工、材料、机械之和的 5%。）

解：（1）计价工程量计算

1）砖基础砌筑 ：同清单工程量 $V=4.63\text{m}^3$

2）防潮层　$L=13.8\text{m}$，$S=13.8\times0.24=3.31$（m^2）

（2）计算分部分项工程量的清单综合单价

1）砖基础砌筑　套用定额 3-13

人工费$=1.02\times28=28.56$(元/ m^3)

机械费$=0.038\times50=1.9$(元/ m^3)

材料费$=[204.187+(168.17-174.77)\times0.23+(280-310)\times0.529]$

$=186.80$(元/ m^3)

2）砖基础 1∶2 防水砂浆防潮层　套用定额 7-40

材料费$=6.67$ 元/ m^2

机械费$=0.0035\times50=0.18$(元/m^2)

（3）计算分部分项工程量清单项目综合单价（表 15-6）。

（4）按照计算的综合单价，填报分部分项清单计价表（表 15-7）。

表 15-6 分部分项工程量清单综合单价计算表

单位及专业工程名称： 第 页共 页

序号	编号	项目名称	单位	数量	综合单价（元）						合计（元）
					人工费	材料费	机械费	管理费和利润	风险	小计	
1	010401001001	砖基础，Ⅱ-Ⅱ墙基 240×115×53，M7.5 水泥砂浆 MU 水泥混凝土一砖条形基础，二层等高式大放脚；1∶2 防水砂浆 20 厚防潮层	m^3	4.63	28.56	191.57	2.03	6.12	11.11	239.39	1108
	3-13H	砌砖基础	m^3	4.63	28.56	186.80	1.90	6.10	10.87	234.23	1084
	7-40	防潮层	m^2	3.31		6.67	0.18	0.04	0.34	7.23	24

表 15-7 分部分项工程量清单与计价表

单位及专业工程名称： 第 页共 页

序号	项目编码	项目名称	项目特征	计量单位	工程数量	综合单价	合价	其中（元）		备注
								人工费	机械费	
1	010401001001	砖基础	Ⅱ-Ⅱ墙基，M7.5 水泥砂浆（240×115×53）MU 水泥混凝土一砖条形基础，二层等高式大放脚；1∶2 防水砂浆 20 厚防潮层	m^3	4.63	239.39	1108	132.23	9.39	

2. 实心砖墙和多孔砖墙

（1）清单计价可组合的内容。

计价时应根据不同墙体类型和施工工艺，按照清单项目特征描述的内容和要求，选定相应的计价定额，进行项目组合计价。

（2）工程量清单计价与定额使用。

1）砖墙不分清水、混水和艺术形式，不分内外墙，均执行同一定额。墙厚一砖以上的，除大仓砖外均套用一砖墙相应定额。

2）砌筑工程设计砂浆强度等级与定额不同时，定额应作换算或调整。

3）砌筑弧形墙、夹心保温墙，应按定额说明调整人工、材料等。

4）计价定额的工程量计算规则与清单工程量计算规则有所不同，在计价时应根据不同规则，作一定处在计价中考虑，主要内容有：

a. 3/4 墙厚度应按 178mm 计算计价工程量。

b. 钢筋混凝土梁、板等所占的体积的扣除和突出墙身的出沿计算规则不同。

3. 砖地沟、明沟

（1）清单计价可组合的内容。

计价时，排除价格因素，主要根据清单项目特征描述的内容（必要时应对照设计施工图）以及采用的计价定额的规定，进行组合计价。

（2）工程量清单计价与定额使用。

1）地沟的砖基础和沟壁，工程量合并计算，套地沟定额。

2）砖砌明沟工程量按外墙中心线以延米计算。

（二）砌块砌体

1. 砌块定额列有蒸压粉煤灰加气混凝土砌块、蒸压砂加气混凝土砌块和陶粒增强加气砌块。

2. 砌块墙按图示尺寸计算，砌块墙的门窗洞口等镶砌标准砖部分应合并计算。

（三）石砌体

1. 块石基础项目按浆砌、干砌、灌注混凝土划分。

条形块石基础工程量按断面积乘长度计算，外墙按外墙中心线长度计算；内墙按基础底净长计算；其应增加的搭接体积，按图示尺寸计算。

2. 石墙按浆砌和干砌以砌筑部位和作用划分为：普通块石墙、块石挡土墙、块石护坡；方整石按浆砌浆砌考虑分为墙和柱两个子目。

（1）石墙工程量计算规则同砖砌墙体。

（2）定额中未包括的砖砌门窗口立边、窗台虎头砖及钢筋砖过梁等砌体，套用零星砌体定额。

项目小结

本项目主要介绍了砌筑工程的定额使用规定、工程量计算规则以及砌筑工程的清单编制与综合单价的计算。重点是把握砖基础，主体砖砌体定额工程量计算，包括砖基础大放脚计算，墙身扣减体积的计算，掌握砌筑工程的清单编制与清单计价，同时要注意砌筑工程清单工程量计算规则与定额工程量计算的区别。

思考与练习题

1. 列出墙体定额工程量的计算公式，说明公式中墙长、墙高、墙厚，应扣面积、应扣体积的取定。

2. 写出下列项目的定额编号、计量单位、基价。（如需换算，应列出换算式）

（1）M10 水泥砂浆砌块石基础；

（2）M10 混合砂浆砌筑烧结普通砖圆弧形 1 砖墙；

（3）M5 混合砂浆砌筑烧结多孔砖污水池。

3. 砌筑的工程量清单项目划分为哪几个部分？

4. 砖基础、砖砌墙体、砖砌构筑物清单计价时，如何根据清单描述组合计价？

5. 如图 15-13 所示，墙厚 240，为烧结普通砖，墙垛尺寸：120×240，门窗尺寸见门窗表，设圈梁一道（墙垛、内墙、外墙）断面为 240×300，门窗过梁厚 200mm，长度为洞口宽加 500mm，屋面板厚 100mm，外墙转角处设 4 个 240mm×240mm 的构造柱。试计算砌体定额工程量。

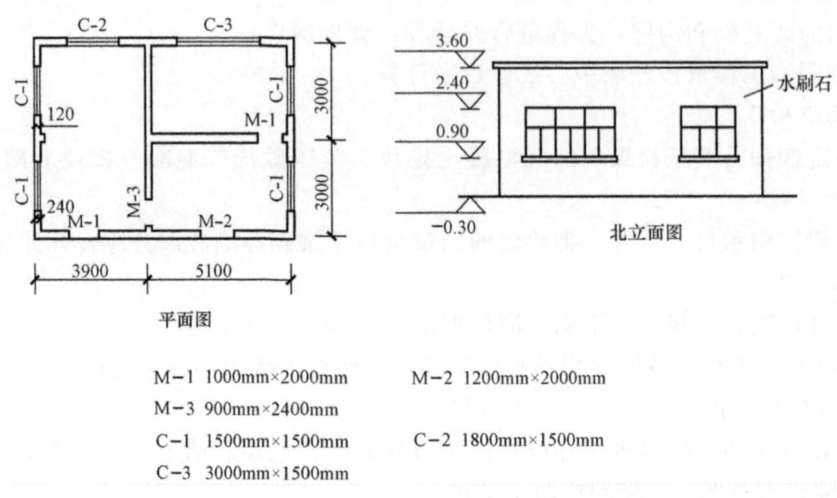

图 15-13　某砖墙示意图

6. 某工程基础平面及断面如图 15-14 及图 15-15 所示，已知：二类土，地下静止水位−1.0m，设计室外地坪标高−0.3m。试计算砖基础及防潮层定额直接费。（计算结果保留两位小数）

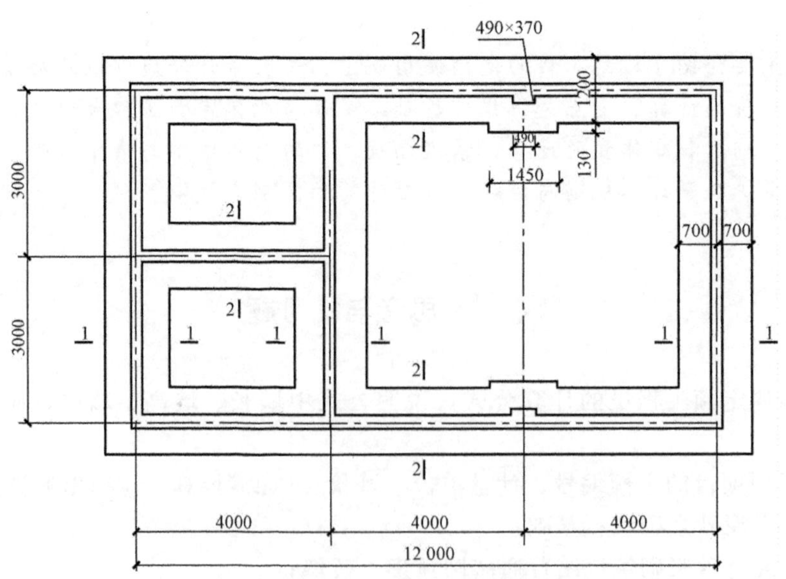

图 15-14　某工程基础平面及断面图（一）

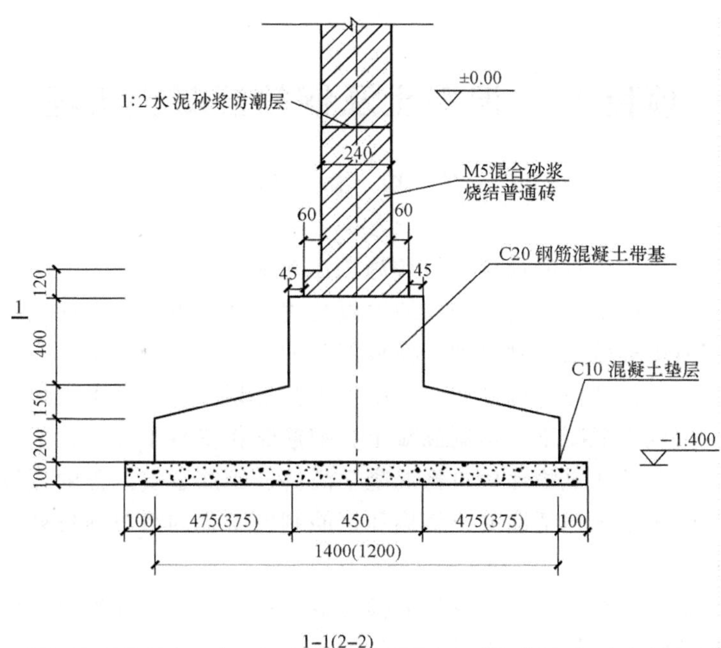

图 15-15　某工程基础平面及断面图（二）

7. 根据［例 15-7］提供的砖砌基础工程量清单，计算Ⅰ-Ⅰ砖砌墙基的综合单价。(施工方确定按企业管理费 10%和利润 5%，风险暂不考虑。单价均参照《浙江省建筑工程预算定额》(2010 版)。

项目16　混凝土及钢筋混凝土工程

第一节　基　础　知　识

混凝土及钢筋混凝土工程的计价项目按施工工种划分为混凝土、钢筋、模板三个部分。其中模板部分不构成工程实体，同一构件的模板费用因施工生产水平和施工方案的不同，差异也会较大，根据清单规范的编制原则，模板部分列入措施项目计价。

本章计价内容按工程部位、构件性质、施工工艺等划分，包括了工程结构实体分部分项的主要组成部分，由现浇混凝土、预制混凝土和钢筋制作安装工程三大部分组成。

本章项目适用于各类建筑物和构筑物混凝土浇捣、钢筋制安工程的项目列项，也适用于清单《计算规范》附录中未包括混凝土浇捣和钢筋制安工程的清单项目列项。

一、模板工程

模板是使混凝土构件按几何尺寸成型的模型板。模板在钢筋混凝土结构中是相当重要的一项工序，主要包括制作、拼装、架设和拆除等。

模板是施工时使用的临时结构物，如柱模板（图16－1）所示，但它对钢筋混凝土工程的施工质量和工程成本有重要的影响。招投标过程中，模板一般情况下可以作为技术措施费由施工企业自主报价，也可以含到钢筋混凝土工程中作为直接工程费处理。

梁模板一般有三面，即底面和两侧面（图16－2）。

图16－1　柱模板

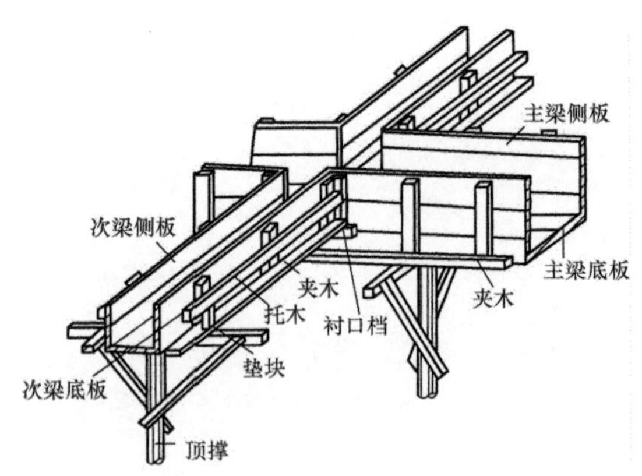

图16－2　梁模板

1. 模板的组成

模板系统包括模板和支撑两大部分。

（1）模板俗称壳子板，是形成混凝土构件的外壳造型，与混凝土直接接触的板面；

（2）支撑是支撑和撑牢模板的骨架，以保证其位置的准确和承担钢筋、新浇筑混凝土的侧压力及施工荷载的作用。

2. 模板的种类

（1）按模板所用的材料不同分，可将模板分为木模板、竹模板、钢木模板、钢模板、塑料模板、铝合金模板和玻璃模板等；

（2）按模板的形式不同分，可将模板分为定型模板、筒子式模板、台模或飞模和滑升模板。

一般情况下，现浇混凝土及钢筋混凝土模板工程量，除另有规定外，均应区别模板的不同材质，按混凝土与模板接触的面积，以“m^2”计算。

二、钢筋工程

（一）钢筋的种类

建筑工程上常用的钢筋按其轧制外形及加工工艺、构件力学性质等划分为：圆钢筋、螺纹钢筋、冷拔钢筋、冷轧带肋钢筋、冷轧扭钢筋，以及先张法预应力钢筋和后张法预应力钢筋。

（二）钢筋的配筋构造及要求

（1）混凝土保护层。如图纸无明确规定保护层按25mm计算。

（2）锚固。将钢筋固定在混凝土中的各种方法的总称，保证钢筋和混凝土共同工作，是组成钢筋混凝土结构的必要条件。通过钢筋与混凝土粘结达到所要求的钢筋应力而需要的锚固长度，是保证结构可靠工作的重要构造措施。

（3）不同钢筋种类，对钢筋端部有不同的构造要求。如光圆钢筋端部需要设置弯钩，螺纹钢筋则不需设置半圆弯钩等。

（4）钢筋的连接方法按照不同构件要求、施工工艺等，有绑扎、焊接、机械连接方法。

（5）根据钢筋连接方法及其受力性能不同，钢筋的搭接长度各有不同；钢筋生产的定尺长度也是产生钢筋搭接的因素。

（三）钢筋的三种用量

（1）定额用量＝工程量×钢筋的定额含量

（2）预算用量＝施工图计算的钢筋用量（考虑损耗率）

（3）配制用量＝施工中的下料长度（按照施工中的设计尺寸）

三、混凝土工程

（一）现浇混凝土构件

按构件部位、作用及其性质划分，建筑物中的混凝土工程项目主要有：基础、柱、梁、板、墙等工程主体结构构件和楼梯、阳台、栏板、雨篷、檐沟等工程辅助构件。

现浇的混凝土构筑物，一般有烟囱、水塔、水池、贮仓、地沟和沉井等。

1. 基础

基础按外形划分有：带形基础（图16-3）、独立基础（图16-4）、杯形基础、筏形基础（又称满堂基础，图16-5）、箱式基础（图16-6）等。带形、独立基础下设有桩基础时，又统称为桩承台。按基础受力情况又可以分为柔性基础和刚性基础。

2. 柱

按其作用简单分为独立柱和构造柱。独立柱常见于承重独立柱、框架柱（图16-7）、有梁板柱、无梁板柱、构架柱等。构造柱（图16-8）是指按建筑物刚性要求设置的、先砌墙后浇捣的柱，按设计规范要求，需设与墙体咬接的马牙槎。

图 16-3 带形基础

图 16-4 独立基础

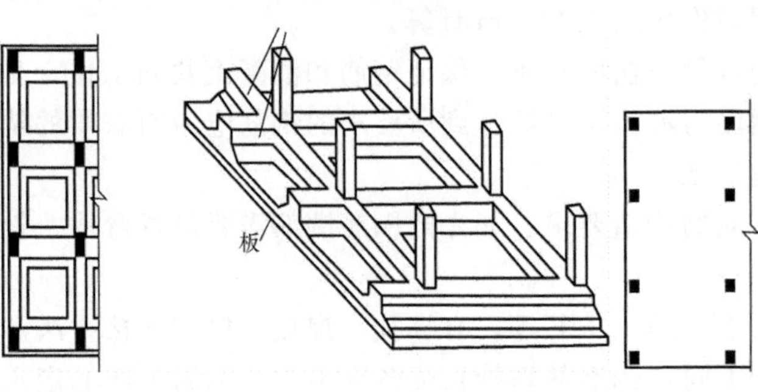

图 16-5 满堂基础

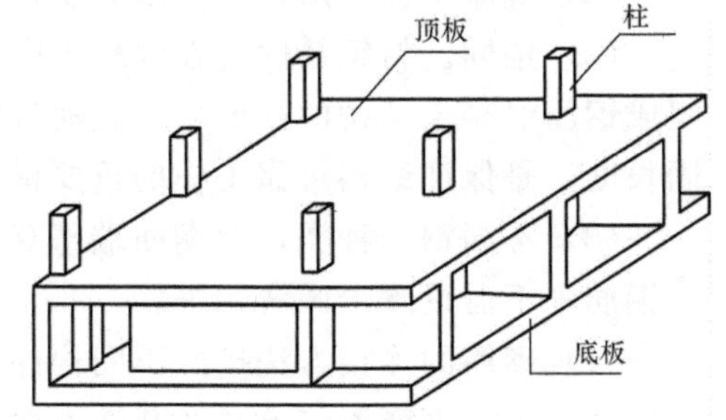

图 16-6 箱式基础

按其断面形状划分为矩形、圆形、异形柱。

图 16-7 框架柱

图 16-8 构造柱

3. 梁

基础梁（图 16-9）一般用于柱网结构或不宜设墙基的构造部位，可不再设墙基。

单梁包括框架梁或单独承重梁，按断面或外形形状分为矩形梁、异形梁、弧形梁、拱形梁、薄腹屋面梁等。

圈梁（图 16－10）是指按建筑、构筑物整体刚度要求，沿墙体水平封闭设置的构件，按布置情况有矩形和弧形（布置轴线非直线）的。

过梁（图 16－11）用于承受洞口上部荷载并传递给墙体的单独小梁。

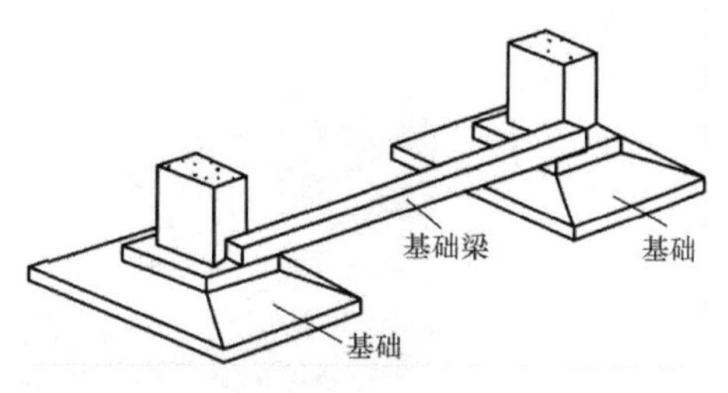

图 16－9　基础梁

图 16－10　圈梁

图 16－11　过梁

4. 板

按荷载传递形式分为平板、有梁板、无梁板，如图 16－12 所示。由于外形或结构形式不同，另有拱形板、薄壳屋盖等。

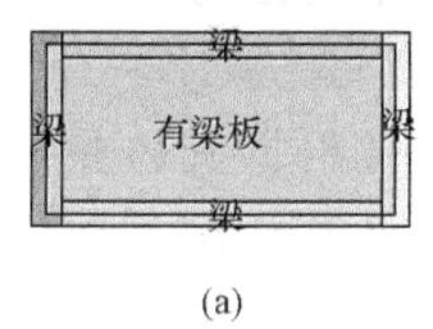

(a)

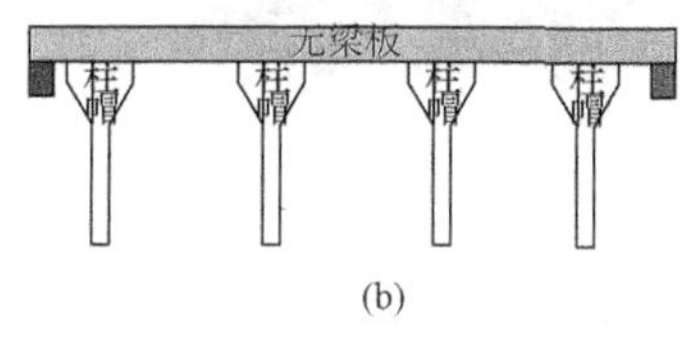

(b)

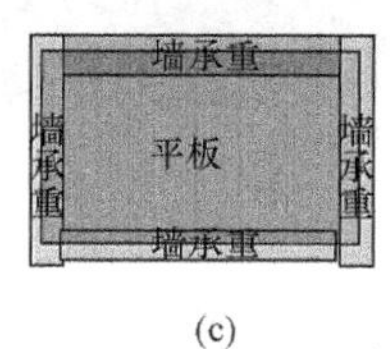

(c)

图 16－12　混凝土板

（1）有梁板。梁与板构成一体并至少有三边是以承重梁支撑的。

（2）无梁板。不带梁而直接用柱头支撑的板。其板较厚，主要用于冷库、仓库、菜场等建筑物。

（3）平板。无柱、梁，直接由墙承重的板。

5. 墙

按布置形式分，有直形、弧形之分。按部位和作用分，一般将地下室墙、电梯井壁单独予以区别。

6. 楼梯

按荷载的传递形式分为板式楼梯和梁式楼梯，按外形分，有直形和弧形之分（图

16-13)。

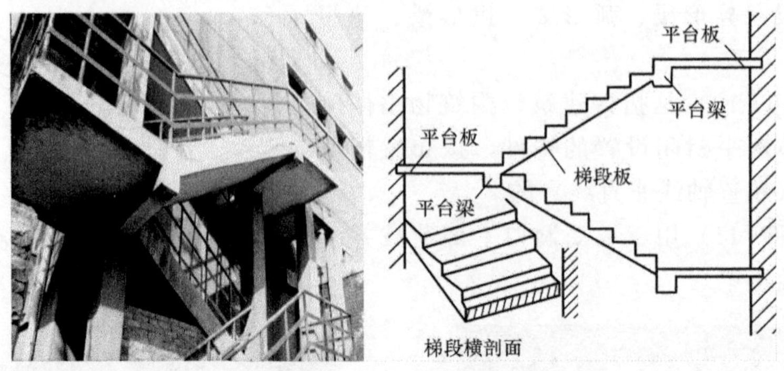

图 16-13 混凝土楼梯

7. 后浇带

为防止现浇钢筋混凝土结构由于温度、收缩不均可能产生的有害裂缝，按照设计或施工规范要求，在板（包括基础底板）、墙、梁相应位置留设临时施工缝，将结构暂时划分为若干部分，经过构件内部收缩，在若干时间后再浇捣该施工缝混凝土，将结构连成整体（图16-14)。

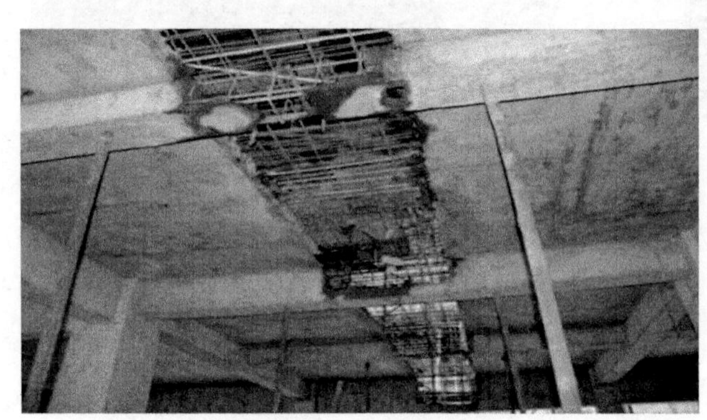

图 16-14 后浇带

设置后浇带的位置、距离通过设计计算确定，其宽度考虑施工简便、避免应力集中，常为 800～1200mm；在有防水要求的部位设置后浇带，应考虑止水带构造；设置后浇带部位还应该考虑模板等措施内容不同的消耗因素；后浇带部位填充的混凝土强度等级须比原结构提高一级。

（二）预制混凝土构件

预制构件根据其体量的大小、施工工艺、设备和设施的要求等，可以分为加工厂制作和现场制作两种。

主要预制构件的种类与现浇的基本相同，一般有柱、梁、板和屋架等。

四、预制混凝土构件安装

(1) 预制混凝土构件的安装按构件体形、制作情况等，有直接起吊就位安装和拼装后起吊就位安装两种。

(2) 构件拼装有平拼拼装法和立拼拼装法两种。

(3) 吊装方案一般有：综合吊装法、分件吊装法、混合吊装法。

(4) 常用的构件吊装机械有：履带式起重机、汽车式起重机、轮胎式起重机、塔式起重机、桅杆式起重机等。具体工程可按照建筑物的形体、构件外形尺寸、重量、安装高度、工作面、工程量以及工期要求等来进行选择。

第二节　定　额　计　价

一、定额使用说明

（一）定额第四章“混凝土及钢筋混凝土工程”包括现浇混凝土构件、预制和预应力混凝土构件、钢筋制作与安装、混凝土预制构件与安装四个部分。

（二）本章内各节有关说明、工程量计算规则，也适用其他章节所涉及且规定注明的相关定额。

（三）现浇混凝土构件：

（1）现浇混凝土构件的模板按照不同构件，分别以组合钢模、复合木模单独列项，模板的具体组成规格、支撑方式及复合木模的材质等，均综合考虑；定额未注明模板类型的，均按木模考虑。

后浇带模板按相应构件模板计算，另行计算增加费。

（2）现浇混凝土浇捣按现拌混凝土和商品混凝土两部分列项。

现拌泵送混凝土按商品泵送混凝土定额执行，混凝土单价按现场搅拌泵送混凝土换算，搅拌费、泵送费按构件工程量套用相应定额。

商品混凝土定额按泵送考虑的项目，实际采用非泵送时，套用泵送定额，混凝土单价换算，其人工乘以表16-1相应系数，其余不变。

表16-1　　人工调整系数表

序号	项目名称	人工调整系数	序号	项目名称	人工调整系数
一	建筑物		5	楼梯、雨篷、阳台、栏板及其他	
1	基础与垫层	1.5	二	构筑物	
2	柱	1.05	1	水塔	1.5
3	梁	1.4	2	水（油）池、地沟	1.6
4	墙、板	1.3	3	贮藏	2

【例16-1】　求C20商品混凝土非泵送板（单价310元/m^3）的定额基价。

解：套用定额4—86，基价342.4元/m^3

查人工机械调整系数表得：混凝土板采用非泵送时的人工调整系数为1.3。

换算后的基价＝342.4＋（310－299）×1.015＋0.475×43×0.3＝359.69（元/m^3）

【例16-2】　求C20现拌泵送混凝土板（檐高60m）的定额基价。（现场搅拌混凝土的单价为260元/m^3）

解：套用定额4—86，基价342.4元/m^3

搅拌费套用定额4—132，泵送费套用定额4—133

换算后的基价＝342.4＋（260－299）×1.015＋12.1＋6.4＝321.32（元/m^3）

（3）商品泵送混凝土的添加剂，搅拌、运输及泵送等费用均应列入混凝土单价内。

（4）定额混凝土的强度等级和石子粒径是按常用规格编制的，当混凝土的设计强度等级与定额不同时，应作换算。毛石混凝土子目中毛石的投入量按18%考虑，设计不同时混凝土及毛石按比例调整。

(5) 型钢混凝土劲性构件分别按模板、混凝土浇捣及钢构件相应定额执行。

钢管柱内灌注混凝土按矩形柱、圆形柱定额执行，不再计算模板项目。

(6) 基础：

1) 基础与上部结构的划分以混凝土基础上表面为界。

2) 基础与垫层的划分，一般以设计确定为准，如设计不明确时，以厚度划分：15cm 以内的为垫层，15cm 以上的为基础。

3) 有梁式基础模板仅适用于基础表面有梁上凸时，仅带有下翻或暗梁的基础套用无梁式基础定额。

4) 满堂基础及地下室底板已包括集水井模板杯壳，不再另行计算；设计为带形基础的单位工程，如仅楼（电）梯间、厨厕间等少量部位采用满堂基础时，其工程量并人带形基础计算。

5) 箱形基础的底板（包括边缘加厚部分）套用无梁式满堂基础定额，其余套用柱、梁、板、墙相应定额。

6) 设备基础仅考虑块体形式，其他形式的设备基础分别按基础、柱、梁、板、墙等有关规定计算，套用相应定额。

7) 地下构件采用砖模时，按砌筑工程定额规定执行。

(7) 现浇钢筋混凝土柱（不含构造柱）、梁（不含圈、过梁）：板、墙的支模高度按层高 3.6m 以内编制，超过 3.6m 时，工程量包括 3.6m 以下部分，另按相应超高定额计算；斜板或拱形结构按板顶平均高度确定支模高度，电梯井壁按建筑物自然层层高确定支模高度。

【例 16-3】 某单层厂房现浇现拌混凝土矩形柱，设计断面 400×500，柱高 15m，层高 13.5m，设计混凝土标号 C30 (40)，组合钢模。试求该柱模板的定额基价。

解： 套用定额 4－155，基价 27.25 元/m²

该柱层高 13.5m＞3.6m，

ΔH＝13.5－3.6＝9.9 (m)，应按 10 个增加 1m 增加支模费用。

套用定额 4－160，基价 1.50 元/m²

该柱模板定额编号为：4－155＋160×10

基价＝27.25＋1.50×10＝42.25（元/m²）

(8) 异形柱指柱与模板接触超过 4 个面的柱，一字形及 L 形、T（如图 16-15 所示）形柱，当 a 与 b 占的比值大于 4 时，均套用墙相应定额。

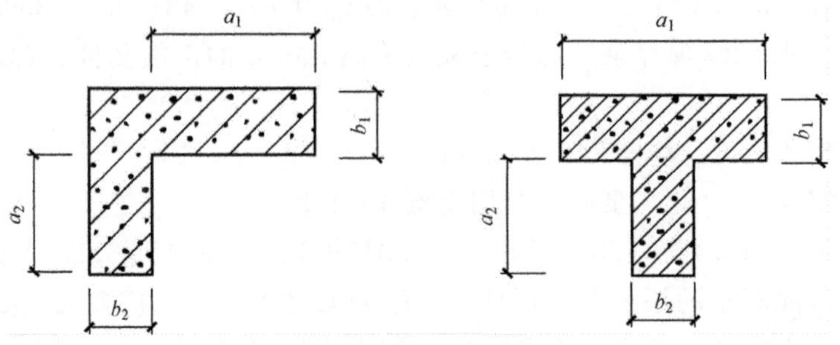

图 16-15 异形柱

(9) 地圈梁套用圈梁定额；异形梁包括十字形、T 形、L 形梁；梯形、变截面矩形梁套用矩形梁定额；现浇薄腹屋面梁模板套用异形梁定额；单独现浇过梁模板套用矩形梁定额；与圈梁连接的过梁及叠合梁二次浇捣部分套用圈梁定额；预制圈梁的现浇接头套用二次灌浆相应定额。

（10）混凝土梁、板均分别计算套用相应定额；板中暗梁并入板内计算。

楼板及屋面平挑檐外挑小于50cm时，并入板内计算；外挑大于50cm时，套用雨篷定额；屋面挑出的带翻沿平挑檐套用檐沟、挑檐定额。

薄壳屋盖模板不分筒式、球形、双曲形等，均套用同一定额；混凝土浇捣套用拱板定额。

现浇钢筋混凝土板坡度在10°以内时按定额执行；坡度大于10°，在30°以内时，模板定额中钢支撑含量乘以系数1.3，人工含量乘以系数1.1；坡度大于30°，在60°以内时，相应定额中钢支撑含量乘以系数1.5，人工含量乘以系数1.2；坡度在60°以上时，按墙相应定额执行。

斜板支模高度超过3.6m，每增加1m，定额及混凝土浇捣定额也适用于上述系数。

压型钢板上浇捣混凝土板，套用板浇捣定额。

【例16-4】　求现浇混凝土板（木模），坡度26°的定额基价。

解：套用定额4－174，基价25.10元/m^2

换算后基价＝25.10＋4.60×0.4932×0.3＋9.46×0.1＝26.73（元/m^2）

（11）地下室内墙、电梯井壁均套用一般墙相应定额；屋面女儿墙高度大于1.2m时套用墙相应定额，小于1.2m时套用栏板相应定额。

（12）凸出混凝土柱、梁、墙面的线条，工程量并入相应构件内计算，另按凸出的棱线道数划分套用相应定额计算模板增加费；但单独窗台板、栏板扶手、墙上压顶的单阶挑沿不另计模板增加费；单阶线条凸出宽度大于200mm的按雨篷定额执行。

（13）弧形阳台、雨篷按普通阳台、雨篷定额执行，另行计算弧形模板增加费。

水平遮阳板、空调板套用雨篷相应定额；拱形雨篷套用拱形板定额。

半悬挑及非悬挑的阳台、雨篷，按梁、板有关规则计算套用相应定额。

（14）楼梯设计指标超过表16-2定额取定值时，混凝土浇捣定额按比例调整，其余不变。

表16-2　**楼梯底板厚度取定表**

项目名称	指标名称	取定值	备　注
直形楼梯	底板厚度	18cm	梁式楼梯的梯段梁并入楼梯底板内计算折实厚度
弧形楼梯		30cm	

弧形楼梯指梯段为弧形的，仅平台弧形的，按直形楼梯定额执行，平台另计弧形板增加费。

（15）自行车坡道带有台阶的，按楼梯相应定额执行；无底模的自行车坡道及4步以上的混凝土台阶按楼梯定额执行，其模板按楼梯相应定额乘以0.20计算。

（16）栏板（含扶手）及翻沿净高按1.2m以内考虑，超过时套用墙相应定额。

（17）现浇屋脊、斜脊并入所依附的板内计算，单独屋脊、斜脊按压顶考虑套用定额。

（18）屋面内天沟按梁、板规则计算，套用梁、板相应定额。雨篷与檐沟相连时，梁板式雨篷按雨篷规则计算并套用相应定额，板式雨篷并入檐沟计算。

(19) 小型池槽外形体积大于 $2m^3$ 时套用构筑物水(油)池相应定额;建筑物内的梁板墙结构式水池分别套用梁、板、墙相应定额。

(20) 地沟、电缆沟断面内空面积大于 $0.4m^2$ 时套用构筑物地沟相应定额。

(21) 小型构件包括:压顶、单独扶手、窗台、窗套线及定额未列项目且单件构件体积在 $0.05m^3$ 以内的其他构件。

(22) 屋顶水箱工程量包括底、壁、现浇顶盖及支撑柱等全部观浇构件,预制构件另计;砖砌支座套砌筑工程零星砌体定额;抹灰、刷浆、金属件制作安装等套用相应的定额。

(23) 采用无粘结、有粘接的后张预应力现浇构件,套用普通现浇混凝土构件浇捣相应定额。

(24) 滑升钢模板定额内已包括提升支撑杆用量,并按不拔出考虑,如需拔出,收回率及拔杆费另行计算;设计利用提升支撑杆作结构钢筋时,不得重复计算。

(25) 用滑升钢模施工的构筑物按无井架施工考虑,并已综合了操作平台,不另计算脚手架及竖井架。

(26) 倒锥形水塔塔身滑升钢模定额,也适用于一般水塔塔身滑升钢模工程。

(27) 烟囱滑升钢模定额均已包括筒身、牛腿、烟道口;水塔滑升钢模已包括直筒、门窗洞口等模板用量。

(28) 构筑物基础套用建筑物基础相应定额。

(29) 列有滑模定额的构筑物子目,采用翻模施工时,可按相近构件模板定额执行。

(四) 预制混凝土构件

(1) 先张预应力预制混凝土构件是按加工厂刽作考虑,模板已综合考虑地、胎模摊销,其余各类预制混凝土构件是按现场预制考虑的,模板不包含地、胎模,实际施工需要地、胎模时,按施工组织设计实际发生的地、胎模面积套用相应定额计算。

(2) 混凝土构件如采用蒸汽养护时,加工厂预制者,按实际蒸养构件数量,88 元/m^3(其中:煤 90kg)计算;现场蒸养费按实计算。

(3) 后张法预应力构件制作浇捣定额不包括孔道灌浆,该工作内容已列入钢筋制作安装定额,不单独另计。

(4) 混凝土及钢筋混凝土预制构件工程量计算,应按施工图构件净用量加表 16-3 所示损耗计算。

表 16-3　　混凝土及钢筋混凝土预制构件损耗率表　　%

构件名称	制作废品率	运输、堆放、损耗率	安装、打桩损耗率	总损耗率
预制钢筋混凝土桩	0.1	0.4	1.0	1.5
除预制桩外各类预制构件	0.2	0.8	0.5	1.5

计算公式如下:

混凝土及钢筋混凝土预制构件工程量=施工图净用量×(1+总损耗率)

(5) 预制构件桩、柱、梁、屋架等定额中未编列起重机、垫木等成品堆放费的项目,是按现场就位预制考虑的,如实际发生构件运输时,套用构件运输相应定额。

(6) 小型构件是指定额未列项目且每件体积在 $0.05m^3$ 以内的其他构件。

(五) 钢筋

（1）钢筋工程按不同钢种，以现浇构件、预制构件、预应力构件分别列项，定额中钢筋的规格比例、钢筋品种按常规工程综合考虑。

（2）预应力混凝土构件中的非预应力钢筋套用普通钢筋相应定额。

（3）除定额规定单独列项计算以外，各类钢筋、埋件的制作成型、绑扎、安装、接头、固定所用工料机消耗均已列入相应定额，多排钢筋的垫铁在定额损耗中已综合考虑，发生时不另计算。螺旋箍筋的搭接已综合考虑在灌注桩钢筋笼圆钢定额内，不再另行计算。

（4）定额已综合考虑预应力钢筋的张拉设备，但未包括预应力筋的人工时效费用，如设计有要求时，另行计算。

（5）除模板所用铁件及成品构件内已包括的铁件外，定额均不包括混凝土构件内的预埋铁件，应按设计图纸另行计算。

（6）地下连续墙钢筋网片制作定额未考虑钢筋网片的制作平台。

（7）本章定额钢筋机械连接所指的是套筒冷压、锥螺纹和直螺纹钢筋接头，焊接是指电渣压力焊和气压焊方式钢筋接头。

（8）植筋定额不包括钢筋主材费，钢筋按设计长度计算套现浇构件定额。

（9）下表所列的构件，其钢筋可按表 16－4 列系数调整人工、机械用量。

表 16－4　　人工、机械调整系数表

项目	预制构件		构筑物	
系数范围	拱形、梯形屋架	托架梁	贮仓	
			矩形	圆形
人工、机械调整系数	1.16	1.05	1.25	1.5

（六）构件运输、安装

（1）本定额仅为混凝土预制构件运输，划分为以下四类。Ⅰ、Ⅱ类构件符合其中一项指标的，均套用同一定额。

Ⅰ类构件：单件体积≤1m^3、面积≤5m^2、长度≤6m；

Ⅱ类构件：单件体积＞1m^3、面积＞5m^2、长度＞6m；

Ⅲ类构件：大型屋面板、空心板、楼面板；

Ⅳ类构件：小型构件。

（2）本定额适用于混凝土构件由构件堆放场地或构件加工厂至施工现场的运输；定额已综合考虑城镇、现场运输道路等级、道路状况等不同因素。

（3）构件运输基本运距为 5km，工程实际运距不同，按每增减 1km 定额调整。本定额不适用于总运距超过 35km 以上的构件运输，发生时另行计算。

（4）本定额不包括改装车辆、搭设特殊专用支架、桥梁、涵洞、道路加固、管线、路灯迁移及因限载、限高而发生的加固、扩宽、公交管理部门措施费用等，发生时另行计算。

（5）小型构件包括：桩尖、窗台板、压顶、踏步、过梁、围墙柱、地坪混凝土板、地沟盖板、池槽、浴厕隔断、窨井圈盖、花格窗、花格栏杆、碗柜、壁龛及单件体积小于 0.05m^3 的其他构件。

（6）采用现场集中预制的构件，是按吊装机械回转半径内就地预制考虑的，如因场地条件限制，构件就位距离超过 15m 须用起重机移运就位的，运距在 50m 以内的，起重机械乘以系数 1.25，运距超过 50m，按构件运输相应定额计算。

（7）现场预制的构件采用汽车运输时，按本章相应定额执行，运距在 500m 以内时，定额乘以系数 0.5。

（8）构件吊装采用的吊装机械种类、规格按常规施工方法取定；如采用塔吊或卷扬机时，应扣除定额中的汽车式起重机台班，人工乘以系数（塔吊 0.66、卷扬机 1.3）调整，以人工代替机械时，按卷扬机计算。采用塔吊施工，因建筑物造型所限，部分构件吊装不能就位时，该部分构件可按构件运输相应定额计算运输费。

【例 16 - 5】 试求采用卷扬机吊装预制基础梁的预算基价。

解： 套用定额 4－457H，基价 834 元/$10m^3$

换算后基价＝834－1131.55×0.444＋244.24×0.3＝404.86（元/$10m^3$）

（9）定额按单机作业考虑，如因构件超重须双机抬吊时（包括按施工方案相关工序涉及的构件），套用相应定额人工、机械乘以系数 1.2。

（10）构件如须采用跨外吊装时，除塔吊施工以外，按相应定额乘以系数 1.15。

（11）构件安装高度以 20m 以内为准。如檐高在 20m 以内，构件安装高度超过 20m 时，除塔吊施工以外，相应定额人工、机械乘以系数 1.2。

（12）定额不包括安装过程中起重机械、运输机械场内行驶道路的修整、铺垫工作消耗，发生时按实际工作内容另行计算。

（13）现场制作采用砖胎模的构件，构件安装相应定额人工、机械乘以系数 1.1。

（14）构件安装定额已包括灌浆所需消耗，不另计算。

（15）构件安装需另行搭设的脚手架按施工组织设计要求计算，套用脚手架工程相应定额。

二、工程量计算规则

1. 混凝土构件

除定额另有规定外，混凝土构件工程量均按工程图示尺寸计算。

2. 墙、板

计算墙、板工程量时，应扣除单孔面积大于 $0.3m^2$ 以上的孔洞，孔洞侧边工程量另加；不扣除单孔面积小于 $0.3m^2$ 以内的孔洞，孔洞侧边也不予计算。

3. 现浇混凝土构件

（1）除定额注明外，混凝土浇捣工程量均按工程图示尺寸以实体积计算，不扣除混凝土内钢筋、预埋铁件等所占体积；型钢劲性构件混凝土浇捣工程量应扣除型钢构件所占混凝土体积，钢管柱内混凝土灌注按钢柱内空断面积乘以柱灌注高度计算。

现浇混凝土构件模板工程量按混凝土与模板接触面的面积以“m^2”计量，应扣除构件平行交接及 $0.3m^2$ 以上构件垂直交接处的面积。

模板工程量 S 也可参考构件混凝土含模量计算，但除本定额规则特别指定以外，一个工程的模板工程只应采用一种计算规则。

$$S＝混凝土构件体积×含模量$$

【例 16 - 6】 某单层厂房现浇现拌混凝土矩形柱，设计断面 400×500，柱高 15m，层高 13.5m，设计混凝土标号 C30（40），组合钢模。试求该柱模板工程量。

解： 套用定额 P127“现浇混凝土构件含模量参考表”

$$400\times500\text{矩形柱周长为 }1.8\text{m，含模量为 }9.83\text{m}^2/\text{m}^3$$

$$\text{该柱的体积为}=0.4\times0.5\times15=3\ (\text{m}^3)$$

$$\text{柱模板工程量 }S=3\times9.83=29.49\ (\text{m}^2)$$

（2）梁、板、墙设后浇带时，模板工程量不扣除后浇带部分，后浇带另行按延米（含梁宽）计算增加费；混凝土浇捣工程量应扣除后浇带体积，后浇带体积单独计算套用相应定额。

（3）基础与垫层。

1）基础垫层及各类基础按图示尺寸计算，不扣除嵌入承台基础的桩头所占体积。

地面垫层发生模板时按基础垫层模板定额计算，工程量按实际发生部位的模板与混凝土接触面展开计算。

2）带形基础（图 16-16）。

长度：外墙按中心线、内墙按基底净长线计算，独立柱基间带形基础按基底净长线计算，附墙垛折加长度合并计算；基础搭接体积按设计图示尺寸计算。

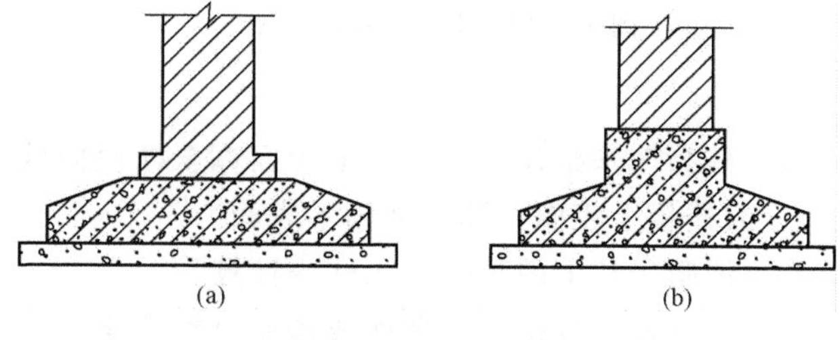

图 16-16　带形基础

（a）有梁式；（b）无梁式

有梁带形基础，梁面以下凸出的钢筋混凝土柱并入相应基础内计算；满堂基础的柱墩并入满堂基础内计算。

3）基础侧边弧形增加费按弧形接触面长度计算，每个面计算一道。

a. 带形基础与垫层的工程量计算公式：

$$V_{\text{垫层}}=\text{断面积}\times\text{长度}$$

$$V_{\text{基础}}=\text{断面积}\times\text{长度}+V_{\text{搭接}}$$

$$V_{\text{搭接}}=V_{\text{长方体}}+V_{\text{半长方体}}+2V_{\text{三棱柱}}$$

其中，长度：外墙按中心线，内墙按基底净长线计算（垫层按垫层净长线），柱网结构均按基底净长线。（计算长度示意图可参见图 13-7。）

图 16-17 中的搭接体积由上、下两部分共 4 个块体组成。分别为长方体、两只三棱锥体和半只长方体。

搭接体积计算公式：

$$V_{\text{搭接}}=\left(bh_1+\frac{2b+B}{6}\times h_2\right)\cdot L$$

其中　h_1——搭接基础的上部高度；

B——搭接基础的基底宽度；

b——搭接基础的上口宽度；

L——搭接长度；

h_2——搭接基础的下部高度。

b. 独立基础（图 16-18）与垫层工程量计算公式：

$$V_{\text{垫层}}=\text{底面积}\times\text{厚度}$$

$$V_{\text{基础}}=abh+[a_1b_1+ab+(a_1+a)\times(b_1+b)]\cdot h_1/6$$

（4）现浇混凝土框架结构分别按柱、梁、板、墙的有关规定计算。

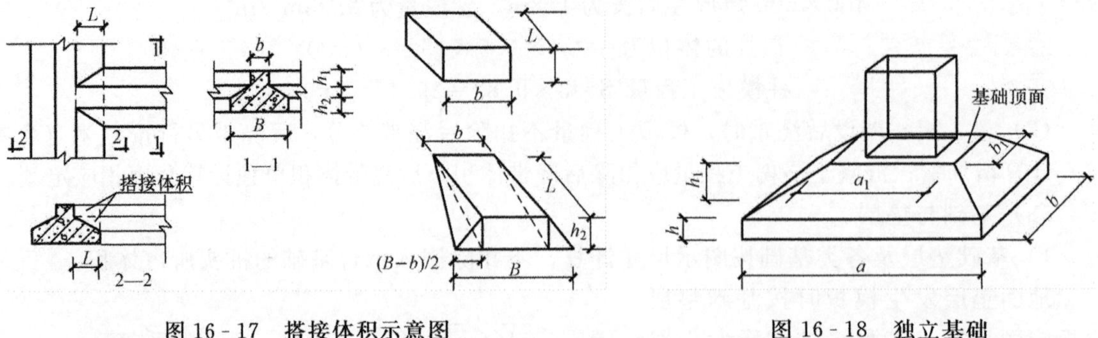

图 16-17　搭接体积示意图　　　　图 16-18　独立基础

(5) 柱。

1) 柱高按基础顶面或楼板上表面算至柱顶面或上一层楼板上表面，无梁板柱高按基础顶面（或楼板上表面）算至柱帽下表面。

2) 依附于柱上的牛腿并入柱内计算。

3) 构造柱高度按基础顶面或楼面至框架梁、连续梁等单梁（不含圈、过梁）底标高计算，与墙咬接的马牙槎按柱高每侧模板以 6cm、混凝土浇捣以 3cm 合并计算，模板套用矩形柱定额。

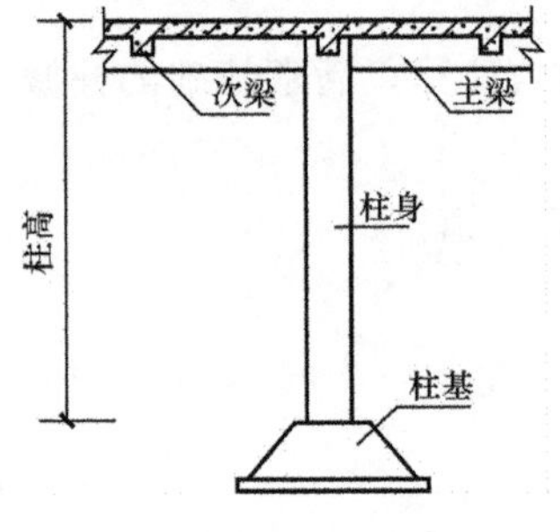

图 16-19　有梁板柱高

4) 预制框架结构的柱、梁现浇接头按实捣体积计算，套用框架柱接头定额。

工程量计算公式：

$$V_{柱} = S_{柱断面}H_{柱} + V_{牛腿}$$

柱断面面积 S 在项目图纸上会很明确地标注，关键是柱高 H 的确定。

a. 有梁板的柱高：自柱基顶面或楼板上表面算至上一层楼板上表面（图 16-19 所示）。

b. 无梁板的柱高：自柱基顶面或楼板上表面算至柱帽下表面（图 16-20 所示）。

c. 框架柱高：自柱基上表面至柱顶高度计算（图 16-21 所示）。

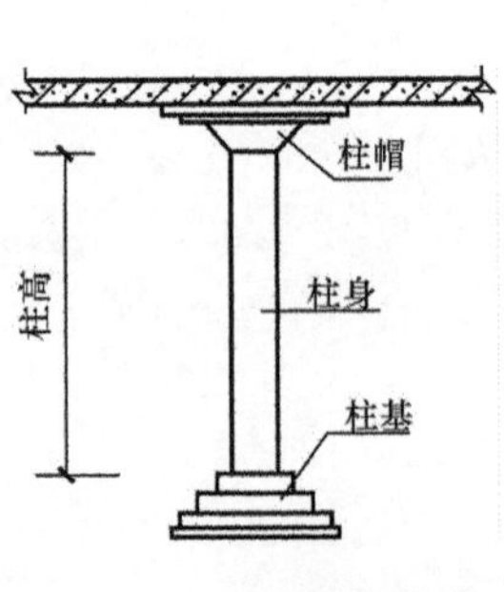

图 16-20　无梁板柱高

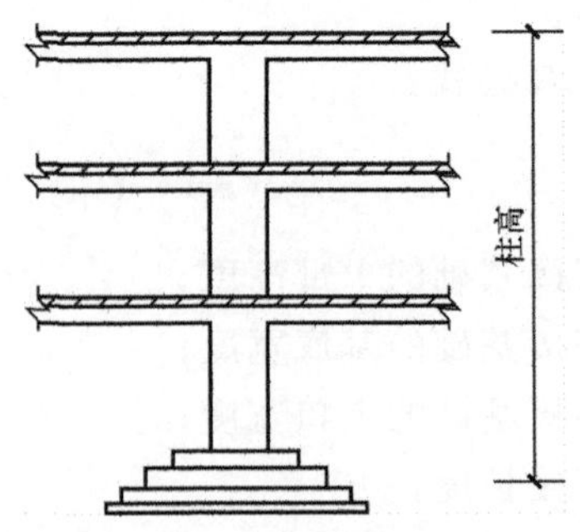

图 16-21　框架柱柱高

d. 构造柱的柱高：自柱基（地圈梁）上表面至柱顶面高度计算；如需分层计算首层构造柱自柱基（地圈梁）上表面至上一层圈梁的上表面的高度计算，其余各层为上、下两道圈梁的上表面之间。

注意

构造柱与墙咬接的马牙槎按柱高每侧 3cm，合并计算（图 16－22、图 16－23 所示）。

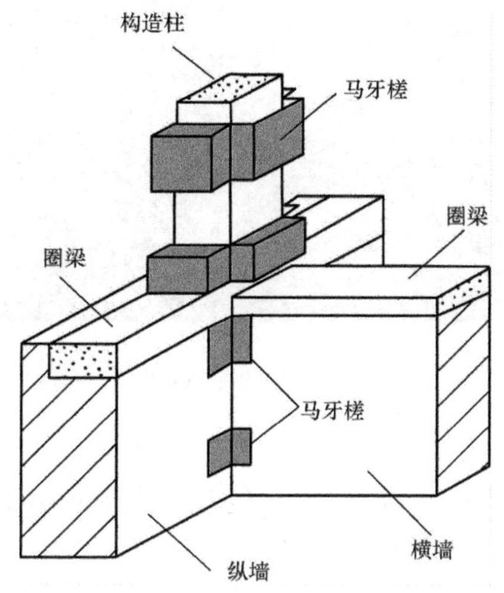

图 16－22　构造柱与砖墙嵌接部分体积（马牙槎）示意图

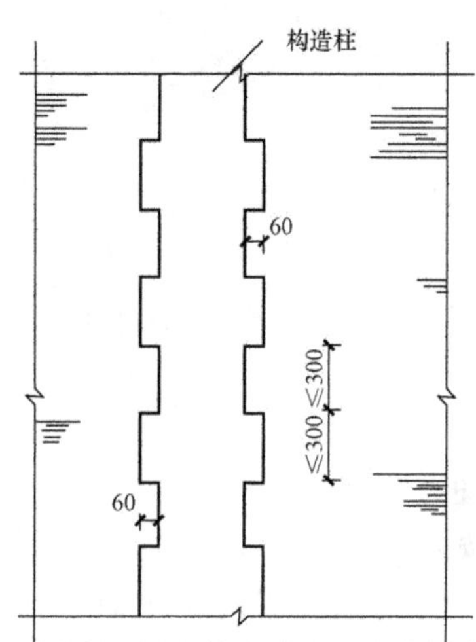

图 16－23　构造柱立面示意图

（6）梁。

1）梁与柱、次梁与主梁、梁与混凝土墙交接时，按净空长度计算；伸入砌筑墙体内的梁头及现浇的梁垫并入梁内计算。

2）圈梁与板整体浇捣的，圈梁按断面高度计算。

工程量计算公式：

$$V_{梁} = S_{梁断面} \times L$$

式中：$S_{梁断面}$根据施工图纸非常容易计算，关键是梁长 L 的确定。梁长 L 取定：

a. 框架梁梁长，按柱与柱之间净长计算（图 16－24）；

b. 次梁与主梁交接梁长，按次梁算至主梁边（图 16－25）；

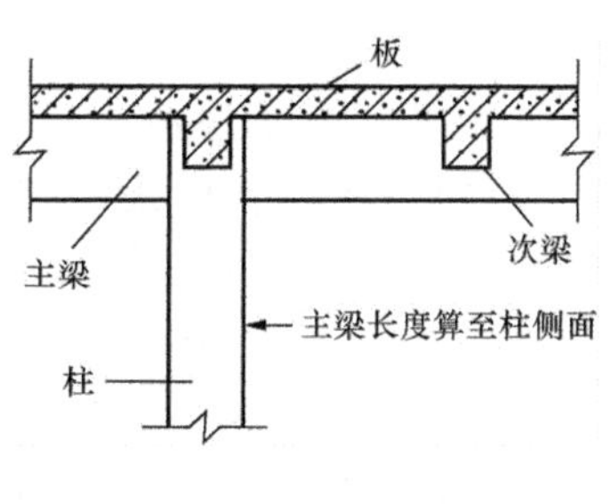

图 16－24　主梁

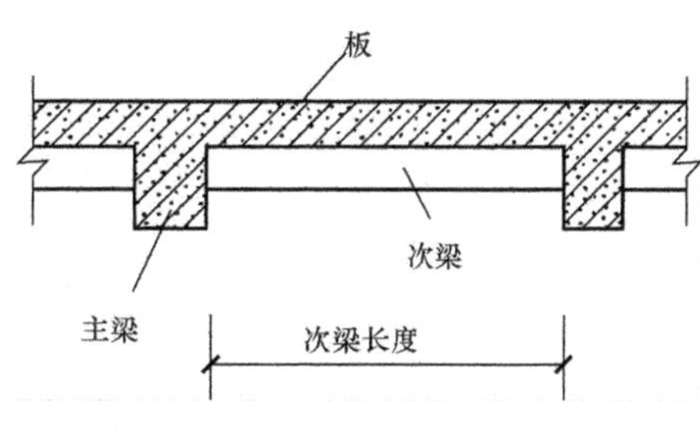

图 16－25　次梁

c. 圈梁通常沿墙体布置，故圈梁的计算长度通常就是砌体的长度（图 16－26）；

d. 过梁长度若图纸没有注明，一般按洞孔尺寸两端共加 50cm 计算（图 16－27）。

图 16-26　圈梁

图 16-27　过梁

（7）板。

1）按梁、墙间净距尺寸计算；板垫及与板整体浇捣的翻沿（净高 250mm 以内的）并入板内计算；板上单独浇捣的墙内素混凝土翻沿按圈梁定额计算。

2）无梁板的柱帽并入板内计算。

3）柱的断面积超过 $1m^2$ 时，板应扣除与柱重叠部分的工程量。

4）依附于拱形板、薄壳屋盖的梁及其他构件工程量均并入所依附的构件内计算。

5）弧形板并入板内计算，另按弧长计算弧形板增加费。梁板结构的弧形板弧长工程量应包括梁板交接部位的弧线长度。

6）预制板之间的现浇板带宽在 8cm 以上时，按一般板计算，套板的相应定额，宽度在 8cm 以内的已包括在预制板安装灌浆定额内，不另计算。

工程量计算公式：

$$V_{现浇板} = S_{板的水平投影} \times \delta_{板}$$

（8）墙。

1）墙高按基础顶面（或楼板上表面）算至上一层楼板上表面；平行嵌入墙上的梁不论凸出与否均并入墙计算。

2）与墙连接的柱、暗柱并入墙计算。

工程量计算公式：

$$V = 墙长 \times 墙高 \times 墙厚 - 门窗洞口所占体积 - 0.3m^2 以上孔洞所占体积$$

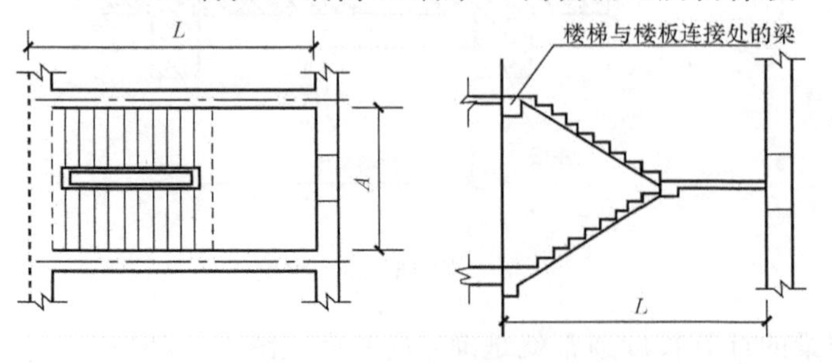

图 16-28　楼梯平面及剖面图

（9）楼梯。按水平投影面积计算；工程量包括休息平台、平台梁、楼梯段、楼梯与楼面板连接的梁（如图 16-28 所示），无梁连接时，算至最上一级踏步沿加 30cm 处。不扣除宽度小于 50cm 的楼梯井，伸入墙内部分不另行计算；但与楼梯休息平台脱离的平台梁按梁或圈梁计算。

直形楼梯与弧形楼梯相连者，直形、弧形应分别计算套用相应定额。

单跑楼梯上下平台与楼梯段等宽部分并入楼梯内计算面积。

楼梯基础、梯柱、栏板、扶手另行计算。

（10）凸出的线条模板增加费以凸出棱线的道数不同分别按延米计算，两条及多条线条相互之间净距小于100mm的，每两条线条按一条计算工程量。

（11）悬挑阳台、雨篷（图16-29）。混凝土浇捣按挑出墙（梁）外体积计算，外挑牛腿（挑梁）、台口梁、高度（h_1 或 h_1+h_2）小于250mm的翻沿均合并在阳台、雨篷内计算；模板按阳台、雨篷挑梁及台口梁外侧面范围的水平投影面积计算，阳台、雨篷外梁上外挑有线条时，另行计算线条模板增加费。

阳台栏板、雨篷翻沿高度超过250mm的，全部翻沿另行按栏板、翻沿计算。

阳台、雨篷梁按过梁相应规则计算，伸入墙内的拖梁按圈梁计算。

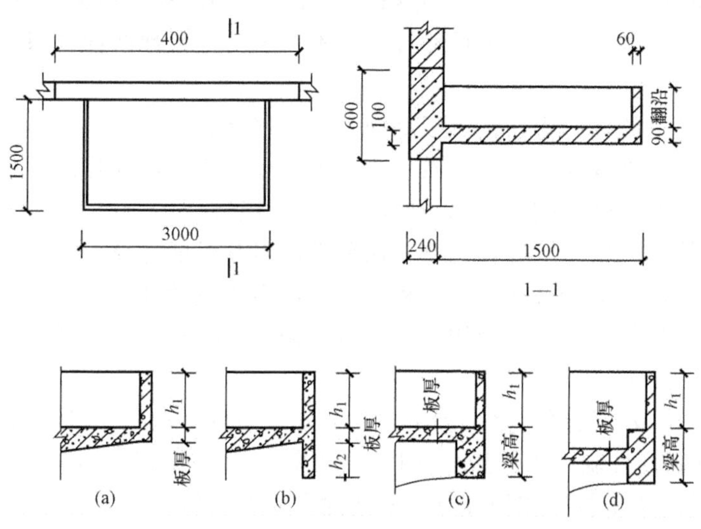

图16-29　雨篷平面及剖面图

（12）栏板、翻沿。栏板、单独扶手均按外围长度乘以设计断面计算体积；花式栏板应扣除面积在0.3m^{2}以上非整浇花饰孔洞所占面积，孔洞侧边模板并入计算，花饰另计。

栏板柱并入栏板内计算。弧形、直形栏板连接时，分别计算。

翻沿净高度小于25cm时，并入所依附的构件内计算。

（13）檐沟、挑檐。檐沟、挑檐工程量包括底板、侧板及与板整浇的挑梁。

（14）小型池槽、地沟、电缆沟。小型池槽包括底、壁工程量；地沟、电缆沟包括底、壁及整浇的顶盖工程量；预制混凝土盖板另行计算。

（15）构筑物。

1）除定额另有规定以外，构筑物工程量均同建筑物计算规则。

2）用滑模施工的构筑物，模板工程量按构件体积计算。

3）水塔。

a. 塔身与槽底以与槽底相连的圈梁为分界，圈梁底以上为槽底，以下为塔身。

b. 依附于水箱壁上的柱、梁等构件并入相应水箱壁计算。

c. 水箱槽底、塔顶分别计算，工程量包括所依附的圈梁及挑檐、挑斜壁等。

d. 倒锥形水塔水箱模板按水箱混凝土体积计算，提升按容积以“座”计算。

4）水（油）池、地沟。

a. 池、沟的底、壁、盖分别计算工程量。

b. 依附于池壁上的柱、梁等附件并入池壁计算；依附于池壁上的沉淀池槽另行列项计算。

c. 肋形盖的梁与板工程量合并计算；无梁池盖柱的柱高自池底表面算至池盖的下表面，工程量包括柱墩、柱帽的体积。

5）贮仓。贮仓立壁、斜壁混凝土浇捣合并计算，基础、底板、顶板、柱浇捣套用建筑物现浇混凝土相应定额。

圆形仓模板按基础、底板、顶板、仓壁分别计算；隔层板、顶板梁与板合并计算。

（16）设备基础二次灌浆按图示尺寸计算，不扣螺栓及预埋铁件体积。

（17）沉井。

1）依附于井壁上的柱、垛、止沉板等均并入井壁计算。

2）挖土按刃脚底外围面积乘以自然地面至刃脚底平均深度计算。

3）铺抽枕木、回填砂石按井壁周长中心线长度计算。

4）沉井封底按井内壁（或刃脚内壁）面积乘以封井厚度计算。

5）铁刃脚安装已包括刃脚制作，工程量按图示净用量计算。

6）井壁防水层按设计要求，套用相应章节定额，工程量按相关规定计算。

4. 预制混凝土构件

（1）预制构件模板及混凝土浇捣除定额注明外，均按图示尺寸以体积计算。

预制构件制作工程量＝（1＋损耗率）×按施工图算出的数量

（2）空心构件工程量按实体积计算，应扣除空心部分体积。

（3）预制方桩按设计断面乘以桩长计算，不扣除桩尖虚体积。

（4）除注明外，板厚度在4cm以内者为薄板，4cm以上为平板，窗台板、窗套板、无梁水平遮阳板套用薄板定额，带梁遮阳板套用肋形板定额，垂直遮阳板套用平板或薄板定额。

（5）屋架中的钢拉杆制作另行计算。

（6）花格窗及花格栏杆按外围面积计算，折实厚度大于4cm时，定额按比例调整。

（7）后张预应力构件不扣除灌浆孔道所占体积。

5. 钢筋

（1）钢筋工程应区别构件及钢种，以理论质量计算。理论质量按设计图示长度、数量乘以钢筋单位理论质量计算，包括设计要求锚固、搭接和钢筋超定尺长度必须计算的搭接用量；钢筋的冷拉加工费不计，延伸率不扣。

钢筋的理论净质量＝钢筋长度×每米质量

式中：钢筋质量＝$0.617d^2$；d为钢筋直径（cm）。

表 16 - 5　　钢筋的理论质量表

钢筋直径（mm）	理论质量（kg/m）	钢筋直径（mm）	理论质量（kg/m）	钢筋直径（mm）	理论质量（kg/m）
3	0.055	12	0.88	25	3.85
4	0.099	14	1.208	28	4.83
5	0.154	16	1.578	30	5.55
6	0.222	18	1.998	32	6.31
8	0.395	20	2.466	36	7.99
10	0.617	22	2.984	40	9.87

钢筋损耗率（详见定额附录三）：现浇、预制混凝土钢筋 2%；冷拔钢丝 9%。

（2）设计套用标准图集时，按标准图集所列钢筋（铁件）用量表内数量计算；标准图集未列钢筋（铁件）用量表时，按标准图集图示及本规则计算。

（3）计算钢筋用量时应扣除保护层厚度。

注：混凝土保护层，图纸有规定时按规定计算，无规定时按 25mm 计算。

钢筋长度计算公式：

1）两端无弯钩的直筋　　L＝构件长度－2×保护层厚度

2）两端有弯钩的直筋　　L＝构件长度－2 保护层厚度＋2×弯钩长度

弯钩长度：180°弯钩长 6.25d；90°的长 3.5d；135°的长 4.9d（如图 16 - 30 所示）。

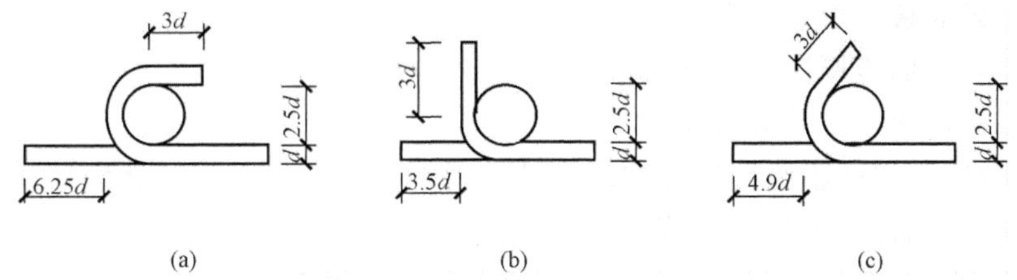

图 16 - 30　钢筋弯钩示意图

（a）180°半圆弯钩；（b）90°直弯钩；（c）135°斜弯钩

3）弯起钢筋　　　L＝构件长度－2×0.025＋2×6.25d＋ΔL

式中：ΔL＝0.4H，为弯起钢筋斜边增加长度；H 为梁高或板厚。

（4）钢筋的搭接长度及数量应按设计图示、标准图集和规范要求计算，遇设计图示、标准图集和规范要求不明确时，钢筋的搭接长度及数量可按以下规则计算：

1）灌注桩钢筋笼纵向钢筋、地下连续墙的钢筋网片钢筋按焊接考虑，搭接长度按 10d 计算；

2）建筑物柱、墙构件竖向钢筋搭接按自然层计算；

3）钢筋单根长度超过 8m 时计算一个因超出定尺长度引起的搭接，搭接长度为 35d；

4）当钢筋接头设计要求采用机械连接、焊接时，应按实际采用接头种类和个数列项计算，计算该接头后不再计算该处的钢筋搭接长度。

（5）箍筋（板筋）、拉筋的长度及数量应按设计图示、标准图集和规范要求计算，遇设计图示、标准图集和规范要求不明确时，箍筋（板筋）、拉筋的长度及数量可按以下规则计算：

1）墙板S形拉结钢筋长度按墙板厚度扣保护层加两端弯钩计算。

2）弯起钢筋不分弯起角度，每个斜边增加长度按梁高（或板厚）乘以0.4计算。

3）箍筋（板筋）排列根数为柱、梁、板净长除以箍筋（板筋）的设计间距；设计有不同间距时，应分段计算。柱净长按层高计算，梁净长按混凝土规则计算，板净长指主（次）梁与主（次）梁之间的净长；计算中有小数时，向上取整。

4）桩螺旋箍筋长皮计算为螺旋箍筋长度加水平箍筋长度。

螺旋箍筋长度：　$\sqrt{[(D-2C+d)\times\pi]^2+h^2}\cdot n$

水平箍筋长度：　$\pi(D-2C+d)\times(1.5\times2)$

式中：D为桩直径（m），C为主筋保护层厚度（m），d为箍筋直径（m），h为箍筋间距（m），n为箍筋道数（桩中箍筋配置范围除以箍筋间距，计算中有小数时，向上取整）。

（6）双层钢筋撑脚按设计规定计算，设计未规定时，均按同板中小规格主筋计算，基础底板每平方米1只，长度按底板厚乘以2再加1m计算；板每平方米3只，长度按板厚度乘以2再加0.1m计算。双层钢筋的撑脚布置数量均按板（不包括柱、梁）的净面积计算。

1）设计有规定，按设计规定计算

2）设计无规定，计算公式为：

$$L=nl$$

式中　n——板：取3只/m²，按板（不包括柱梁）的净面积计算；

基础底板：取1只/m²；

l——板：取墙板厚度×2+0.1m；

基础底板：取基础板厚×2+1m。

（7）后张预应力构件不能套用标准图集计算时，其预应力筋按设计构件尺寸，并区别不同的锚固类型，分别按下列规定计算：

1）低合金钢筋两端均采用螺杆锚具时，钢筋长度按孔道长度减0.35m计算，螺杆另行计算。

2）低合金钢筋一端采用镦头插片、另一端采用螺杆锚具时，钢筋长度按孔道长度计算，螺杆另行计算。

3）低合金钢筋一端采用镦头插片、另一端采用帮条锚具时，钢筋长度按孔道长度加0.15m计算；两端均采用帮条锚具时，钢筋长度按孔道长度加0.3m计算。

4）低合金钢筋采用后张混凝土自锚时，钢筋长度按孔道长度加0.35m计算。

5）低合金钢筋（钢绞线）采用JM、XM、QM型锚具，孔道长度在20m以内时，钢筋（钢绞线）长度按孔道长度增加1m计算；孔道长度在20m以上时，钢筋（钢绞线）长度按孔道长度增加1.8m计算。

6）碳素钢丝采用锥形锚具，孔道长度在20m以内时，钢丝束长度按孔道长度增加1m计算；孔道长度在20m以上时，钢丝束长度按孔道长度增加1.8m计算。

7）碳素钢丝束采用镦头锚具时，钢丝束长度按孔道长度增加0.35m计算。

（8）变形钢筋的理论质量按实计算，制作绑扎变形钢筋套用螺纹钢相应定额。

（9）混凝土构件及砌体内预埋的铁件均按图示尺寸以净重量计算。

（10）墙体加固筋及墙柱拉接筋并入现浇构件钢筋内计算。

（11）沉降观测点列入钢筋（或铁件）工程量内计算，采用成品的按成品价计算。

（12）植筋按定额划分的规格以“根”计算。

6. 构件运输与安装

（1）构件运输、安装统一按施工图工程量以“m^3”计算，制作工程量以“m^2”计算的，按每平方米 $0.1m^3$ 折算。

（2）屋架工程量按混凝土构件体积计算，钢拉杆运输、安装不另计算。

（3）住宅排烟（气）道按设计高度按“m”计算，住宅排烟（气）帽按“座”计算。

三、计算示例

【例 16-7】　如图 13-15 所示某工程基础采用现浇现捣混凝土，复合木模，试计算该工程的混凝土基础及垫层的直接工程费与模板措施费（模板工程量计算参考“含模量”表）。（计算结果保留两位小数）

解： 1. C10 混凝土垫层直接工程费

（1）1—1 剖面（带形基础下垫层）

1）浇捣工程量：

$$V_{垫层} = 断面积 \times 长度$$

$$长度：L_{外墙} = \left[6.00 \times 3 + 7.20 + \frac{(0.49 - 0.24) \times 0.365}{0.24}\right] \times 2 - 0.75 \times 4$$

$$= (25.2 + 0.38) \times 2 - 3.0 = 48.16(m)$$

$$L_{内墙} = 7.20m - 0.6 \times 2 = 6.00(m)$$

$$L_{1-1} = 48.16 + 6.00 = 54.16(m)$$

$$V_{1-1垫层} = 断面积 \times 长度$$

$$= 1.2 \times 0.1 \times 54.16 = 6.50(m^3)$$

2）模板工程量：查定额 P127“含模量参考表”，得含模量系数为 $1.94m^2/m^3$

$$S=混凝土构件体积\times含模量=6.50\times1.94=12.61\ (m^2)$$

（2）J-1 剖面（独立基础下垫层）。

1）浇捣工程量

$$V_{J-1垫层}=底面积\times厚度=1.5\times1.5\times0.1\times2个=0.45\ (m^3)$$

2）模板工程量

查定额 P127“含模量参考表”，得含模量系数为 $1.94m^2/m^3$

S=混凝土构件体积×含模量=0.45×1.94=0.873（m^2）

（3）垫层工程量小计

1）浇捣工程量：6.50+0.45=6.95（m^3）

套用定额 4-1　基价=227.2 元/m^3

2）模板工程量：12.61+0.873=13.483（m^2）

套用定额 4-135　基价=23.32 元/m^2

2. 混凝土基础直接工程费

（1）C30 无梁式带形基础（1-1 剖面）

1）浇捣工程量：

$$S_{断面积} = 1.0 \times 0.35 = 0.35(m^2)$$

长度 L：$L_{外墙} = \left[6.00 \times 3 + 7.20 + \frac{(0.49 - 0.24) \times 0.365}{0.24}\right] \times 2 - 0.65 \times 4$

$$= (25.2 + 0.38) \times 2 - 2.6$$

$$= 48.56(m)$$

$$L_{内墙} = 7.20m - 0.5 \times 2 = 6.20(m)$$

$$L = 48.56 + 6.20 = 54.76(m)$$

$$V_{搭接} = 0$$

$$V_{基础} = SL + V_{搭接} = 0.35 \times 54.76 = 19.166(m^3)$$

套用定额 4-3H

基价＝237.1＋（216.47－192.94）×1.015＝260.983（元/m^3）

2）模板工程量：查定额 P127 的含模量参考表，得含模量系数为 1.23 m^2/m^3

S＝混凝土构件体积×含模量＝19.166×1.23＝23.57（m^2）

套用定额 4-137　基价＝20.21 元/m^2

（2）C30 独立基础（J-1）

1）浇捣工程量：

$$V = abh + [a_1b_1 + ab + (a_1 + a) \cdot (b_1 + b)] \cdot h_1/6$$

$$= [1.3 \times 1.3 \times 0.35 + (0.3 \times 0.3 + 1.3 \times 1.3 + 1.6 \times 1.6) \times 0.1 \div 6] \times 2$$

$$= 1.328(m^3)$$

套用定额 4-3H

基价＝237.1＋（216.47－192.94）×1.015＝260.983（元/m^3）

2）模板工程量：查定额 P127 的含模量参考表，得含模量系数为 2.35m^2/m^3

S＝混凝土构件体积×含模量＝1.328×2.35＝3.12（m^2）

套用定额 4-141　基价＝21.60 元/m^2

3. 分项工程直接费计价表（表 16-6）

表 16-6　分项工程直接费计价表

定额编号	项目名称	计量单位	工程数量	单价	合价
4-1	C10 混凝土垫层	m^3	6.95	227.2	1579.04
4-3H	C30 钢筋混凝土基础	m^3	20.494	260.983	5348.59
	直接费小计	元			6927.63
4-135	C10 混凝土垫层木模板	m^2	13.483	23.32	314.42
4-137	带形基础木模板	m^2	23.57	20.21	476.35
4-141	独立基础木模板	m^2	3.12	21.60	67.39
	措施费小计	元			858.16

【例 16－8】　某工程结构平面如图 16－31 所示，采用 C25 现拌混凝土浇捣，模板用组合钢模，层高为 5m（＋6.00～＋11.00），柱截面为 400×500，KL1 截面为 250×700，KL2 截面为 250×600，L 截面为 250×500，板厚 10cm，试计算该工程的柱梁板模板和混凝土浇捣工程量。

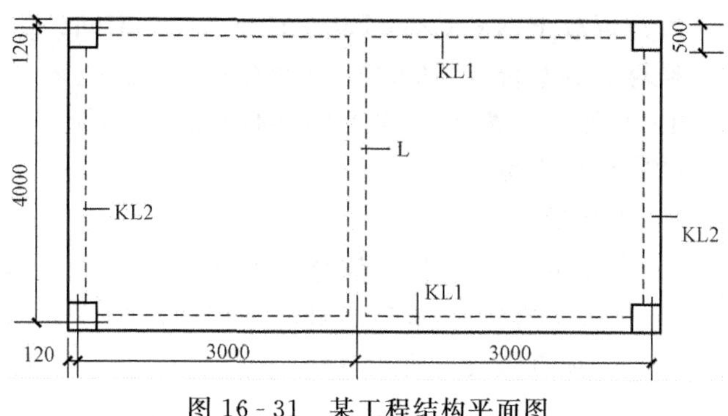

图 16－31　某工程结构平面图

解：(1) 混凝土浇捣工程量计算

①C25 钢筋混凝土柱

0.4×0.5×5×4＝4 (m^3)

②C25 钢筋混凝土梁

KL1：(6.24－0.4×2) ×0.25×0.7×2＝1.904 (m^3)

KL2：(4.24－0.5×2) ×0.25×0.6×2＝0.972 (m^3)

L：(4.24－0.25×2) ×0.25×0.5＝0.468 (m^3)

③C25 钢筋混凝土板

(4.24－0.25×2) × (6.24－0.25×3) ×0.1＝2.053 (m^3)

(2) 模板工程量计算（查定额 P127 含模量参考表）

①柱 4×9.83＝39.32 (m^2)

②梁 1.904×7.61＋ (0.972＋0.468) ×9.61＝28.33 (m^2)

③板 2.053×11.2＝22.99 (m^2)

【例 16－9】　某钢筋混凝土楼梯如图 16－32 所示，设计采用 C25 现浇混凝土，求该楼梯的混凝土浇捣直接费和模板措施费。(计算结果取整数)

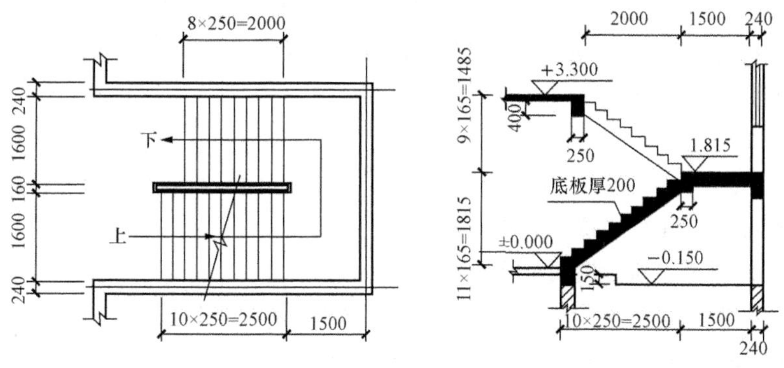

图 16－32　楼梯平面及剖面图

解：(1) 楼梯混凝土浇捣。

1) 工程量　　$S_{水平}$＝3.36÷2× (4＋3.5＋0.25) ＝13.02 (m^2)

2) 套用定额 4－22，基价＝69.7 元/m^2

楼梯底板厚 200＞180，定额按比例换算。

设计混凝土标号 C25 与定额 C20（40）不同，应换算价差。

换算后的基价＝［69.7＋（207.37－192.94）×0.243］×20÷18＝81.34（元/m^2）

3）直接工程费＝13.02×81.34＝1059（元）

（2）楼梯模板。

1）工程量　　　　　　　$S_{水平}$＝13.02m^2

2）套用定额 4－189，基价＝88.10 元/m^2

3）模板措施费＝13.02×88.10＝1147（元）

（3）分项直接费计价表（表 16-7）。

表 16-7　　　　　　　　　　分项工程直接费计价表

定额编号	项目名称	计量单位	工程数量	单价	合价
4-22H	C25 现浇混凝土楼梯	m^2	13.02	81.34	1059
4-189	楼梯模板措施费	m^2	13.02	88.10	1147

【例 16-10】　C25 现浇混凝土雨篷（图 16-33），采用组合钢模。试计算该雨篷的混凝土浇捣直接费和雨篷模板措施费，如翻沿高度 250 改为 600，上述费用又为多少？（计算结果取整数）

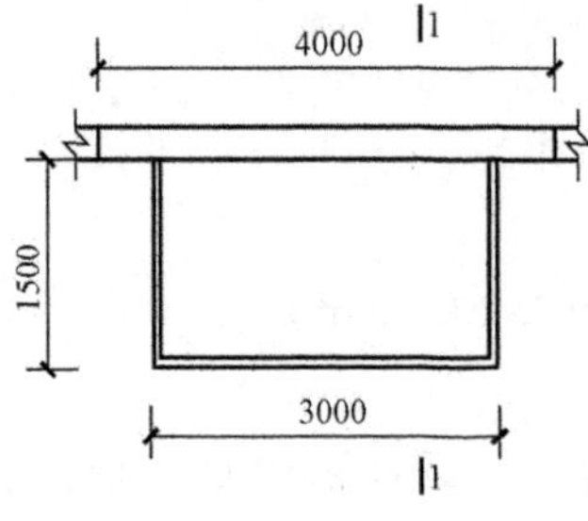

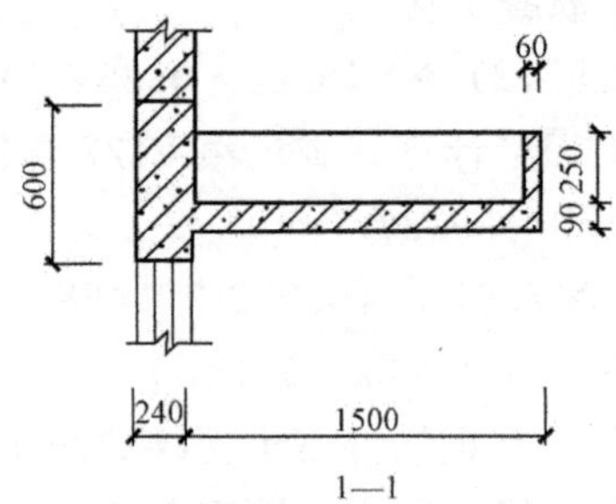

图 16-33　混凝土雨篷

解： 1. C25 现浇混凝土雨篷（翻沿高度为 250mm）

（1）雨篷混凝土浇捣

①工程量计算

$$V=3\times1.5\times0.090+(3+1.44\times2)\times0.25\times0.06=0.49\ (m^3)$$

②套用定额 4—24H，基价＝277 元/m^3

设计混凝土标号 C25 需进行换算

换算后的基价＝277＋（207.37－192.94）×1.002＝291.46（元/m^3）

③直接工程费＝0.49×291.46＝143（元）

（2）雨篷模板

①工程量计算

$$S=3\times1.5=4.5\ (m^2)$$

②套用定额 4-193，基价＝52.20 元/m^2

③模板措施费＝4.5×52.20＝235（元）

（3）分项直接费计价表（表 16-8）

表 16-8　**分项工程直接费计价表**

定额编号	项目名称	计量单位	工程数量	单价	合价
4-24H	C25 现浇混凝土雨篷	m^3	0.49	291.46	143
4-193	雨篷模板措施费	m^2	4.50	52.20	235

2. C25 现浇混凝土雨篷（翻沿高度为 600mm）

（1）雨篷混凝土浇捣

①工程量计算

$$V=3\times1.5\times0.090=0.405\ (m^3)$$

②套用定额 4—24H，基价＝277 元/m^3

换算后的基价＝277＋（207.37－192.94）×1.002＝291.46（元/m^3）

③直接工程费＝0.405×291.46＝118（元）

（2）雨篷模板

①工程量计算

$$S=3\times1.5=4.5\ (m^2)$$

②套用定额 4—193，基价＝52.20 元/m^2

③模板措施费＝4.5×52.20＝235（元）

（3）C25 现浇混凝土翻沿

①工程量计算

$$V=(3+1.44\times2)\times0.6\times0.06=0.21(m^3)$$

②套用定额 4—26H，基价＝333.6 元/m^3

换算后的基价＝333.6＋（222.09－208.32）×1.015＝347.58（元/m^3）

③直接工程费＝0.21×347.58＝73（元）

（4）翻沿模板

①工程量计算

$$S=\text{混凝土构件体积}\times\text{含模量}$$

查定额 P127 的“含模量参考表”，得含模量系数为 19.09m^2/m^3。

$$S=0.21\times19.09=4.01\ (m^2)$$

②套用定额 4—194，基价＝21.75 元/m^2

③模板措施费＝4.01×21.75＝87（元）

（5）分项直接费计价表（表 16-9）

表 16-9　**分项工程直接费计价表**

定额编号	项目名称	计量单位	工程数量	单价	合价
4-24H	C25 现浇混凝土雨篷	m^3	0.405	291.46	118
4-26H	C25 现浇混凝土翻沿	m^3	0.21	347.58	73
	直接费小计		元		191
4-193	雨篷模板	m^2	4.50	52.20	235
4-194	翻沿模板	m^2	4.01	21.75	87
	措施费小计		元		322

【例 16 - 11】 某房屋工程基础平面及断面如图 13 - 10，已知基础采用 C20 的现浇现拌混凝土带形基础，组合钢模，试计算该基础的浇捣工程量。(计算保留两位小数)

解：带形基础的工程量计算公式：

$$V_{基础}=断面积\times长度+V_{搭接}$$

①$S_{1-1}=1.2\times0.2+(0.3+1.2)\times0.1/2+0.3\times0.3=0.405$ (m²)

$S_{2-2}=1.0\times0.2+(0.3+1.0)\times0.1/2+0.3\times0.3=0.355$ (m²)

②$L_{1-1}=6\times2+5\times2=22$ (m)

$L_{2-2}=5-0.6\times2=3.8$ (m)

③$V_{搭接}=\left(bh_1+\dfrac{2b+B}{6}\times h_2\right)L$

$b=0.3$m

$h_1=0.3$m

$B=1.0$m

$L=(1.2-0.3)/2=0.45$ (m)

$h_2=0.1$m

$$V_{搭接}=[0.3\times0.3+(2\times0.3+1.0)\times0.1/6]\times0.45\times2=0.105\ (m^3)$$

④带形基础的工程量

$V=0.405\times22+0.355\times3.8+0.105$

$=10.36$ (m³)

【例 16 - 12】 某工程现浇钢筋混凝土梁（图 16 - 34）20 根，计算此工程钢筋的工程量。(弯起角度 45°，箍筋角度 135°)

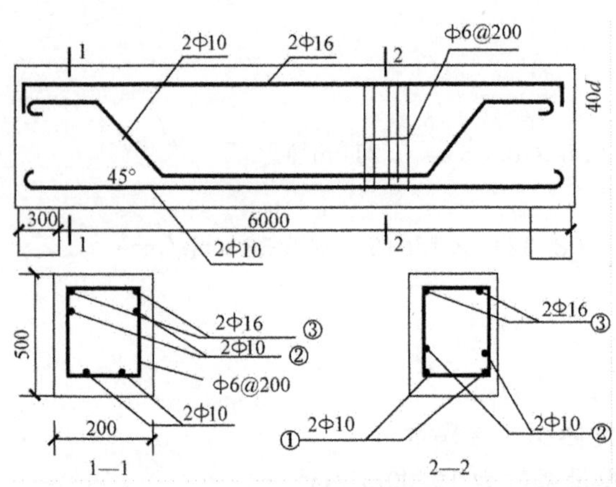

图 16 - 34 梁配筋图

解：(1) 钢筋的预算用量。

①号钢筋 2Φ10 用量＝(6－2×0.025＋6.25×0.010×2)×2＝12.15 (m)

②号钢筋 2Φ10 (弯) 用量＝(6－2×0.025＋6.25×0.010×2＋0.4×0.5×2)×2＝12.95 (m)

③号钢筋 2Φ16 用量＝(6－2×0.025＋2×40×0.016)×2＝14.46 (m)

箍筋Φ6：

数量＝(6－2×0.3－0.025×2)÷0.2＋1＝28

长度＝[(0.2－0.025×2)＋(0.5－0.025×2)]×2＋12.5×0.06＝1.275 (m)

总长度＝28×1.275＝35.7 (m)

(2) 合并计算钢筋的长度，并将单位换算成质量。

Φ10 钢筋用量＝(12.15＋12.95)×0.617×20＝309.73 (kg)

Φ16 钢筋用量＝14.46×1.578×20＝456.36 (kg)

Φ6 钢筋用量＝35.7×0.222×20＝158.51 (kg)

(3) 汇总钢筋工程量

钢筋工程量＝(309.73＋456.36＋158.51)×1.02＝924.60×1.02＝0.916 (t)

【例 16 - 13】　某框架梁平法施工图（图 16 - 35）所示，试计算钢筋工程量。

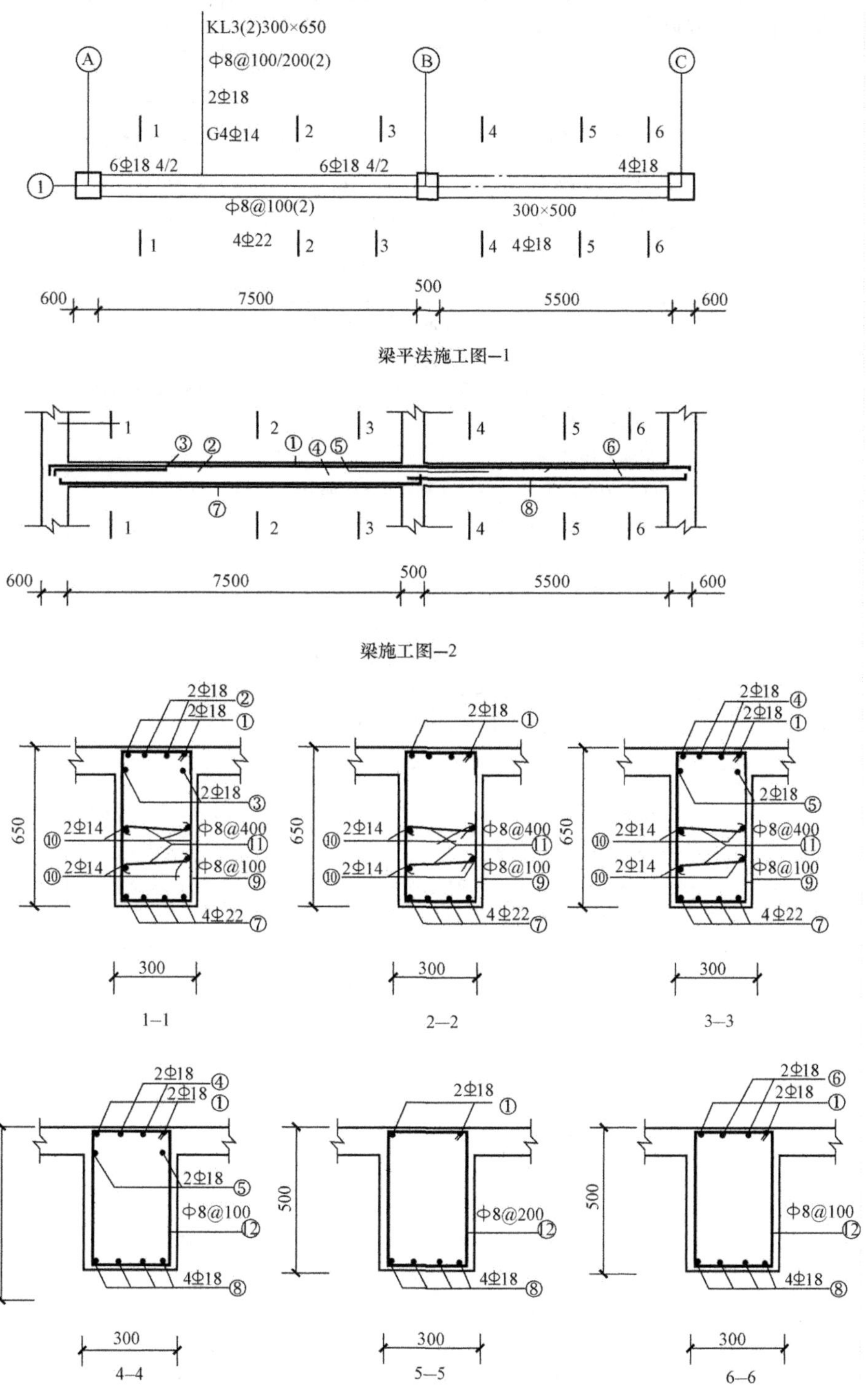

图 16 - 35　平法配筋图

计算条件见表 16 - 10。

表 16 - 10

混凝土强度	梁保护层	支座保护层	抗震等级	连接方式	L_{aE}/L_a
C30	25	30	三级抗震	焊接	34d/30d

框架梁主筋锚固长度按图集 11G101—1《混凝土结构施工平面整体表示方法制图规则和构造详图》考虑，保护层厚度按图集 11G101—1 规定的一类环境考虑。

解：钢筋工程量长度计算详见表 16 - 11，钢筋质量计算详见表 16 - 12。

表 16 - 11 **钢筋长度计算表**

钢筋编号	直径（mm）	钢筋外皮轮廓长度	根数	小计
①2⌀18	⌀18	上部贯通筋（上通长筋）长度＝通跨净跨长＋首尾端支座锚固值 净长：7.5＋5.5＋0.5＝13.5（m） 左端支座弯锚： max（0.5×0.6＋5×0.018，0.4×34×0.018）＋15×0.018＝max（0.39，0.244 8）＋0.27＝0.66（m） 右端支座弯锚： max（0.5×0.6＋5×0.018，0.4×34×0.018）＋15×0.018＝max（0.39，0.244 8）＋0.27＝0.66（m） 总长：13.5＋0.66＋0.66＝14.82（m） 接头个数：14.820/9.0－1＝1 焊接接头长度：5d＝5×0.018＝0.09（m）	2	29.82
②2⌀18	⌀18	端支座负筋长度：第一排为 $L_n/3$＋端支座锚固值；第二排为 $L_n/4$＋端支座锚固值 净长：7.5/3＝2.5（m） 左端支座弯锚： max（0.5×0.6＋5×0.018，0.4×34×0.018）＋15×0.018＝max（0.39，0.244 8）＋0.27＝0.66（m） 总长：2.5＋0.66＝3.16（m）	2	6.32
③2⌀18	⌀18	端支座负筋长度：第一排为 $L_n/3$＋端支座锚固值；第二排为 $L_n/4$＋端支座锚固值 净长：7.5/4＝1.875（m） 左端支座弯锚： max（0.5×0.6＋5×0.018，0.4×34×0.018）＋15×0.018＝max（0.39，0.244 8）＋0.27＝0.66（m） 总长：1.875＋0.66＝2.535（m）	2	5.07
④2⌀18	⌀18	端支座负筋长度：第一排为 $L_n/3$＋支座长度；第二排为 $L_n/4$＋支座长度 长度：7.5/3×2＋0.5＝5.5（m）	2	11.0

续表

钢筋编号	直径（mm）	钢筋外皮轮廓长度	根数	小计
⑤2⏀18	⏀18	端支座负筋长度：第一排为 $L_n/3$＋支座长度；第二排为 $L_n/4$＋支座长度 长度：7.5/4×2＋0.5＝4.25（m）	2	8.50
⑥2⏀18	⏀18	端支座负筋长度：第一排为 $L_n/3$＋端支座锚固值；第二排为 $L_n/4$＋端支座锚固值 净长：5.5/3＝1.834（m） 右端支座弯锚： max（0.5×0.6＋5×0.018，0.4×34×0.018）＋15×0.018＝max（0.39，0.244 8）＋0.27＝0.66（m） 总长：1.834＋0.66＝2.494（m）	2	4.99
⑦2⏀22	⏀22	下部钢筋长度＝净跨长＋左右支座锚固值 净长：7.5m 左端支座弯锚： max（0.5×0.6＋5×0.022，0.4×34×0.022）＋15×0.022＝0.74（m） 右端支座弯锚： max（0.5×0.6＋5×0.022，0.4×34×0.022）＋15×0.022＝0.74（m） 总长：7.5＋0.74＋0.74＝8.98（m）	4	35.92
⑧4⏀18	⏀18	下部钢筋长度＝净跨长＋左右支座锚固值 净长：5.5m 左端支座弯锚： max（0.5×0.5＋5×0.018 2，0.4×34×0.018）＝0.34（m） 右端支座弯锚： max（0.5×0.6＋5×0.018，0.4×34×0.018）＋15×0.018＝0.66（m） 总长：5.5＋0.34＋0.66＝6.50（m）	4	26.00
⑨Φ8	Φ8	箍筋长度＝（梁宽－2×保护层＋梁高－2×保护层）×2＋2×11.9d 箍筋根数＝（加密区长度/加密区间距＋1）×2＋（非加密区长度/非加密区间距－1） 箍筋长度＝（0.3－0.025×2＋0.65－0.025×2）×2＋11.9×0.008×2＝1.70＋0.191＝1.891（m） 箍筋根数＝［（1.5×0.65－0.05）/0.1＋1］×2＋（7.5－1.5×0.65×2）/0.2－1＝22＋27＝49 总长度＝1.891×49＝92.659（m）	49	92.66

续表

钢筋编号	直径（mm）	钢筋外皮轮廓长度	根数	小计
⑩4ф14	ф14	构造钢筋长度=净跨长+2×15*d* 净长：7.5m 锚固长度：15*d*=15×14=0.21（m） 总长：7.5+2×0.21=7.92（m）	4	55.96
11ф8	ф8	拉筋长度=（梁宽−2×保护层）+2×11.9*d*（抗震弯钩值） 净长：7.5m 拉筋根数=步筋长度/步筋间距 拉筋长度=0.30−0.025×2+11.9×0.008×2=0.441（m） 根数=［int（7.5−0.1）/0.4+1］×2=40	40	17.64
12ф8	ф8	箍筋长度=（梁宽−2×保护层+梁高−2×保护层）×2+2×11.9*d* 箍筋根数=（加密区长度/加密区间距+1）×2+（非加密区长度/非加密区间距−1） 箍筋长度=（0.3−0.025×2+0.50−0.025×2）×2+11.9×0.008×2=1.70+0.191=1.591（m） 箍筋根数=［（1.5×0.50−0.05）/0.1+1］×2+（5.5−1.5×0.50×2）/0.2−1=16+19=35 总长度=1.591×35=55.685（m）		55.69

表 16-12　　钢筋汇总计算表

直径（mm）	长　度	质　量	合计（kg）
ф8	92.659+17.64+55.685=165.984	0.395×165.984=65.56（kg）	66
⏀14	31.68	1.21×31.68=38.33（kg）	329
⏀18	29.82+6.32+5.07+11.0+8.50+4.988+26.0=91.698	2×91.698=183.396（kg）	
⏀22	35.92	3×35.92=107.76（kg）	

第三节　清单及清单计价

混凝土和钢筋混凝土工程项目按《计算规范》附录 E 设置，包括：现浇混凝土各类构件、后浇带、预制混凝土各类构件、混凝土构筑物，钢筋工程、螺栓铁件等，共 17 节 76 个项目。适用于建筑物、构筑物的混凝土工程列项。

一、清单编制

（一）现浇混凝土基础工程

1. 工程量清单项目设置

按基础形体和作用划分设置，共有六个清单项目，编码为 010501001×××到 010501006×××，其名称、单位、工程量计算规则以及项目特征、工程内容见《计算规范》

表 E.1。

（1）“带形基础”项目适用于各种带形基础。

（2）“独立基础”项目适用于块体柱基、杯基、柱下的板式基础、无筋倒圆台基础、壳体基础、电梯井基础等。

（3）“满堂墓础”项目包括有梁、无梁的，也适用于地下室底板及箱式基础等。

（4）“设备基础”项目适用于设备的块体基础、框架式设备基础等。

（5）“桩承台基础”项目适用于浇筑在群桩、单桩上的墙基、柱基等承台。

2. 工程量清单项目的编制

工程量清单编制时，应根据工程设计内容，按照《计算规范》的提示，结合有关计价定额的使用规则，完整、明确地描述清单项目特征。

（1）有梁、无梁带形基础以及同一基础类型、不同断面尺寸、不同底面标高的基础应分别编码列项。

（2）箱式满堂基础，可按满堂基础、柱、梁、墙、板分别编码列项；也可利用满堂基础的第五级编码分别列项。

（3）设备基础应按块体外形尺寸不同分别列项，项目特征应对基础的单体体积、设备螺栓孔尺寸和数量、二次灌浆要求及其尺寸予以描述；二次灌浆不单独列项。

框架式设备基础，可按设备基础、柱、梁、墙、板分别编码列项；也可利用设备基础的第五级编码进行分别列项。

3. 清单项目工程数量的计算

基础工程清单工程量计算规则：按设计图示尺寸以“m^3”计算。不扣除构件内钢筋、预埋铁件和伸入承台基础的桩头所占体积。

（1）带形基础长度：外墙按中心线、内墙按基底净长线计算，独立柱基间带形基础按基底净长线计算，附墙垛折加长度并入计算；垫层不扣除重叠部分的体积，有梁带基梁面以下凸出的钢筋混凝土柱并入相应基础内计算。

$$V_{带基}=断面积\times长度+V_{搭接}$$

$$V_{独立基础}=abh+[a_1b_1+ab+(a_1+a)\times(b_1+b)]\cdot h_1/6$$

（2）满堂基础的柱墩并入满堂基础内计算。满堂基础设有后浇带时，后浇带应分别列项计算。

（3）设备基础中的设备螺栓孔体积不予扣除。

（4）基础搭接体积按图示尺寸计算。

【例 16-14】　某工程基础图如图 13-15 所示，计算该工程混凝土墙基和柱基清单工程量，并编列项目清单。（计算保留两位小数）

解：根据工程基础类型和断面规格，应分别按 1-1 和 J-1 应分别列项。

（1）清单工程量计算

混凝土基础的清单工程量计算规则和定额混凝土浇捣工程量计算规则相同

1）C30 无梁式带形基础（1-1 剖面）

$V_{基础}=断面积\times长度+V_{搭接}$

断面积$=1.0\times0.35=0.35$（m^2）

长度$=54.76m$

$V_{搭接}=0$

$V_{基础}=0.35\times54.76=19.166\ (m^3)$

2）C30 独立基础（J-1）

$$V=abh+[a_1b_1+ab+(a_1+a)\times(b_1+b)]\times h_1/6$$
$$=[1.3\times1.3\times0.35+(0.3\times0.3+1.3\times1.3+1.6\times1.6)\times0.1/6]\times2$$
$$=1.328(m^3)$$

（2）根据工程量清单格式，编列该工程基础工程量清单（见表 16-13）。

表 16-13　　分部分项工程量清单

序号	项目编码	项目名称	项目特征	计量单位	工程数量
1	010501002001	带形基础	1-1，二类土，C30 钢筋混凝土无梁式带形基础，底宽 1.0m，厚 0.35m，基底长 54.76m	m^3	19.17
2	010501003001	独立基础	C30 钢筋混凝土独立基础（共 2 只），基底 1.3m × 1.3m，厚 0.35m，顶面 0.3m×0.3m，锥高 0.1m	m^3	1.33

4. 注意事项

（1）基础与上部结构的划分以混凝土基础上表面为界；基础与垫层如设计不明确时，以厚度划分：15cm 以内为垫层，15cm 以上的为基础。

（2）素混凝土或毛石混凝土基础应予以分别列项，毛石混凝土基础项目特征应描述毛石所占比例。

（3）遇有弧形基础，应单独列项或在清单项目特征中予以描述具体弧形基础边的长度含量。

（4）基底埋深（自设计室外地坪起算）超过 2m 的，应在清单项目特征中予以描述。

（5）地下室底板施工缝设有止水带时，按《计算规范》附录 J 相应编码单独列项。

（二）现浇混凝土柱

1. 工程量清单项目设置

工程量清单按柱的断面形状设置“矩形柱”、构造柱和“异形柱”三个子目，其项目特征和工作内容详见《计算规范》表 E.2。

“矩型柱”、“异型柱”项目适用于各种类别的柱，包括框架柱、独立柱、有梁板柱和无梁板柱。

2. 工程量清单项目的编制

（1）同一类型的柱，按以下情况分别编码列项：

1）按柱所处部位层高 3.6m 以内和 3.6m 以上区别，超过 3.6m 的按每增加 1m 步距分别列项。

2）矩形柱（构造柱除外）断面按周长 1.2m 以内、1.8m 以内和 1.8m 以上分别列项。

3）圆形柱以异形柱编码列项，按断面直径 ϕ50cm 以内和 ϕ50cm 以上划分项目。

（2）单独的薄壁柱根据其截面形状，确定以异型柱或矩形柱编码列项；与墙连接的薄壁柱按墙项目编码列项。

3. 清单项目工程数量的计算

（1）现浇混凝土柱的工程量按设计图示尺寸以“m^3”计算。不扣除构件内钢筋、预埋铁件所占体积。

（2）柱高的确定：

1）有梁板的柱高，应自柱基上表面（或楼板上表面）至上一层楼板上表面之间的高度计算。

2）无梁板的柱高，应自柱基上表面（或楼板上表面）至柱帽下表面之间的高度计算，柱帽的工程量并入无梁板体积内计算。

3）框架柱的柱高，应自桩基上表面至柱顶高度计算。

（3）构造柱按柱全高计算，嵌接墙体部分并入柱身体积。

（4）依附柱上的牛腿和无梁板的柱帽，并入柱身体积计算。

工程量计算公式：

$$V_{柱}=S_{柱断面面积}\times H_{柱高}+V_{牛腿}$$

【例 16-15】　表 16-14 为某工程设计平法标注框架柱表，试计算 KZ1、KZ2 清单工程量并编列项目清单。

表 16-14　　KZ1、KZ2　柱　表

柱号	标高	断面	备注
KZ1	−1.5～8.07	500×500	一层层高 4.5m，二～五层层高 3.6m，六～七层层高 3m；各层平面外围尺寸相同，檐高 25m。 KZ1 共 24 只，KZ2 共 10 只。 混凝土强度等级均为 C30
	8.07～15.27	450×400	
	15.27～24.87	300×300	
KZ2	−1.5～4.47	ϕ500	
	4.47～8.07	500×500	
	8.07～15.27	450×400	
	15.27～24.87	300×300	

解：根据题意，该工程框架柱列项应按断面形式分为矩形柱和圆形柱，矩形柱按断面周长应分为 1.8m 以上、1.8m 以内和 1.2m 以内三种，而 1.8m 以上在底层部分因层高超过 3.6m，也应分别列项。

（1）工程量计算。

1）±0.00 以下工程量。

a. 矩形柱（断面周长 1.8m 以上）。

KZ1　$V=0.5\times0.5\times1.5\times24=9$（$m^3$）

b. 圆形柱（断面 ϕ50cm）。

KZ2　$V=0.25\times0.25\times3.1416\times1.5\times10=2.95$（$m^3$）

2）矩形柱（断面周长 1.8m 以上，层高 3.6m 以内）

KZ1　$V=0.5\times0.5\times(8.07-4.47)\times24=21.6$（$m^3$）

KZ2　$V=0.5\times0.5\times(8.07-4.47)\times10=9$（$m^3$）

小计：$V=30.6$（m^3）

3）矩形柱（断面周长 1.8m 以上，层高 4.5m）。

KZ1 $V=0.5\times 0.5\times 4.47\times 24=26.82$（$m^3$）

4）矩形柱（断面周长 1.8m 以内，层高 3.6m 以内）。

KZ1 $V=0.45\times 0.4\times(15.27-8.07)\times 24=31.1$（$m^3$）

KZ2 $V=0.45\times 0.4\times(15.27-8.07)\times 10=12.96$（$m^3$）

小计：$V=44.06$（m^3）

5）矩形柱（断面周长 1.2m 以内，层高 3.6m 以内）。

KZ1 $V=0.3\times 0.3\times(24.87-15.27)\times 24=20.74$（$m^3$）

KZ2 $V=0.3\times 0.3\times(24.87-15.27)\times 10=8.64$（$m^3$）

小计：$V=29.38$（m^3）

6）圆形柱（断面 ϕ50cm，层高 4.5m）。

KZ2 $V=0.25\times 0.25\times 3.1416\times 4.47\times 10=8.78$（$m^3$）

（2）清单项目列表（见表 16-15）。

表 16-15 **分部分项工程量清单**

序号	项目编码	项目名称	项目特征	计量单位	工程数量
1	010502001001	矩形柱	C30 钢筋混凝土矩形柱，断面周长 1.8m 以上，±0.00 以下，深 1.5m	m^3	9.00
2	010502001002	矩形柱	C30 钢筋混凝土矩形柱，断面周长 1.8m 以上，层高 3.6m 以内，柱高 24.87m	m^3	30.60
3	010502001003	矩形柱	C30 钢筋混凝土矩形柱，断面周长 1.8m 以上，层高 4.5m，柱高 24.87m	m^3	26.82
4	010502001004	矩形柱	C30 钢筋混凝土矩形柱，断面周长 1.8m 以内，层高 3.6m 以内，柱高 24.87m	m^3	44.06
5	010502001005	矩形柱	C30 钢筋混凝土矩形柱，断面周长 1.2m 以内，层高 3.6m 以内，柱高 24.87m	m^3	29.38
6	010502003001	异形柱	C30 钢筋混凝土圆形柱，断面直径 ϕ50cm，±0.00 以下，深 1.5m	m^3	2.95
7	010502003002	异形柱	C30 钢筋混凝土圆形柱，断面直径 ϕ50cm，层高 4.5m，柱高 24.87m	m^3	8.78

4. 注意事项

（1）混凝土柱上的钢牛腿按《计算规范》附录 F 零星钢构件编码列项。

（2）构造柱与墙咬接的马牙槎按柱宽每侧 3cm 合并计算。

（3）一字形、L 形、T 形柱（见图 16-15），当 a/b 大于 4 时，按混凝土墙项目列项。

（三）现浇混凝土梁、墙、板

1. 工程量清单项目设置

（1）现浇混凝土梁按梁的作用、截面及形状等划分列项，包括“基础梁”、“矩形梁”、“异形梁”、“圈梁”、“过梁”、“弧形、拱形梁”六个分项。

（2）现浇混凝土墙按“直形”、“弧形”、“短肢剪力墙”和“挡土墙”划分，也适用于地下室墙、电梯井壁的列项。其中“短肢剪力墙”是指截面厚度不大于30mm，各肢截面高度与厚度之比最大值大于4且不大于8的剪力墙。

（3）现浇混凝土板包括各种类型的水平构件，按结构、形体和作用划分，清单项目特征和工作内容详见《计算规范》表E.5。

2. 工程量清单项目的编制

梁、墙、板清单项目特征描述，应考虑不同计价因素，分别编码列项。

（1）同一类型的梁，应按不同的层高、层次、梁断面高度、性质等分别编码列项。

如：层高3.6m以内和3.6m以上的梁（圈、过梁除外）应分别列项，3.6m以上的按每增1m为步距分别列项，“矩形梁”按断面高度0.3m内、0.6m内、0.6m以上分别列项。

“异形梁”应按不同性质（如薄腹梁、吊车梁等）分别列项，弧形、拱形梁分别列项。

单独过梁和圈梁连接的过梁应分别列项，地圈梁和楼层圈梁应分别编码列项。

（2）现浇混凝土墙除按直形、弧形区分外，也应按不同层高、墙厚、部位、性质等分别编码列项。

如：一般的墙按厚度10cm内、20cm内和20cm以上分别列项；地下室内墙与外墙、高度小于1.2m的女儿墙、电梯井壁、无筋混凝土或毛石混凝土挡土墙等应分别列项。

（3）现浇混凝土板除按层高层次区分以外，一般有梁板应将梁板分别编码列项，梁按现浇梁项目的划分办法列项，板按平板（板厚10cm以内和10cm以上）项目分别列项。

（4）薄壳板应按外形形状，如筒式、球形、双曲形分别列项。

（5）栏板应按形式（直形、弧形），高度（1.2m以内、1.2m以上）、扶手尺寸等不同分别列项，项目特征中应注明栏板计算长度。

（6）内、外檐沟按“天沟”列项，整体现浇梁板组成的跨中排水沟，按梁板规则列项；挑檐板应按外挑尺寸、平挑还是带翻沿的予以区别。

（7）雨篷、阳台板按外挑尺寸、折实厚度、外形及结构形式（直形或弧形、板式或梁式）、翻沿构造等不同特征予以分别列项，且在项目中明确描述这些特征。

（8）其他板适用于以上项目不能涵盖的现浇板，如砖砌或小型地沟的单独现浇盖板等。

3. 清单项目工程数量的计算

（1）梁。

按设计图示尺寸以“m^3”计算。不扣除构件内钢筋、预埋铁件所占体积，伸入砌筑墙内的梁头、梁垫并入梁体积内。

梁长：梁与柱连接时，梁长算至柱侧面，主梁与次梁连接时，次梁长算至主梁侧面；梁与钢筋混凝土墙连接时，梁长算至墙侧面。

$$梁体积=梁长\times断面面积$$

（2）墙。

按设计图示尺寸以“m^3”计算。不扣除构件内钢筋、预埋铁件所占体积，扣除门窗洞口及单个面积0.3m^2以外的孔洞所占体积，墙垛及突出墙面部分并入墙体体积内计算。

1）墙高按基础顶面（或楼板上表面）算至上一层楼板上表面，不扣除板厚。

2）墙与电梯井壁相连时，以电梯井壁四周外围为界划分。

（3）板。

按设计图示尺寸以“m^3”计算。不扣除构件内钢筋、预埋铁件及单个面积0.3m^2以内的孔洞所占体积。有梁板（包括主、次梁与板）按梁、板体积之和计算，无梁板按板和柱帽体积之和计算，各类板伸入砌筑墙内的板头并入板体积内计算，薄壳板的肋、基梁并入薄壳体积内计算。

1）板按梁、钢筋混凝土墙间净距尺寸计算；板垫及板翻沿（净高250mm以内的）并入板内计算；现浇板上翻梁并入板内计算。

2）当柱断面大于1m^2以上时，板应扣与柱重叠部位体积。

3）弧形板并入板内计算，梁板结构的弧形板应包括梁板交接部位的弧线长度。栏板柱、扶手、整体现浇的花饰等并入栏板内计算。

4）天沟、挑檐板：按设计图示尺寸以“m^3”计算。

檐沟、挑檐工程量包括底板、侧板及板上、下整浇的挑梁。

5）雨篷、阳台：按设计图示尺寸以墙外部分“m^3”计算。包括伸出墙外的牛腿和雨篷反挑檐的体积。

6）其他板：按设计图示尺寸以“m^3”计算，扣除空心部分的体积。

【例16-16】　某工程结构平面如图16-36所示。采用C25现拌混凝土浇捣，模板用组合钢模，层高为5m（+6.00～+11.00），柱截面为400×500，KL1截面为250×700，KL2截面为250×600，L截面为250×500，板厚10cm，试计算该工程的梁板清单工程量并编列清单。

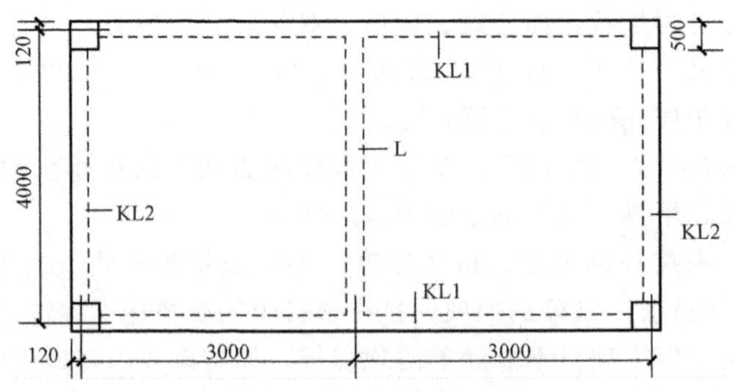

图16-36　某工程结构平面图

解：（1）清单工程量计算（同定额混凝土浇捣工程量）

①C25钢筋混凝土柱

$$0.4\times0.5\times5\times4=4\ (m^3)$$

②C25钢筋混凝土梁

KL1：$(6.24-0.4\times2)\times0.25\times0.7\times2=1.904\ (m^3)$

KL2：$(4.24-0.5\times2)\times0.25\times0.6\times2=0.972\ (m^3)$

L：（4.24－0.25×2）×0.25×0.5＝0.468（m^3）

③C25 钢筋混凝土板

（4.24－0.25×2）×（6.24－0.25×3）×0.1＝2.053（m^3）

（2）清单项目列表（见表 16－16）。

表 16－16　　　　分部分项工程量清单

序号	项目编码	项目名称	项目特征	计量单位	工程数量
1	010502001001	矩形柱	C25 钢筋混凝土矩形柱，周长 1.8m 内，层高 5m	m^3	4.0
2	010503002001	矩形梁	C25 钢筋混凝土矩形梁：梁高 0.6m 上，层高 5m	m^3	1.904
3	010503002002	矩形梁	C25 钢筋混凝土矩形梁：梁高 0.6m 内，层高 5m	m^3	1.44
4	010505003001	平板	C25 钢筋混凝土平板：板厚 100，层高 5m	m^3	2.053

4. 注意事项

（1）混凝土的供应方式如有要求时（现场搅拌混凝土、商品混凝土）应在招标文件中明确，在清单项目特征中可不予一一描述。

（2）凸出混凝土构件表面的装饰线、装饰块并入所依附的构件内计算。

（3）钢筋混凝土墙上的梁其体积并入墙内计算。

（4）预制框架柱、梁的现浇接头按实捣体积以“m^3”计算，分别列项。

（5）水平遮阳板、空调板按雨篷项目列项；非悬挑式阳台、雨篷及外挑大于 1.8m 的外挑梁板式阳台、雨篷，单独列项，按梁、板有关规则计算。

阳台、雨篷梁按过梁相应规则计算、伸入墙内的拖梁按圈梁计算列项。

（6）弧形板按相应板列项后，应在项目特征中增加弧形边长度的描述。

（7）当现浇钢筋混凝土板坡度大于 10°时，应按 30°以内、60°以内及 60°以上应分别列项计算。

（8）现浇挑檐、天沟板、雨篷、阳台与板（包括屋面板、楼板）连接时，以外墙外边线为分界线；与圈梁（包括其他梁）连接时，以梁外边线为分界线。外边线以外为挑檐、天沟、雨篷或阳台。

楼板及屋面平挑檐外挑小于 50cm 与大于 50cm 的应分别列项。

（9）梁、板、墙设后浇带时，后浇带体积单独计算列项。

（10）设计要求在混凝土板等构件浇捣中，采用复合高强薄型空心管时，其工程量应扣除管所占体积，项目特征应描述复合高强薄型空心管规格、数量。

（11）项目特征内的构件标高（如梁底标高、板底标高等），不需要对每个构件都注上标高和高度，只需选择关键部件注明，以便投标人选择垂直运输机械。

（四）现浇混凝土楼梯及其他构件

1. 工程量清单项目设置

（1）现浇混凝土楼梯按直形、弧形两个项目设置，其特征和工程内容详见《计算规范》

表 E.6。

(2) 其他构件项目包括：其他构件和混凝土散水、坡道；室外地坪、电缆沟、地沟、台阶、扶手压顶、化粪池、检查井七个项目。现浇混凝土小型池槽、垫块、门框等按其他构件编码列项。

2. 工程量清单项目的编制

(1) 楼梯：清单项目应明确楼梯的结构类型，楼梯底板厚度、梁式楼梯斜梁的断面应在项目特征中予以描述。

(2) 直形楼梯与弧形楼梯相连者，直形、弧形应分别列项计算，如梯段直形仅平台处弧形的，按直形楼梯列项，清单应列出平台弧形板边长。

(3) 其他构件：散水、坡道、室外地坪应对垫层、基层、混凝土厚度等予以描述；电缆沟、地沟按内空断面不同予以分别列项；台阶应描述步数、步距等特征；扶手、压顶应在清单中描述其外形、断面尺寸以及相关构造要求。

3. 清单项目工程数量的计算

(1) 楼梯：整体楼梯（包括直形楼梯、弧形楼梯）按水平投影应在清单中描述其外形、断面尺寸以及相关的构造要求；台阶应描述步数、步距面积以“m^2”计算，应包括休息平台、平台梁、斜梁和楼梯与楼面的连接梁。当楼梯与现浇楼板连接无梯口梁时，以楼梯的最后一个踏步边缘加 300mm 为界。

(2) 其他构件：

1) 散水、坡道、室外地坪按设计图示尺寸以水平投影面积计算。

2) 压顶、扶手、电缆沟、地沟工程量按设计中心线长度以“m”计算。

3) 台阶工程量按水平投影面积以“m^2”计算。

4) 压顶、扶手按设计图示尺寸以长度或体积计算。

5) 化粪池、检查井按设计图示尺寸以体积或数量计算。

6) 其他构件按设计图示尺寸以体积计算。

4. 注意事项

(1) 楼梯工程量应扣除宽度大于 50cm 的楼梯井；梯段、平台板、梁伸入墙内部分不另计算；楼梯基础、梯柱、栏板、扶手另行编码列项。

(2) 计算清单工程量时扶手、压顶长度应包括伸入墙内的长度。

(3) 标准设计的洗涤槽可以按延米计算，双面洗涤槽工程量以单面长度乘以 2 计算。

(4) 地沟、电缆沟内空断面大于 0.4m^2 时，应对沟底、沟壁、沟顶的尺寸予以描述，也可以以第五级编码分别列项。

(5) 混凝土散水面积按外墙中心线长度乘宽度计算，不扣除每个长度在 5m 以内的踏步或斜坡；散水边混凝土沟长度按外墙中心线计算。

(6) 台阶与平台相连时，平台面积在 10m^2 以内时按台阶计算，平台面积在 10m^2 以上时，平台按楼地面工列项计算，工程量以台阶最上一级 30cm 处为分界。

(7)“电缆构、地沟”、“散水、坡道”需抹灰时，应在清单项目中予以描述具体特征和内容。

(五) 混凝土后浇带

(1)“后浇带”项目适用于梁、墙、板的后浇带。

（2）工程量计算规则及清单项目特征见《计算规范》表 E.8。

（3）梁、板（厚度分 20cm 以内、20cm 以上）、墙的后浇带分别列项计算。

（4）地下室及基础底板后浇带按相应基础项目编码列项计算。

（5）设计对后浇带的有关构造要求（如接缝处的处理、止水带的埋设等），应在清单项目特征中描述。

（六）现浇混凝土构件模板工程

1. 项目设置

模板工程属于技术措施项目，其清单项目应按分部分项工程量清单方式编制，特征和工程内容详见《计算规范》表 S.2。

2. 工程量清单项目的编制

（1）混凝土模板与支撑清单项目，只适用于按模板与混凝土构件的接触面积以“m^2”计量的项目，以“m^3”计量的模板项目，按混凝土及钢筋混凝土实体项目执行，包含在其综合单价中。

（2）采用清水模板时，应在项目特征中注明。

（3）现浇混凝土梁、板支撑高度超过 3.6m 时，项目特征应描述支撑高度。

3. 清单项目工程数量的计算

（1）现浇混凝土基础、柱、梁、板、墙：按模板与混凝土接触面积计算。

1）墙、板模板工程量中，不扣单孔面积不大于 0.3m^2 的孔洞，洞侧壁模板面积也不增加；扣除单孔面积大于 0.3m^2 的孔洞，洞侧壁模板面积也相应增加。

2）附墙柱、暗柱、暗梁的模板面积并入墙模板面积计算。

3）柱、梁、墙、板相互连接的重叠部分，均不计算模板面积。

4）构造柱模板按图示外露部分计算模板面积。

（2）混凝土雨篷、悬挑板、阳台板、楼梯和台阶模板工程量按图示以水平投影面积计算。

4. 注意事项

（1）非悬挑阳台、雨篷及外挑大于 1.8m 的外挑梁板式阳台、雨篷，按梁、板相应的模板项目列项。

（2）弧形构件的模板项目特征应描述相应的弧长数量。

（3）构件有外挑装饰线的，模板工程量不扣除装饰线所占的位置，但应在项目特征中描述线条的棱线道数和线条的长度数量。

（4）构件设有后浇带时，模板工程量不扣除后浇带所占位置，但应在项目特征中描述后浇带长度及相应的计价定额划分步距。

【例 16-17】　试编制［例 16-16］中混凝土柱的模板措施项目清单。

解：（1）清单工程量计算

1）混凝土的侧面积 $S=(0.4\times2+0.5\times2)\times5\times4=36\ (m^2)$

2）应扣除的柱与梁的重叠面积 $S_1=0.25\times0.6\times4+0.25\times0.7\times4$

$$=1.30\ (m^2)$$

3）模板与混凝土接触面积 $=S-S_1=34.70\ (m^2)$

（2）清单项目列表（见表16-17）。

表16-17 措施项目工程量清单

序号	项目编码	项目名称	项目特征	计量单位	工程数量
1	011702002001	矩形柱		m^2	34.54

（七）预制混凝土工程

1. 工程量清单项目设置

预制混凝土构件项目按构件性质、类型划分为柱、梁、屋架、板、楼梯及其他构件六个部分。柱、梁、屋架的项目编号、名称、计量单位、工程量计算规则及项目特征和工程内容详见《计算规范》表E.8～E.14。

（1）三角形屋架应按折线型屋架项目编码列项。

（2）柱间支撑、檩条分别按柱、梁相应项目编码列项。

（3）预制支架按规格以柱或刚架项目编码列项。

2. 工程量清单项目的编制

（1）预制构件清单项目设置未区别构件制作工艺，如设计为预应力构件，项目清单特征应予以注明。

（2）预制柱的类型应按矩形柱、工形柱、空腹双肢柱、空心柱等分别予以描述。

（3）预制梁除按形状类型划分以外，还应按照作用予以区别，如：基础梁、吊车梁（一般T型）、托架梁、圈过梁等，应按第五级编码予以分别列项。

（4）三角形屋架按“弧线型”屋架项目编码列项。

（5）按自然单位（根、块等）计量的清单项目，必须对构件外形构造尺寸及单件体积予以描述。

（6）项目特征内的构件安装高度，不需要每个构件都予以描述，只需选择关键部件注明，以便投标人选择吊装机械。但如檐高在20m以内，而安装高度超过20m的构件，必须在项目清单中描述。

3. 清单项目工程数量的计算

同一清单项目列有2种及以上计量单位的，应根据具体工程内容需要和构件性质予以选择。

（1）以物理单位计量的，按设计图示尺寸以体积计算，不扣除构件内钢筋、预埋铁件及单个尺寸300mm×300mm以内的孔洞所占体积，空心构件应扣除空心体积，后张预应力构件不扣除灌浆孔道所占体积。

（2）有相同截面、长度的预制混凝土柱、梁的工程量可按根数计算；同类型、相同跨度的预制混凝土屋架的工程量可按榀数计算；同类型、相同构件尺寸的预制混凝土板、沟盖板等工程量可按块数计算；混凝土井圈、井盖板的工程量可按套数计算。

4. 注意事项

（1）预制构件清单工程量不体现构件的制作、运输、安装损耗，应在计价中考虑。

（2）清单项目中不体现预制构件的吊装机械，需发生的机械（如履带式起重机、轮胎式起重机、塔式起重机等）进退场和安拆费不包括在分部分项项目工程清单内，应列入措施项目清单。

（3）施工现场对构件吊装机械回转半径、构件就位距离有限制条件的，在清单中或编制说明中应有一定描述和提示。

（八）钢筋和预埋螺栓、铁件

1. 工程量清单项目设置

（1）单位工程钢筋工程量包括混凝土构件（含桩基础）、砌体加固及楼屋面构造层等包含的用钢量。

（2）钢筋工程量清单项目按构件性质、钢种及工艺等划分列项，具体项目设置见《计算规范》E.15。

2. 工程量清单项目的编制

清单编制时对下列不同的内容，均应分别编码列项。

（1）现浇、预制构件普通钢筋。应按冷拔钢丝绑扎、点焊网片，圆钢、螺纹钢，冷轧带肋钢筋；桩基础钢筋笼圆钢、螺纹钢；地下连续墙钢筋网片制作、安装等分别列项。钢筋采用机械连接及需要单独计算的焊接接头，应在项目特征中描述具体做法和接头数量。

（2）先张法预应力筋。应按冷拔钢丝、粗钢筋分别列项。

（3）后张法预应力筋。应按粗钢筋、钢丝束、钢绞线分别列项。设计明确采用的锚具和设计要求有无粘结应在项目特征中描述。

（4）预埋铁件和预埋螺栓。应按单只重量 25kg 以内、以上分别列项。项目特征中还应描述组成铁件不同钢材的比例。

（5）砌体内的加筋、屋面（或楼面）细石混凝土找平层内的钢筋制作、安装，按现浇混凝土钢筋或钢筋网片编码列项。

3. 清单项目工程数量的计算

各类钢筋、预埋件的工程数量按施工图净用量计算，制作、安装、运输损耗考虑在计价内。

（1）现浇、预制混凝土构件钢筋、钢筋网片、钢筋笼、先张法预应力钢筋按设计图示钢筋（网）长度（面积）乘以单位理论质量计算。

1）单根通长钢筋长度 L 的计算。

$$L= L_0-2a+L_W+2L_G+nL_m+nL_d$$

式中　L_0——构件长度；

a——保护层厚度；

L_w——直筋中带有斜弯起段的增加长度按弯起段部分斜长减水平长度予以增加（无弯起段的不计）。

L_c——弯勾增加长度（不需设弯勾的此项不计算），Ⅰ级圆钢每只弯勾按直径规格：180°计 $6.25d$、135°计 $9d$、90°计 $3.5d$。

nL_m——钢筋端部弯锚长度，n 为一端或二端，L_m 按设计或规范要求计算。

L_d——单根钢筋长度超过 8m 时增加的搭接长度，n 为搭接点数。

2）箍筋只数（N）的计算（按有加密区段和无加密区段不同计算）。

无加密区段的：$N=L_n/@+1$（N 非整数时，尾数进上取整数）

一端有加密区段的：$N=(L_n-Ln_2)/@+Ln_2/@/+1$

二端有加密区段的：$N=(L_n-2Ln_2)/@+2Ln_2/@/+1$

式中 L_n——箍筋设置区域长度；

Ln_2——加密区长度；

@、@/——非加密区段和加密区段箍筋的间距。

(2) 后张法预应力筋。

按设计图示钢筋（丝束、绞线）长度乘以单位理论质量计算。其长度计算：

1) 低合金钢筋两端均采用螺杆锚具时，钢筋长度按孔道长度减 0.35m 计算，螺杆另行计算。

2) 低合金钢筋一端采用镦头插片、另一端采用螺杆锚具时，钢筋长度按孔道长度计算，螺杆另行计算。

3) 低合金钢筋一端采用镦头插片、另一端采用帮条锚具时，钢筋长度按孔道长度增加 0.15m 计算；两端均采用帮条锚具时，钢筋长度按孔道长度增加 0.3m 计算。

4) 低合金钢筋采用后张混凝土自锚时，钢筋长度按孔道长度增加 0.35m 计算。

5) 低合金钢筋（钢绞线）采用 JM、XM、QM 型锚具，孔道长度在 20m 以内时，钢筋长度按孔道长度增加 1m 计算；孔道长度 20m 以外时，钢筋（钢绞线）长度按孔道长度增加 1.8m 计算。

6) 碳素钢丝采用锥形锚具，孔道长度在 20m 以内时，钢丝束长度按孔道长度增加 1m 计算；孔道长在 20m 以上时，钢丝束长受按孔道长度增加 1.8m 计算。

7) 碳素钢丝束采用镦头锚具时，钢丝束长度按孔道长度增加 0.35m 计算。

(3) 预埋螺栓、铁件。

按设计图示尺寸以质量计算。

(4) 机械连接。

按数量以个计算。

4. 注意事项

(1) 钢筋工程量清单编制时，应根据工程的具体情况，可将不同种类、规格的钢筋分别编码列项；也可分Φ 10 以内和Φ 10 以上编码列项及同类钢筋综合规格列项。

(2) 现浇构件中固定位置的支撑钢筋、双层钢筋用的“铁马”以及螺栓、铁件，在编制工程量清单时，如设计未明确，其工程量可为暂估量，结算时按现场签证的数量计算。

(3) 现浇构件中，伸出构件的锚固钢筋应并入钢筋工程量内计算。除设计（包括规范规定）标明的搭接外，其他施工搭接不计算工程量，在综合单价中考虑。

(4) 预应力构件中的非预应力筋应按钢种分别编码列项；预应力筋设计要求人工时效时，应在清单项目特征中明确。

(5) 如设计图纸注明钢筋连接方式的，按设计有关规定计算，设计图纸未注明的，主筋直径大于 22mm 的按焊接或机械连接考虑，其余按绑扎考虑。

(6) 发生植筋时，植筋按钢筋工程量清单第五级编码分别列项，并明确描述植筋的规格和根数。

(7) 后张预应力构件不能套用标准图集计算时，其预应力筋按设计构件尺寸，并区别不同的锚固类型，钢筋长度按孔道长度为基础分别计算；采用螺杆锚具时，螺杆另行计算，可按螺栓项目编码列项。

（8）预应力构件中非预应力钢筋应按钢筋种类分别编码列项；预应力筋设计要求人工时效时，应在清单项目特征中明确。

（9）滑模工程如设计利用提升支撑杆作结构钢筋时，不得重复计算。

（10）沉降观测点列入钢筋（或铁件）工程量内计算。

（11）除钢筋混凝土构件外，其他分部工程内涉及的钢筋应按钢筋工程量清单第五级编码列项，并描述具体配筋部位、钢材种类等；如在其他分部分项内综合组价的，则按其他分部分项工程量清单编制规定执行。

二、工程量清单计价

工程量清单计价包括招标控制价、投标报价，清单计价时应按清单项目的列项及其描述结合定额使用规则进行。

（一）建筑物现浇混凝土工程计价

1. 清单计价可组合的内容

现浇混凝土工程量清单计价涉及的项目列项一般较多，但各清单项目的组合则不尽相同，在对清单项目进行计价分析时，应结合项目特征的描述和工程内容进行施工子目的组合，同时还应该考虑《计算规范》附录S措施项目中混凝土模板及支架内容的计价因素。

2. 工程量清单计价与计价依据使用

工程量清单计价时，采用计价依据的有关规定和计算规则是确定清单项目综合工料机数量的基本规则，计价人必须熟练掌握。以下介绍《浙江省建筑工程预算定额》（2010版）中现浇混凝土工程的定额使用和工程量计算规则。

（1）现浇混凝土浇捣按现拌混凝土和预拌泵送混凝土两部分列项。

1）现拌泵送混凝土按预拌泵送混凝土定额执行，混凝土单价按现场搅拌泵送混凝土组价。

2）预拌混凝土如非泵送时，套用泵送定额，其人工及振捣器应乘系数予以调整（见定额第四章说明三·2附表）。

3）预拌泵送商品混凝土的搅拌、添加剂、运输、泵送及增值税均列入商品混凝土单价内计算。

4）现场搅拌泵送混凝土的组价包括混凝土的配合比材料、搅拌费用及现场运输、泵送费用等。

5）混凝土输送泵由施工单位提供，应将泵送费列入措施项目费内；混凝土输送泵由商品混凝土厂家提供，并包括在商品混凝土价格内，其泵送费列在分部分项工程量清单报价内。

（2）计价定额中混凝土的强度等级和石子粒径一般是按常用规格编制的，毛石混凝土子目中毛石的投入量按常规考虑。其中混凝土的强度等级，设计与定额不同时，应作换算。混凝土骨料不同，应按配合比其说明调整水泥用量（见定额附录一说明）。

（3）定额中，“混凝土工程”将混凝土、模板、钢筋分别列项计价，各节有关说明、工程量计算规则除另有具体规定外均互相适用。

（4）混凝土基础。

1）清单计价工程量计算规则与定额工程量计算规则相同，计量单位为“m^3”。

2）混凝土浇捣按毛石混凝土、素混凝土及浇筑部位分别计价；钢筋混凝土基础除满堂基础单独套用定额，其他如带形基础、独立基础、桩承台等均套用同一定额计价。

【例 16-18】 根据［例 16-14］所提供的工程量清单，计算带形基础 1—1 断面的清单综合单价。假设：要求采用泵送商品混凝土；计价人根据设定的施工方案，工料机消耗量按本省 10 预算定额确定，单价按市场价取定：人工 100 元/工日，C30 商品混凝土按 265 元/m^3，其余材料价格假设与定额价格相同，机械费比定额取定价格增加 5%；计费参照《浙江省施工取费定额》（2010 版）中三类民用建筑工程的标准，以人工费、机械费之和为计费基数：企业管理费 10%、利润 5%；暂不考虑工程风险。

解：（1）C30 钢筋混凝土有梁式带形基础

套用定额 4-75H

人工费：0.27×100＝ 27（元/m^3）

材料费：307.796＋（265－299）×1.015＝ 273.286（元/m^3）

机械费：0.261×（1＋5%）＝0.274（元/m^3）

（2）按照以上所确定的工程单价，计算清单项目综合单价见表 16-18、表 16-19。

表 16-18　　分部分项工程量清单综合单价计算表

单位及专业工程名称：　　　　第　　页共　　页

序号	编号	项目名称	单位	数量	综合单价（元）						合计（元）
					人工费	材料费	机械费	管理费	利润	小计	
1	010501 002001	带形基础，1-1，二类土，C30 钢筋混凝土无梁式带形基础，底宽 1.0m 厚 0.35m，基底长 54.76m	m^3	19.17	27.00	273.29	0.27	2.73	1.36	304.65	5840
	4-75H	带形基础	m^3	19.17	27.00	273.29	0.27	2.73	1.36	304.65	5840

表 16-19　　分部分项工程量清单与计价表

单位及专业工程名称：　　　　第　　页共　　页

序号	项目编码	项目名称	项目特征	计量单位	工程数量	综合单价	合价	其中（元）		备注
								人工费	机械费	
1	010502001001	带形基础	1-1，二类土，C30 钢筋混凝土无梁式带形基础，底宽 1.0m 厚 0.35m，基底长 54.76m	m^3	19.17	304.65	5840	517.59	5.25	

（5）柱、梁、板、墙。

1）混凝土柱浇筑按独立柱与构造柱区别计价，独立柱浇捣不分断面形式均套用同一定额。

2）混凝土梁浇捣定额按梁的作用区别，分为四个内容划分。其中基础梁不分有、无底模，地圈梁套用基础梁定额；矩形、异形、弧形梁及吊车梁均套用同一定额计价；圈、过梁、拱形梁套用同一定额计价。

3）混凝土板浇筑仅拱板予以区别，其他板均套用同一定额计价。

除井字板、密肋板、拱形板以外，现浇板中的梁，按梁相应定额计价。

现浇钢筋混凝土板坡度大于10°时，按30°以内、30°以上区别，混凝土浇捣人工消耗量乘以系数予以调整；坡度大60°时，按墙相应定额计价。

4）混凝土墙浇筑按墙厚区别计价；地下室内墙按一般墙计价。

5）梁、板、墙设后浇带时，后浇带单独计算套用相应定额计价。

6）地下室底板后浇带混凝土浇捣与底板套用同一定额，人工乘以系数1.1；地下室墙板后浇带按墙后浇带定额计算。

【例16-19】 根据［例16-16］和［例16-17］提供的混凝土柱工程量清单和模板措施项目清单（见表16-20），施工方案：现拌混凝土浇捣，模板组合钢模，材料价格假设与定额价格相同，企业管理费10%、利润10%；暂不考虑工程风险。试计算该清单的分部分项工程量综合单价和措施项目清单综合单价。（计算结果保留两位小数）

表16-20　分部分项工程量清单

单位及专业工程名称：　　　　第　　页共　　页

序号	项目编码	项目名称	项目特征	计量单位	工程数量	综合单价	合计
1	010502001001	矩形柱	C25钢筋混凝土矩形柱，周长1.8m内，层高5m	m^3	4.0		

解：（1）分部分项工程量清单综合单价

①计价工程量（定额工程量）＝清单工程量＝4.0（m^3）

②套用定额4-7H

人工费：72.756元/m^3

材料费：200.463＋（207.37－192.94）×1.015＝215.11（元/m^3）

机械费：7.099元/m^3

③计算清单项目综合单价（见表16-21）

表16-21　分部分项工程量清单综合单价计算表

单位及专业工程名称：　　　　第　　页共　　页

序号	编号	项目名称	单位	数量	综合单价（元）						合计（元）
					人工费	材料费	机械费	管理费	利润	小计	
1	010502001001	矩形柱，C25钢筋混凝土矩形柱，周长1.8m内，层高5m	m^3	4.0	72.76	215.11	7.10	7.99	7.99	310.95	1244
	4-7H	C25矩形柱	m^3	4.0	72.76	215.11	7.10	7.99	7.99	310.95	1244

（2）模板措施项目清单综合单价

① 计价工程量（定额工程量）＝清单工程量＝34.70m^2

②由于该矩形柱的支模高度为5.0m＞3.6m，需要增加支模超高增加费5－3.6＝1.4（m），

套用定额4－155＋160×2

人工费：14.878＋0.8385×2＝ 16.555（元/m^3）

材料费：10.8103＋0.6063×2＝12.02（元/m^3）

机械费：1.5594＋0.0541×2＝1.67（元/m^3）

③计算模板措施项目综合单价（见表16-22）

表16-22　　措施项目清单综合单价计算表

单位及专业工程名称：　　　　第　页共　页

序号	编号	项目名称	单位	数量	综合单价（元）						合计（元）
					人工费	材料费	机械费	管理费	利润	小计	
1	011702002001	矩形柱模板措施费，周长1.8m内，层高5m	m^3	34.70	16.56	12.02	1.67	1.82	1.82	33.89	1176
	4－155＋160×2	矩形柱模板	m^2	34.70	16.56	12.02	1.67	1.82	1.82	33.89	1176

（6）楼梯、阳台、雨篷。

1）工程量计算：楼梯、阳台、雨篷混凝土浇捣计价均按水平投影面积计算。

2）楼梯段底板设计尺寸超过定额取定厚度时，混凝土浇捣定额按比例调整。

3）水平遮阳板、空调板按雨篷定额计价；非悬挑式阳台、雨篷及外挑大于1.8m的外挑梁板式阳台、雨篷，按梁、板有关规则计算套用相应定额计价。

4）阳台、雨篷定额不分弧形、直形套用同一定额。

5）雨篷翻沿净高大于250mm时，全部翻沿按栏板翻沿相应定额计价；外沿有梁的，梁并入雨篷工程量计算。

【例16-20】　根据表16-23所提供的工程量清单，计算雨篷工程量清单综合单价，管理费和利润均按10%计取，风险不计。（计算结果保留两位小数）

表16-23　　分部分项工程量清单

单位及专业工程名称：　　　　第　页共　页

序号	项目编码	项目名称	项目特征	计量单位	工程数量	综合单价	合计（元）
1	010505008001	雨篷板	C25钢筋混凝土梁板式雨篷：外挑尺寸1.50m×4.0m，梁上翻沿高0.4m；分项体积：梁（高0.6内）0.40m^3、板（厚100）0.47m^3、直形翻沿0.22m^3	m^3	1.09		

解：（1）根据清单项目特征计算该雨篷计价组合内容工程量

①现浇雨篷V＝0.4＋0.47＝0.87（m^3）

②翻沿V＝0.22m^3，高度＝0.4m＞25cm，套用翻沿定额计算。

（2）定额项目单价计算

①C25 现浇雨篷

套用定额 4-24H

人工费：60.845 元/m^3

材料费：［208.214+（222.09－208.32）×0.013］＝208.39（元/m^3）

机械费：7.949 元/m^3

管理费：（60.845+7.949）×10%＝6.88（元/m^3）

利润：（60.845+7.949）×10%＝6.88（元/m^3）

②C25 现浇混凝土翻沿

套用定额 4-26H

人工费：102.942 元/m^3

材料费：［219.794+（222.09－208.32）×1.015］＝233.77（元/m^3）

机械费：10.821 元/m^3

管理费：（102.942+10.821）×10%＝11.38（元/m^3）

利润：（102.942+10.821）×10%＝11.38（元/m^3）

③计算清单项目综合单价（见表 16-24）

表 16-24　分部分项工程量清单综合单价计算表

单位及专业工程名称：　　　　　第　页共　页

序号	编号	项目名称	单位	数量	综合单价（元）						合计（元）
					人工费	材料费	机械费	管理费	利润	小计	
1	010505008001	雨篷板，C25 钢筋混凝土梁板式雨篷：外挑尺寸 1.50m×4.0m，翻沿高 0.4m；分项体积（梁高 0.6 内）0.40m^3、板 0.47m^3，直形翻沿 0.22m^3	m^3	1.09	69.35	213.51	8.53	7.79	7.79	306.97	335
	4-24H	C25 现浇雨篷	m^3	0.87	60.85	208.39	7.95	6.88	6.88	290.95	253
	4-26H	C25 现浇翻沿	m^3	0.22	102.94	233.77	10.82	11.38	11.38	370.29	82

3. 注意事项

（1）现浇混凝土工程如果招标文件未注明是否泵送的，应按施工组织设计规定确定混凝土的计价类别。

（2）采用无黏结、有黏结的后张预应力现浇构件，按普通现浇混凝土构件浇捣相应定额计价。

（3）采用轻质材料浇筑在有梁板内的，轻质材料应包括在报价内计算。

（4）各类混凝土配合比均未考虑设计要求外加剂，实际发生时按设计、清单特征或施工方案内容列入计价；泵送混凝土在入模前的搅拌、掺添加剂等各项消耗材料均在混凝土单价内考虑。

（二）预制混凝土工程计价

1. 清单计价可组合的内容

预制混凝土的计价包括预制构件的制作、安装、运输全部工程内容，应根据具体工程发生的内容、构件类型、性质、体量及施工组织设计内容进行选项组合。

2. 工程量清单计价与定额使用

（1）预制构件制作定额的使用及工程量计算。

预制构件制作项目计价时，应按清单工程量加下表损耗计算计价工程量。

1）计价时遇有预制构件清单工程量按自然单位计量的，应按照计价定额子目的计量单位计算计价工程量。

2）屋架中的钢拉杆制作套用金属结构相应定额计价。

3）花格窗及花格栏杆按外围面积计算，折实厚度大于4cm时，定额按比例调整。

4）除注明外，板厚度在4cm以内者为薄板，4cm以上为平板，窗台板、窗套板、无梁水平遮阳板套薄定额；带梁水平遮阳板套用肋形板定额，垂直遮阳板套用平板或薄板定额。

（2）预制构件的运输与安装。

1）预制构件运输、安装的计价工程量按施工图净量以体积计算。

2）预制构件的运输定额，按构件单件体积、面积、长度及其外形特性划分为四类计价。

3）构件运输包括场外运输和场内运输，计价时应根据工程具体情况确定运输项目的计算内容。

4）构件安装计价时，应考虑施工方案以及定额对使用不同吊装机械的计价规则，对定额消耗内容和数量给以调整。

5）构件安装定额已包括灌浆所需消耗，设计灌浆要求内容不同时，应按设计内容计价。

【例16-21】 根据表16-25提供的清单，计算预制大型屋面板工程量清单的综合单价（不包括钢筋和措施项目）。施工方案考虑构件在企业预制厂制作，自行运输（运距8km），吊装机械为塔吊；人工按市场信息每工日28元计算，材料、机械台班市场价格假设与定额价格相同；施工取费以人工费、机械费之和，企业管理费按14%、利润按8%计算，另按工料机费的5%考虑风险因素。

表16-25 **分部分项工程量清单**

工程名称：××××工程

序号	项目编码	项目名称	项目特征	计量单位	工程数量
1	010512007001	大型板	先张法预应力大型屋面板，1500×6000，C40混凝土制作，安装高度18m，每块体积0.5 m^3	块	120

解：（1）根据清单内容，确定计价内容并计算计价工程量：

①屋面板制作：$V=0.5m^3\times120\times(1+1.5\%)=60.9(m^3)$

②屋面板安装：$V=0.5m^3\times120=60(m^3)$

③屋面板运输：$V=0.5m^3\times120=60(m^3)$

（2）确定制、安、运项目工程单价：

①屋面板制作

套用定额 4－317

人工费＝1.42×28＝ 39.76（元/m^3）

材料费＝ 296.672 元/m^3

机械费＝ 24.902 元/m^3

②屋面板运输

套用定额 4－448＋ 449×3

人工费＝（0.232＋0.016×3）×28＝ 7.84（元/m^3）

材料费＝3.412 元/m^3

机械费＝65.135＋ 2.713×3＝ 73.27（元/m^3）

③屋面板安装

套用定额 4－474，按定额“说明”六、8 规则换算得：

人工费＝1.04×28×0.66＝ 19.22（元/m^3）

材料费＝39.342 元/m^3

机械费＝ 61.565－0.033 7×1131.55＝ 23.43（元/m^3）

（3）计算综合单价：

人工费＝60.9×39.76＋ 60×（7.84＋ 19.22）＝4044.98（元）

材料费＝60.9×296.672＋ 60×（3.412＋ 39.342）＝20 632.56（元）

机械费＝60.9×24.90＋ 60×（73.27＋ 23.43）＝7318.41（元）

小计：31 995.95元

企管费＝（ 4044.98＋ 7318.41）×14％＝1590.87（元）

利润＝（ 4044.98＋ 7318.41）×8％＝909.07（元）

风险费用＝ 31 995.95×5％＝1599.80（元）

合计报价＝ 36 095.69元

综合单价＝36 095.69÷120＝ 300.80（元/块）

3. 注意事项

（1）施工企业所属预制厂制作构件发生的增值税，按税务部门规定交纳标准，列入构件综合单价计价；工程现场预制的构件不计算构件增值税。

（2）购入的商品构配件以完整的购置价列入综合单价，不再列计增值税；也不将价格中的钢筋及模板措施费分解列项计算。

（3）混凝土构件采用蒸汽养护时列入措施项目计价。

加工厂预制者，按实际蒸养构件数量，每立方米 46 元（其中煤 90kg）计算；现场蒸养费按实计算。

（4）构件运输定额不适用由专业运输单位承担的构件运输。

定额未包括改装车辆、道路等整修、管理所发生的措施费用，计价时应按工程实际情况列入措施项目内计算。

（5）构件安装需用脚手架按施工设计规定计算，列入措施项目计价。

（三）钢筋工程

（1）钢筋工程计价定额按不同钢种、以现浇、预制、预应力构件划分。

(2) 除定额规定单独列项计算的机械接头以外，各类钢筋、埋件的绑扎、安装、接头、固定所用工料机消耗均已列入相应定额。

(3) 注意事项。

1) 钢筋机械接头包括套筒冷压、锥形螺纹头两项，适用于钢筋规格Φ 22 及以上且设计或施工组织要求采用此方法施工的项目。

2) 定额未考虑变形钢筋的理论重量差，根据钢筋的供货方式，如有发生时按实际比例计算。

3) 施工图注明且清单工程量也按 $\phi6$ 计算的钢筋，在报价时要考虑市场供货情况，如实际供应的是 $\phi6.5$ 规格，其重量差在计价中考虑。

4) 地下连续墙钢筋网片制作定额未考虑网片的制作平台，按施工方案列入措施费项目计算。

项目小结

本项目主要介绍了混凝土及钢筋混凝土工程的定额使用规定、工程量计算规则以及砌筑工程的清单编制与综合单价的计算。重点把握混凝土基础，柱梁墙板及阳台、雨篷、楼梯的常用定额换算及浇捣和模板工程量计算，包括带形基础搭接体积的计算，柱高的取定，阳台雨篷翻檐高度的计算规定，掌握混凝土工程的清单编制与清单计价，同时要注意混凝土工程清单工程量计算规则与定额工程量计算的区别。

思考与练习题

1. 现浇混凝土柱定额工程量计算公式中高度和长度如何取定？

2. 写出下列项目的定额编号、计量单位、基价（如需换算，应列出换算式）：

(1) C25 现浇泵送混凝土直形楼梯（底板厚度 25mm）；

(2) 商品混凝土非泵送 C20（20）钢筋混凝土阳台（非泵送混凝土单价 200 元/m^2）；

(3) C30 现浇混凝土斜板模板，$\theta=30°$。

3. 现浇雨篷、阳台的混凝土浇捣及模板工程量分别如何计算？

4. 预制构件制作、运输和安装工程量如何计算？

5. 混凝土工程报价包括哪两个部分的清单？

6. 某工程基础平面及断面如图 16-37 所示，已知：二类土，地下静止水位−1.0m，设计室外地坪标高−0.3m，现浇混凝土 C10 垫层，C20 基础，木模板。附墙砖垛凸出墙面尺寸为 250mm×365mm。试计算该混凝土基础及垫层定额直接费。(计算结果保留两位小数)

7. 某工程现浇框架结构二层结构平面图如图 16-38 所示，柱、梁、板均采用 C20 现浇商品泵送混凝土，图中板厚度 120mm；KZ1 为 400mm×400mm；支模采用复合木模施工工艺。图中轴线居梁中，本层层高 4.3m。(计算结果保留 2 位小数)

①试编制此楼层混凝土柱、梁、板的工程量清单。

②计算 KL1 分部分项工程量清单综合单价及其模板工程措施项目清单综合单价。(管理费、利润费率均为 10%，风险不计)

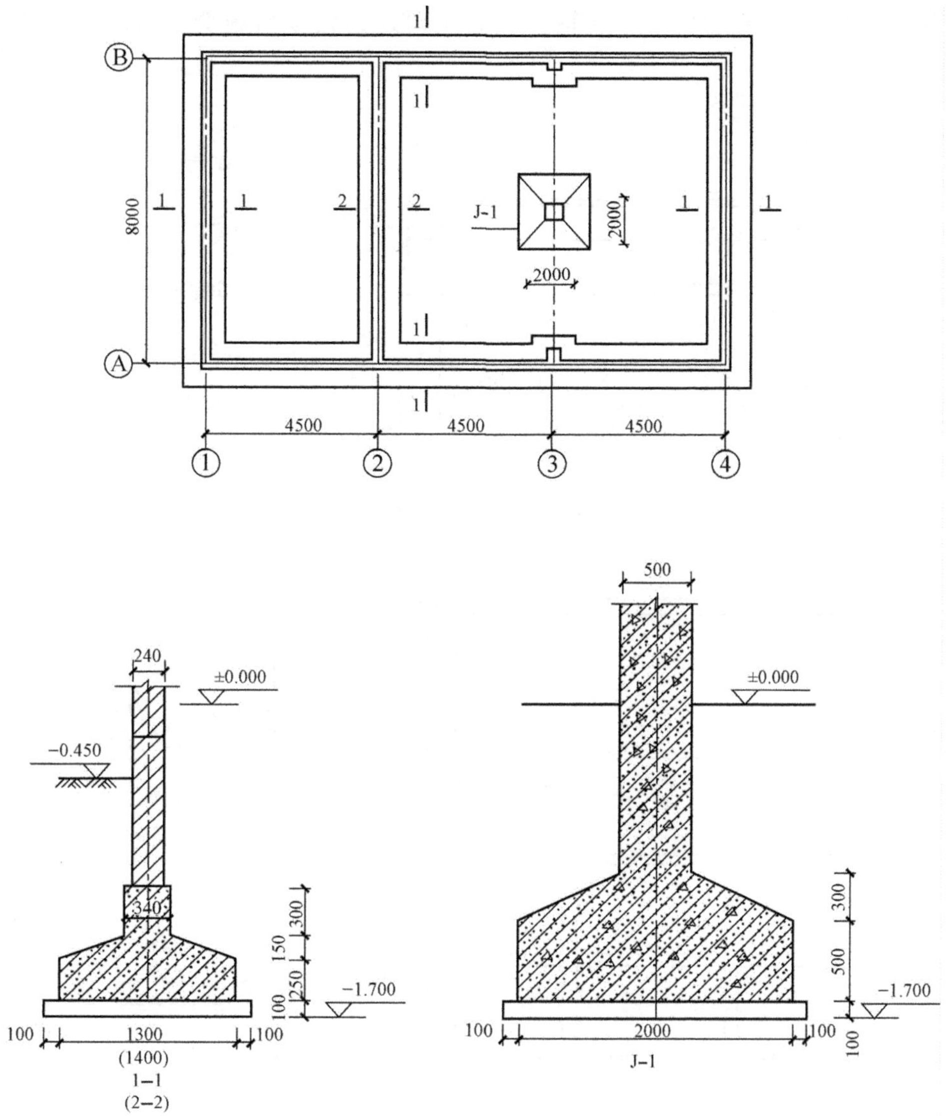

图 16－37　基础平面及剖面图

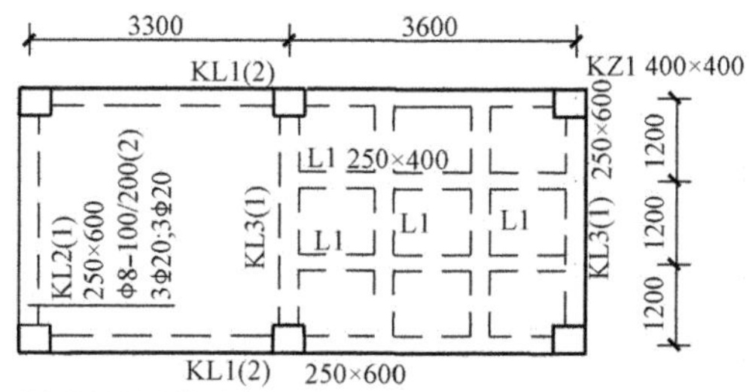

图 16－38　某工程现浇框架结构二层结构平面图

8. 计算图 16－39，C25 现浇单跨混凝土矩形梁（共 10 根）的钢筋清单工程量，并编列项目清单。

9. 计算下图（图 16－40）：C20 钢筋混凝土雨篷的模板措施费和混凝土浇捣直接费。（组合钢模）

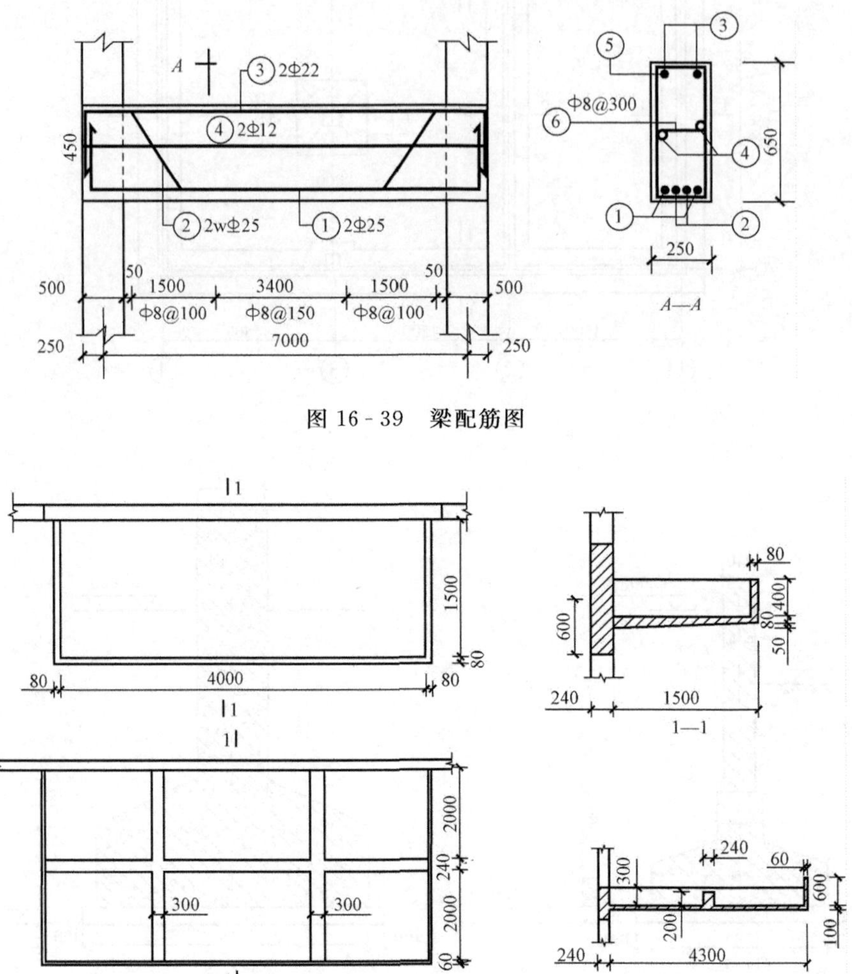

图 16－39 梁配筋图

图 16－40 C20 钢筋混凝土雨篷示意图

项目17 屋面及防水工程

第一节 基础知识

屋面是房屋最上部起覆盖作用的外围构件，用来抵抗风霜、雪雨、冰雹的侵袭，并减少日晒、寒冷等自然条件对室内的影响。屋面的首要功能是防水和排水，在寒冷地区还要求具有保温、在炎热地区要求具有隔热的功能。

一、屋顶的构成

由结构层、找平层、保温隔热层、防水层、面层等构成。

二、屋面的分类

（1）按坡度不同分为：

1）平屋面；

2）坡屋面。

（2）按采用材料不同分为：

1）刚性屋面（图17-1）；

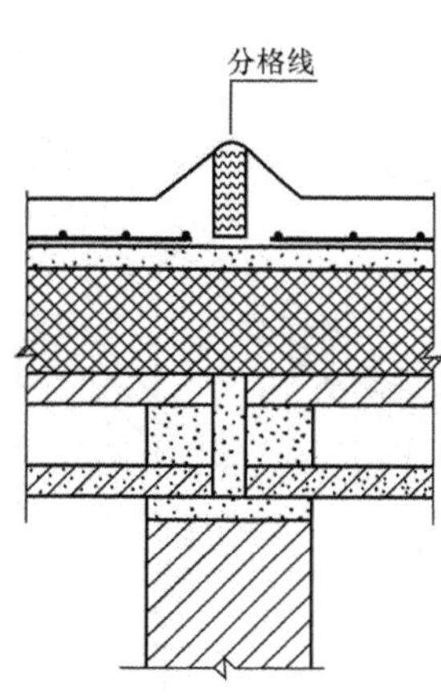

图17-1 刚性屋面

2）卷材屋面（柔性屋面）（图17-2）；

3）瓦屋面（图17-3）；

4）涂膜屋面；

5）覆土屋面；

6）膜屋面。

三、平屋面

平屋面是指屋面坡度较小（倾斜度一般为2%～3%）的屋面，它适用于城市住宅、学校、办公楼和医院等类型的建筑物。

图 17-2 卷材屋面

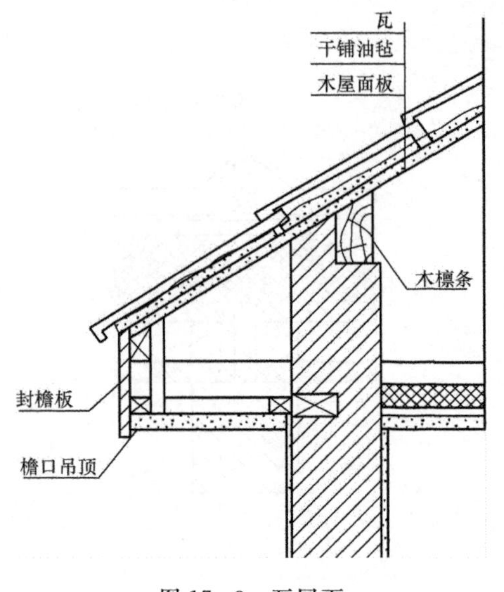

图 17-3 瓦屋面

1. 平屋面的防水层

根据所用防水材料不同，可分为刚性防水屋面和柔性防水屋面。

(1) 刚性防水屋面。以细石混凝土、防水砂浆等刚性材料作为屋面防水层的叫刚性防水屋面。为了防止屋面因受温度变化或房屋不均匀沉陷而引起开裂，在细石混凝土或防水砂浆面层中应设分格缝。

(2) 柔性防水屋面。以沥青、油毡等柔性材料铺设和粘结或将高分子合成材料为主体的材料涂抹于屋面形的防水层，叫柔性防水屋面。

柔性防水层材料有石油沥青卷材、改性沥青卷材、三元乙丙丁基橡胶卷材、氯丁橡胶卷材、858 焦油聚氨酯、塑料油膏、塑料油膏玻璃纤维布等。

2. 平屋面的排水

屋面的排水系统一般由檐沟、天沟、泛水、落水管等组成（图 17-4）。最常见的有铸铁（或 PVC）落水管排水，它由雨水口、弯头、雨水斗（又称接水口）、铸铁（或 PVC）落水管等组成。排水的方式还应与檐口部分的做法互相配合。

(1) 自由落水。屋面板伸出外墙做成平挑檐，屋面雨水经挑檐自由落下。挑檐的作用是防止屋面落水冲墙面，渗入墙内，檐口下面要做出滴水，这种排水的方法适用于低层的建

图 17-4　平屋面排水

筑物。

（2）檐沟外排水。屋面伸出墙外做成檐沟，屋面雨水先排入檐沟，再经落水管排到地面，檐沟纵坡应不小 0.5%。落水管常采用镀锌铁皮管、铸铁落水管、PVC 塑料排水管，间距一般在 15m 左右。

（3）女儿墙外排水。屋顶四周做女儿墙，在女儿墙根部每隔一定距离设排水口，雨水经排水口、落水管排到地面。

（4）内排水。有些建筑屋面面积大，雨水流经屋面的距离过长，可在屋顶中央隔一定距离设排水口和设置在房屋内部的排水管相连，把雨水排入地下水管引出屋外。

四、坡屋面

1. 坡屋面类型

坡屋面（图 17-5）常用木结构或钢筋混凝土结构或钢结构承重，用瓦防水。常用的有：黏土平瓦、小青瓦、彩色水泥瓦、石棉水泥瓦、玻璃钢瓦、多彩油毡瓦及卡普隆板。

图 17-5　坡屋面

2. 坡屋面的局部构造

檐口部分的重量通过檐檩、挑檐木传到墙上。檐口下边常作吊顶。檐口上边第一排瓦下端的瓦条要比其他瓦条加高，使瓦面与上边瓦尽量平行。瓦和油毡必须盖过封檐板 50mm，防止雨水流到檐口内部（如图 17-3 所示）。

坡屋面分两坡和四坡，两坡屋面在尽端山墙外有两种做法，一种叫悬山、一种叫硬山。

一般坡屋面的雨水从檐口自由下落，也可以在封檐板下设镀锌铁皮天沟和落水管，把雨水引至地面排出。

五、膜结构屋面

膜结构，也称索膜结构，是一种以膜布支撑（柱、网架等）和拉结结构（拉杆、钢丝绳等）组成的屋盖、篷顶结构（如图 17－6 所示）。

图 17－6 膜结构屋面

六、变形缝

变形缝包括沉降缝、伸缩缝。

沉降缝，是将建筑物或构筑物从基础到顶部分隔成段的竖直缝。它通常设置在荷载或地基承载力差别较大的各部分之间，或在新、旧建筑的连接处。

伸缩缝，又称"温度缝"，是在长度较大的建筑物或构筑物中，在基础以上设置直缝，把建筑物或构筑物分隔成段，借以适应温度变化而引起的伸缩，以避免产生裂缝。

变形缝的构造做法有嵌缝、盖缝和贴缝三种。

第二节 定 额 计 价

一、定额使用说明

1. 刚性屋面。

（1）细石混凝土防水层定额，已综合考虑了檐口滴水线加厚和伸缩缝翻边加高的工料，但伸缩缝应另列项目计算。细石混凝土内的钢筋，按定额第四章的相应定额另行计算。

（2）水泥砂浆保护层定额已综合了预留伸缩缝的工料，掺防水剂时材料费另加。

2. 瓦屋面。

（1）本定额瓦规格按以下考虑：彩色水泥瓦 420mm×330mm、彩色水泥天沟瓦及脊瓦 420mm×220mm、小青瓦 200mm×180～200mm、黏土平瓦 380～400mm×240mm、黏土脊瓦 460mm×200mm、石棉水泥瓦及玻璃钢瓦 1800mm×720mm。如设计规格不同，瓦的数量按比例调整，其余不变。

【例 17－1】 彩色水泥瓦屋面，杉木条基层。设计采用 450mm×380mm 的瓦，单价为

2500 元/千张，试计算定额基价。

解： 套用定额 7－11H

换算比例为

$$(420 \times 330)/(450 \times 380) = 0.81$$

换算后的定额含量为

$$0.81 \times 1.113 = 0.902(\text{千张}/100\text{m}^2)$$

换算后的基价为

$$3052 - 1.113 \times 2420 + 0.902 \times 2500 = 2613.54(\text{元}/100\text{m}^2)$$

（2）瓦的搭接按常规尺寸编制，除小青瓦按 2/3 长度搭接，搭接不同可调整瓦的数量；其余瓦的搭接尺寸均按常规工艺要求综合考虑。

（3）瓦屋面定额未包括木基层，发生时另按定额第五章的相应定额执行；定额未包括抹瓦出线，发生时按实际延米计算，套水泥砂浆泛水定额。

3. 覆土屋面的挡土构件及人行道板等，发生时按定额其他章节的相应定额执行。

4. 屋面金属面板泛水未包括基层做水泥砂浆，发生时另按水泥砂浆泛水计算。

5. 防水防潮工程由刚性防水防潮、柔性防水两部分组成。

（1）防水卷材的接缝、收头、冷底子油、胶粘剂等工料已计入定额内，不另行计算。设计有金属压条对，另行计算。

（2）防水定额中的涂刷厚度（除注明外）已综合取定。

（3）冷底子油定额适用于单独刷冷底子油。

6. 设计采用的卷材及涂膜防水材料品种与定额取定不同时，材料及价格按实调整换算，其余不变。

7. “屋面及防水工程”定额项目不包括找平层，发生时按“楼地面工程”的相应定额执行。

8. 变形缝适用于伸缩缝、沉降缝、抗震缝。

二、工程量计算规则

1. 屋面、防水、防潮的工程量计算，均不扣除房上烟囱、风帽底座、通风道、屋面小气窗、屋脊、斜沟、伸缩缝、屋面检查洞及 0.3m² 以内孔洞所占面积，除另有规定外洞口翻边也不加。

2. 屋面。

（1）刚性屋面按设计图示面积计算，细石混凝土防水层的滴水线、伸缩缝翻边加厚加高不另；屋面检查洞盖另列项目计算。

（2）瓦屋面按设计图示以斜面积计算，挑出基层的尺寸，按设计规定计算，如设计无规定时，彩色水泥瓦、黏土平瓦按水平尺寸加 70mm、小青瓦按水平尺寸加 50mm 计算。多彩油毡瓦工程量计算规则同屋面防水定额。

（3）覆土屋面按实铺面积乘以设计厚度计算。

（4）屋面金属板排水、泛水按“延米”乘以展开宽度计算，其他泛水按“延米”计算。

3. 防水防潮：

（1）卷材和涂膜防水按露天实铺面积计算。天沟、挑檐按展开面积计算并入相应防水工程量。伸缩缝、女儿墙和天窗处的弯起部分，按图示尺寸计算，如设计无规定时，伸缩缝、女儿墙的弯起部分按 250mm、天窗的弯起部分按 500mm 计算，并入相应防水工程量。卷材防水附加层，按图示尺寸展开计算，并入相应防水工程量。

（2）涂膜屋面的油膏嵌缝、塑料油膏玻璃布盖缝按“延米”计算。

（3）平面防水、防潮层，按主墙间净面积计算，应扣除凸出地面的构筑物、设备基础等所占的面积，不扣除柱、垛、间壁墙、附墙烟囱及每个面积在 0.3m² 以内的孔洞所占面积。

（4）立面防水、防潮层，按实铺面积计算，应扣除每个面积在 0.3m² 以上的孔洞面积，孔侧展开面积并入计算。

（5）平面与立面连接处高度在 500mm 以内的立面面积应并入平面防水项目计算。立面高度在 500mm 以上，其立面部分均按立面防水项目计算。

（6）防水砂浆防潮层按图示面积计算。

4. 变形缝以“延米”计算，断面或展开尺寸与定额不同时，材料用量按比例换算。

三、计算示例

【例 17-2】　某工程屋面平面及剖面如图 17-7 所示。屋面具体做法如下：①三元乙丙防水卷材；②20 厚 1∶3 水泥砂浆找平层；③干铺珍珠岩保温层，最薄处 30mm 厚；④钢筋混凝土屋面板。试计算该屋面的定额直接费。

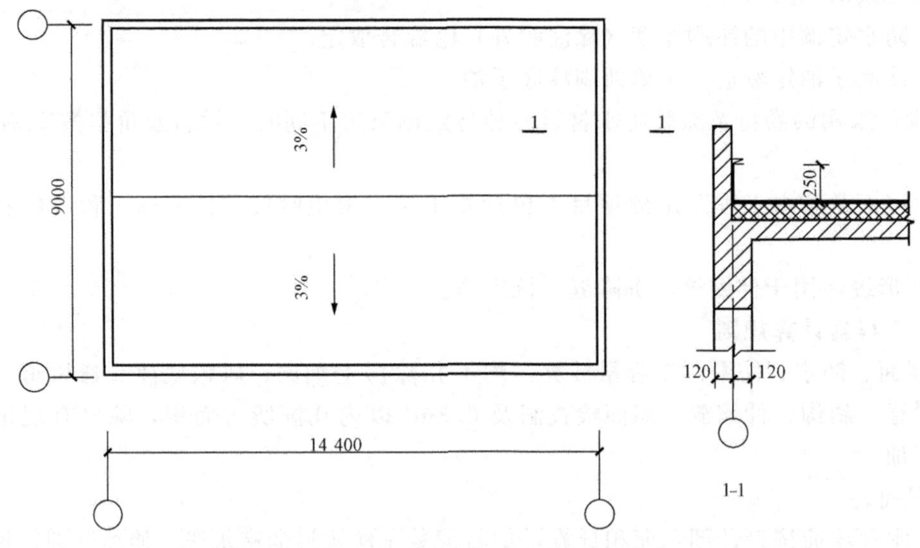

图 17-7　某工程屋面平面及剖面示意图

解：（1）三元乙丙防水卷材

①套用定额 7-55　基价：52.73 元/m

②工程量：$S = 14.4 \times 9 + (14.4 + 9) \times 2 \times 0.25 = 141.30(\text{m}^2)$

③直接工程费＝141.30×52.73＝7450.75（元）

（2）20 厚 1∶3 水泥砂浆找平层

①套用定额 10-1　基价：7.81 元/m

②工程量：$S = 14.4 \times 9 = 129.6(\text{m}^2)$

③直接工程费＝129.6×7.81＝1012.18（元）

（3）干铺珍珠岩保温层，最薄处 30mm 厚

①套用定额 8 - 45

基价：151.9 元/m^3

②工程量：$\delta = 0.03 + 4.5 \times 3\% \times 1/2 = 0.0975(m)$

$V = 14.4 \times 9 \times 0.0975 = 12.64(m^3)$

③直接工程费＝12.64×151.9＝1290.02(元)

（4）分项工程直接费计价表（表 17 - 1）如下：

7450.75＋1012.18＋1290.12＝9752.95(元)

表 17 - 1　　分项工程直接费计价表

定额编号	项目名称	计量单位	工程数量	单价	合价
	屋面工程				
7 - 55	三元乙丙防水卷材	m^2	141.30	52.73	7450.75
10 - 1	20 厚 1∶3 水泥砂浆找平层	m^2	129.60	7.81	1012.18
8 - 45	干铺珍珠岩保温层	m^3	12.64	151.90	1290.02
	合计	元			9752.95

第三节　清单及清单计价

一、工程量清单编制

屋面及防水工程项目按《计算规范》附录 J 列项，分 4 节 21 个项目，包括：J.1 瓦、型材屋面、J.2 屋面防水、J.3 墙面、防水、防潮和 J.4 地面防水、防潮。

本项目适用于屋面、墙面、地面及墙基防水、防潮。

1. 瓦、型材屋面

包括 5 个项目：瓦屋面、型材屋面、阳光板屋面、玻璃钢屋面、膜结构屋面，项目编码按 010901001×××～010901003×××设置。

（1）适用范围。

“瓦屋面”项目适用于小青瓦、平瓦、琉璃瓦、石棉水泥瓦、玻璃钢瓦等。

“型材屋面”项目适用于压型钢板、金属压型夹心板、阳光板等。

“膜结构屋面”项目适用于膜布屋面。

（2）工程量清单设置。

工程量清单设置详见《计算规范》表 J.1。

（3）有关项目说明。

1）瓦屋面铺防水层，按《计算规范》附录表 J.2 相关项目编码列项。

2）型材、阳光板及玻璃钢屋面的柱、梁、屋架，按《计算规范》附录 G 相关项目编码列项。

3）屋面基层包括檩条、椽子、木屋面、顺水条、挂瓦条等。

4）木屋面板应明确企口、错口、平口接缝。

5）型材屋面的钢檩条或木檩条以及骨架、螺栓、挂钩等应包括在报价内。

6）膜结构支撑和拉固膜步的钢柱、拉杆、金属网架、钢丝绳、锚固的锚头等应包括在报价内。

7）支撑柱的钢筋混凝土柱基、锚固的钢筋混凝土基础以及地脚螺栓等按钢筋混凝土相关项目编码列项。

2. 屋面防水

包括8个项目：屋面卷材防水、屋面涂膜防水、屋面刚性防水、屋面排水管、屋面天沟、沿沟等，项目编自010902001×××～010902008×××设置。

（1）适用范围。

“屋面卷材防水”项目适用于利用胶结材料粘贴卷材进行防水的屋面。

“屋面涂膜防水”项目适用于厚质涂料、薄质涂料和有增强材料或无增强材料的涂膜防水屋面。

“屋面刚性防水”项目适用于细石混凝土、预制混凝土、水泥砂浆及砾石保护屋和隔离屋等。

“屋面排水管”项目适用于各种排水管材：金属管、树脂制品管、玻璃钢管等。

“屋面天沟、沿沟”项目适用于水泥砂浆天沟、细石混凝土天沟、预制混凝土天沟板、卷材天沟、玻璃钢天沟、水泥砂浆沿沟、树脂制品沿沟、镀锌铁皮沿沟、玻璃钢沿沟等。

（2）工程量清单设置。详见《计算规范》表J.2。

（3）有关项目说明。

1）屋面找平层按《计算规范》附录L“平面砂浆找平层”项目编码列项。

2）檐沟、天沟、落水口、泛水收头、变形缝等处的卷材附加层应包括在报价内。

3）浅色、反射涂料保护层、绿豆砂保护层、细砂、云母及蛭石保护层应包括在报价内。

4）水泥砂浆保护层、细石混凝土保护层可包括在报价内，也可按相关项目编码列项。

5）屋面涂膜防水需加强材料的应包括在报价内。

6）刚性防水屋面的分割缝、泛水、变形缝部位的防水卷材、密封材料、背衬材料、沥青麻丝等应包括在报价内。

7）屋面保温找坡屋，按《计算规范》附录K“保温隔热屋面”项目编码列项。

【例17-3】 如图17-7所示的工程屋面平面及剖面图，做法如下：①三元乙丙防水卷材；②20厚1∶3水泥砂浆找平层；③干铺珍珠岩保温层，最薄处30mm厚；④钢筋混凝土屋面板。试编制该屋面工程的工程量清单。

解：（1）清单项目列项：

①项目名称：屋面卷材防水　项目编码：010902001001

清单工程量计算：$S = 14.4 \times 9 + (14.4 + 9) \times 2 \times 0.25 = 141.30(\text{m}^2)$

②项目名称：保温隔热屋面　项目编码：011001001001

清单工程量计算：$S = 14.4 \times 9 = 129.6(\text{m}^2)$

$$(\delta = 0.03 + 4.5 \times 3\% \times 1/2 = 0.0975\text{m})$$

（2）根据工程量清单格式，编制该项目清单如表17-2所示。

表 17-2　　分部分项工程量清单

序号	项目编码	项目名称	项目特征	计量单位	工程数量
1	010802001001	屋面卷材防水	三元乙丙防水卷材，20厚1∶3水泥砂浆找平层	m^3	141.30
2	011001001001	保温隔热屋面	干铺珍珠岩保温层，最薄处30mm厚，平均厚度9.75cm	m^2	129.6

3. 墙面与地面防水、防潮

墙面防水防潮与地面防水防潮均包括4个项目：卷材防水、涂膜防水、砂浆防水（潮）、变形缝，项目编码分别为010903001×××～010903004×××和010904001×××～010904004×××设置。

（1）适用范围。

1）“卷材防水、涂膜防水”项目适用于基础、楼地面、墙面等部位的防水。

2）“砂浆防水（潮）”项目适用于地下、基础、楼地面等部位的防水、防潮。

3）“变形缝”项目适用于基础、墙体、屋面等部位的抗震缝、温度缝（伸缩缝）、沉降缝。

（2）工程量清单设置。

详见《计算规范》表J.3和表J.4。

（3）有关项目说明。

1）墙面找平层和楼地面防水找平层分别按《计算规范》附录M“立面砂浆找平层”和附录L“平面砂浆找平层”项目编码列项。

2）墙面变形缝做双面，工程量应乘系数2。

3）特殊处理部位（如管道的通道部位）的嵌缝材料、附加卷材衬垫等应包括在报价内。

4）永久保护层（如砖墙、混凝土地坪等）应按相关项目编码列项。

5）防水防潮的外加剂应包括在报价内。

6）止水带安装、盖板制作、安装应包括在报价内。

4. 注意事项

（1）“瓦屋面”、“型材屋面”的木檩条、木椽子、木屋面板需刷防火涂料时，可按相关项目单独编码列项，也可包括在“瓦屋面”、“型材屋面”项目报价内。

（2）“瓦屋面”、“型材屋面”、“膜结构屋面”的钢檩条、钢支撑（柱、网架等）和拉结结构需刷防护材料时，可按相关项目单独编码列项，也可包括在“瓦屋面”、“型材屋面”、“膜结构屋面”项目报价内。

（3）屋面、墙面、楼地面防水搭接及附加层用量不另行计算，在综合单价中考虑。

二、工程量清单计价

屋面及防水工程清单项目计价时，应结合清单项目特征的描述及工程内容，选定相应的计价定额，按照计价定额的使用规定，进行组合计价。

计价工程量计算方法如下。

1. 瓦、型材屋面

（1）瓦屋面按屋面水平投影面积（有气楼时应加气楼挑檐重叠部分面积）乘以屋面相应

坡度系数；不扣除瓦屋面中排烟道、通风孔、屋脊、斜沟、屋面检查洞及 0.3m² 以内孔洞所占面积；屋面挑出墙外的尺寸，按设计规定计算，如设计无规定时，彩色水泥瓦、黏土平瓦按水平尺寸加 70mm、小青瓦按水平尺寸加 50mm 计算。多彩油毡瓦工程量计算同屋面防水定额。

（2）屋面金属板排水、泛水按延米乘以展开宽度计算。其他泛水按“延米”计算。

2. 屋面防水及其他

（1）屋面防水卷材、屋面涂膜防水按实铺面积计算，不扣除房上烟囱、风（烟）道、风帽底座、屋面小气窗和斜沟等所占面积。

（2）伸缩缝、女儿墙和天窗处的弯起部分，按图示尺寸计算，如设计无规定时伸缩缝、女儿墙的弯起部分按 250mm、天窗的弯起部分按 500mm 计算，并入屋面防水工程量。

（3）天沟、挑檐按展开面积计算并入屋面防水工程量。

（4）涂膜屋面的油胶嵌缝、塑料油膏玻璃布盖缝按“延米”计算。

（5）刚性屋面按设计图示面积计算，细石混凝土防水层的滴水线、伸缩缝翻边加厚加高不另计；不扣除屋面排烟道、通风孔、伸缩缝、屋面检查洞及 0.3m² 以内孔洞所占面积、洞口翻边也不加。屋面检查洞盖以“个”计算。

（6）覆土屋面按实铺面积乘以设计厚度计算，不扣除排烟道、通风孔、屋面检查洞及 0.3m² 以内孔洞所占体积。

（7）屋面金属板排水、泛水按延米乘以展开宽度以面积计算。其他泛水按“延米”计算。

【例 17-4】 某屋面刚性防水清单如表 17-3 所示。

表 17-3 分部分项工程量清单

序号	项目编码	项目名称	项目特征	计量单位	工程数量
1	010902003001	屋面刚性层	35×800×800 架空预制薄板铺设 83.99m²，40 厚 C20 现浇细石混凝土，纸筋灰隔离层，三元乙丙橡胶卷材一层，100mm 厚水泥珍珠岩板保温层，20 厚水泥砂浆找平层	m²	112.09

该题中的人工、材料、机械台班消耗量及单价按《浙江省建筑工程预算定额》（2010 版）计取管理费按人工费加材料费的 20%计取，利润按人工费加材料费的 10%计取。风险费用暂不计取。计算该清单项目的综合单价。（三元乙丙卷材附加层及上翻面积为 10m²，预制混凝土板的制作和运输暂不考虑）

解： 该清单可组价的定额项目编号和定额工程量

（1）三元乙丙卷材。

套用定额 7-55

定额工程量＝112.09＋10＝122.09（m²）

（2）40 厚 C20 细石混凝土。

套用定额 7-1

定额工程量＝122.09m²

（3）35×800×800 架空预制薄板。

套用定额 7-4。

定额工程量=83.99m²（清单项目特征）

(4) 纸筋灰隔离层。

套用定额 7-7。

定额工程量=112.09m²

(5) 100mm 厚水泥珍珠岩板保温层。

套用定额 8-38。

定额工程量=112.09×0.1=11.209(m²)

(6) 20 厚水泥砂浆找平层。

套用定额 10-1。

定额工程量=112.09m²

计算分部分项工程量清单项目综合单价（表 17-4）

表 17-4　　分部分项工程量清单综合单价计算表

单位及专业工程名称：　　　　第　页共　页

序号	编号	项目名称	单位	数量	综合单价（元）						合计（元）
					人工费	材料费	机械费	管理费	利润	小计	
1	010902003001	屋面刚性层，35×800×800 架空预制薄板铺设 83.99m²，40 厚 C20 现浇细石混凝土，纸筋灰隔离层，三元乙丙橡胶卷材一层，100mm 厚水泥珍珠岩保温层，20 厚水泥砂浆找平层	m²	112.09	37.756	388.156	0.916	7.734	3.867	438.43	49 144
	7-55	三元乙丙卷材	m²	122.09	2.864	49.860		0.573	0.286	53.58	6542
	7-1	细石混凝土	m²	112.09	5.289	13.280	0.655	1.189	0.594	21.007	2355
	7-4	预制混凝土	m²	83.99	5.160	4.910	0.059	1.044	0.522	11.69	982
	7-7	纸筋灰隔离层	m²	112.09	1.591	1.408	0.041	0.326	0.163	3.529	396
	8-38	水泥珍珠岩	m³	112.09	20.64	311.1		4.128	2.06	337.93	37 879
	10-1	找平层	m²	112.09	3.25	4.381	0.176	0.685	0.343	8.838	990

3. 墙面与地面防水、防潮

(1) 平面防水、防潮层：按主墙间净面积计算，扣除凸出地面的构筑物、设备基础等所占面积，不扣除柱、垛、间壁墙、附墙烟囱及每个面积在 0.3m² 以内的孔洞所占面积。

(2) 立面防水、防潮层：按实铺面积计算，应扣除每个面积在 0.3m² 以上的孔洞所占面积，孔侧展开面积并入计算。

(3) 平面号立面连接处高度在 500mm 以内的立面面积并入平面防水项目计算。立面高度在 500mm 以上的，其立面部分按立面防水项目计算。

（4）防水砂浆防潮层按图示面积计算。

（5）变形缝以“延米”计算，断面或展开尺寸与定额不同时，材料用量按比例换算。

项目小结

本项目主要介绍了屋面及防水工程的定额使用规定、工程量计算规则，以及屋面及防水工程工程量的清单编制与综合单价的计算。重点把握刚性屋面防水卷材的定额工程量计算，掌握屋面及防水工程的常用清单项目的编制与清单计价。

思考与练习题

1. 写出下列项目的定额编号、计量单位、基价。（如需换算，应列出换算式）

（1）屋面平面刷JS防水涂料（2.5mm厚）；

（2）屋面变形缝油膏；

（3）屋面30厚1∶2水砂找平层；

（4）屋面干铺珍珠岩；

（5）75mm厚彩钢夹心板屋面。

2. 瓦屋面项目包括哪些内容？

3. 型材屋面项目适用范围和注意事项是什么？

4. 各类防水项目的适用范围和报价注意要点是什么？

5. 变形缝有哪几种类型？报价时应包括哪些内容？

6. 某工程屋面平面及剖面如图17-7所示，试计算该屋面的定额直接费。

屋面具体做法如下：

（1）冷底油一道，二毡三油防水层一道；

（2）20厚1：3水泥砂浆找平层；

（3）炉渣混凝土找坡3%，最薄处30mm厚；

（4）钢筋混凝土屋面板。

7. 编制上题的屋面工程工程量清单并计算相应清单的综合单价。人工、材料、机械台班消耗量及单价按《浙江省建筑工程预算定额》（2010版）计取，管理费、利润分别按20%和10%计取。风险费用暂不考虑。

项目18 脚 手 架 工 程

第一节 基 础 知 识

脚手架是专为高空施工操作、堆放和运送材料，保证施工安全而设置的架设工具或操作平台。脚手架工程包括脚手架的搭设与拆除，安全网铺设，铺、拆、翻脚手片等全部内容。当建筑物超过规范允许搭设脚手高度（不宜超过50m）时，应采用钢挑架，钢挑架上、下间距通常不超过18m（图18-1）。

图18-1 脚手架工程

脚手架有木脚手架、毛竹脚手架和金属脚手架（图18-2），金属脚手架常见的有钢管脚手架、碗扣式脚手架和移动架。

图18-2 金属脚手架

第二节 定 额 计 价

一、定额使用说明

(1) 脚手架定额适用于房屋工程、构筑物及附属工程的脚手架。

(2) 脚手架定额不分搭设材料及搭设方法，均执行同一定额。

(3) 综合脚手架。

1) 综合脚手架定额适用于房屋工程及地下室脚手架，不适用于房屋加层脚手架、构筑物及附属工程脚手架。后者应套用单项脚手架相应定额。

2) 本定额已综合内、外墙砌筑脚手架，外墙饰面脚手架，斜道和上料平台。高度在3.6m以内的内墙及天棚装饰脚手架费已包含在定额内。

3) 地下室综合脚手架中已综合了基础超深脚手架。

4) 本定额房屋层高以6m以内为准，层高超过6m，另按每增加1m以内定额计算；檐高30m以上的房屋，层高超过6m时，按檐高30m以内每增加1m定额执行。

5) 本定额未包括高度在3.6m以上的内墙和天棚饰面或吊顶安装脚手架、基础深度超过2m（自设计室外地坪起）的混凝土运输脚手架、电梯安装井道脚手架、人行过道防护脚手架，发生时，按单项脚手架规定另列项目计算。

6) 综合脚手架定额是按不同檐高划分的，同一建筑物檐高不同时，应根据不同高度的垂直分界面分别计算建筑面积，套用相应定额。

(4) 单项脚手架。

1) 外墙脚手架定额未综合斜道和上料平台，发生时另列项目计算。

2) 高度超过3.6m至5.2m以内的天棚饰面或吊顶安装，按满堂脚手架基本层计算。高度超过5.2m另按增加层定额计算。

如仅勾缝、刷浆或油漆时，按满堂脚手架定额，人工乘以系数0.4，材料乘以系数0.1。满堂脚手架在同一操作地点进行多种操作时（不另行搭设），只可计算一次脚手架费用。

【例18-1】 试计算层高为6m的天棚油漆定额基价。

解：层高6m＞3.6m，且＞5.2m

套用定额16－40H＋41H

换算后的基价＝（4.175 3×0.4＋1.605 0×0.1＋0.254 2）＋（0.825 6×0.4＋0.362 5×0.1＋0.056 5）＝2.508（元/m²）

3) 外墙外侧饰面应利用外墙砌筑脚手架，如不能利用须另行搭设时，按外墙脚手架定额，人工乘以系数0.6，材料乘以系数0.30。如仅勾缝、刷浆、油漆时，人工乘以系数0.4，材料乘以系数0.1。采用吊篮施工时，应按施工组织设计规定计算并套用相应定额。吊篮安装、拆除以套为单位计算，使用以套·天计算，如采用吊篮在另一垂直面上工作的方案，所发生的整体挪移费按吊篮安拆定额扣除载重汽车台班后乘以系数0.7计算。

4) 高度在3.6m以上的内墙饰面脚手架，如不能利用满堂脚手架，须另行搭设时，按内墙脚手架定额，人工乘以系数0.6，材料乘以系数0.3。如仅勾缝、刷浆、或油漆对，人工乘以系数0.4，材料乘以系数0.1。

5) 砖墙厚度在一砖半以上，石墙厚度在40cm以上，应计算双面脚手架，外侧套用外脚手架，内侧套内用墙脚手架定额。

6）电梯井高度按井坑底面至井道顶板底的净空高度再减去 1.5m 计算。

7）防护脚手架定额按双层考虑，基本使用期为 6 个月，不足或超过 6 个月按相应定额调整，不足 1 个月按 1 个月计。

8）砖柱脚手架适用于高度大于 2m 的独立砖柱；房上烟囱高度超出屋面 2m 者，套用砖柱脚手架定额。

9）围墙高度在 2m 以上者，套用内墙脚手架定额。

10）基础深度超过 2m 时（自设计室外地坪起），计算混凝土运输脚手架（使用泵送混凝土除外）应按满堂脚手架基本层定额乘以系数 0.6。深度超过 3.6m 时，另按增加层定额乘以系数 0.60。

11）构筑物钢筋混凝土贮仓（非滑模的）、漏斗、风道、支架、通廊、水（油）池等，构筑物高度在 2m 以上者，每 $10m^3$ 混凝土（不论有无饰面）的脚手架费按 99 元（其中人工 1.2 工日）计算。

12）网架安装脚手架高度（指网架最低支点的高度）按 6m 以内为准，超过 6m 按每增加 1m 定额计算。

13）钢筋混凝土倒锥形水塔的脚手架，按水塔脚手架的相应定额乘以系数 1.3。

14）屋面构架等建筑构造的脚手架，高度在 5.2m 以内时，按满堂脚手架基本层计算。高度超过 5.2m 另按增加层定额计算。其高度在 3.6m 以上的装饰脚手架，如不能利用满堂脚手架，须另行搭设时，按内墙脚手架定额，人工乘以系数 0.6，材料乘以系数 0.3。构筑物砌筑按单项定额计算砌筑脚手架。

15）二次装饰、单独装饰工程的脚手架，按施工组织设规定的内容计算单项脚手架。

16）钢结构专业工程的脚手架发生时套用相应的单项脚手架定额。对有特殊要求的钢结构专业工程脚手架应根据施工组织设计规定计算。

二、工程量计算规则

（1）综合脚手架。

1）工程量按房屋建筑面积计算，有地下室时，地下室与上部建筑面积分别计算，套用相应定额。半地下室并入上部建筑物计算。

2）以下内容并入综合脚手架计算：

a. 骑楼、过街楼下的人行通道和建筑物通道，以及建筑物底层无围护结构的架空层，层高在 2.2m 及以上者按墙（柱）外围水平面积计算；层高不足 2.2m 者计算 1/2 面积。

b. 设备管道夹层（原称技术层）层高在 2.2m 及以上者按墙外围水平面积计算；层高不足 2.2m 者计算 1/2 面积。

c. 有墙体、门窗封闭的阳台，按其外围水平投影面积计算。

以上涉及面积计算的内容，仅适用于计取综合脚手架、垂直运输费和建筑物超高施工用水加压增加的水泵台班费用。

（2）砌墙脚手架工程量按内、外墙面积计算（不扣除门窗洞口、空洞等面积）。外墙乘以系数 1.15，内墙乘以系数 1.1。

【例 18-2】　如图 18-3 所示，某酒店外墙面装饰，试计算外墙脚手架工程量。

解： 外墙脚手架工程量 $S=3.2\times3.86\times1.15=14.21$ (m^2)

(3) 围墙脚手架高度自设计室外地坪算至围墙顶，长度按围墙中心线计算，洞口面积不扣，砖垛（柱），也不折加长度。

(4) 满堂脚手架工程量按天棚水平投影面积计算，工作面高度为房屋层高；斜天棚（屋面）按房屋平均层高计算；局部层高超过 3.6m 以上的房屋，按层高超过 3.6m 以上部分的面积计算。

无天棚的屋面构架等建筑构造的脚手架，按施工组织设计规定的脚手架搭设的外围水平投影面积计算。

【例 18-3】 某包房如图 18-4 所示，该包房天棚做吊顶，室内净高 4.2m，计算该天棚脚手架的工程量。

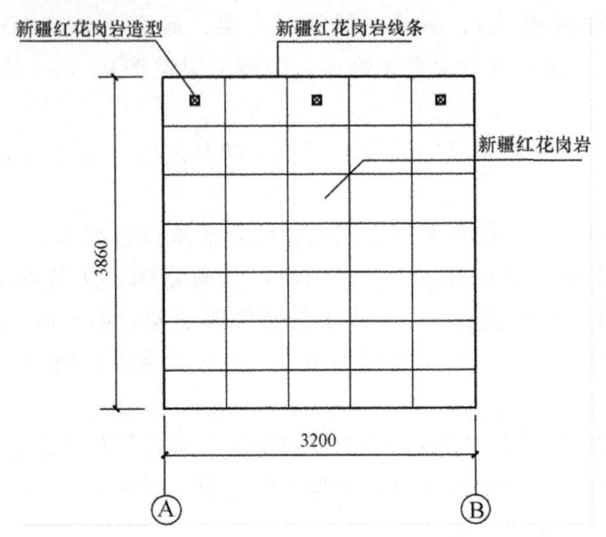

图 18-3 花岗岩外墙

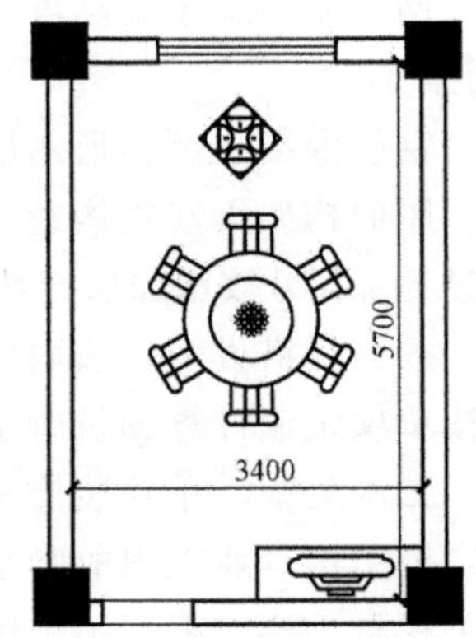

图 18-4 包房平面图

解： 该包房天棚吊顶高度为 4.2m>3.6m，故脚手架应计算满堂脚手架。

满堂工程量为：$S=3.4\times5.7=19.38$ (m^2)

(5) 电梯安装井道脚手架，按单孔（一座电梯）以“座”计算。

(6) 人行过道防护脚手架，按水平投影面积计算。

(7) 砖（石）柱脚手架按柱高以“m”计算。

(8) 基础深度超过 2m 的混凝土运输满堂脚手架（图 18-5）工程量，按底层外围面积计算；局部加深时，按加深部分基础宽度每边各增加 50cm 计算。

(9) 混凝土、钢筋混凝土构筑物高度在 2m 以上，混凝土工程量包括 2m 以下至基础顶面以上部分体积。

(10) 烟囱、水塔脚手架分别高度，按“座”计算。

(11) 采用钢滑模施工的钢筋混凝土烟囱筒身、水塔筒式塔身、贮仓筒壁是按无井架施工考虑的，除设计采用涂料工艺外不得再计算脚手架或竖井架。

(12) 网架安装脚手架按网架水平投影面积计算。

三、计算示例

【例 18-4】 某工程如图 18-6 所示，钢筋混凝土基础深度 $H=5.2$m，每层建筑面积

图 18-5　混凝土运输脚手架

800m²，天棚面积 720m²，楼板厚 100mm。求：(1) 综合脚手架费用；(2) 天棚抹灰脚手架费用；(3) 基础混凝土运输脚手架费用。

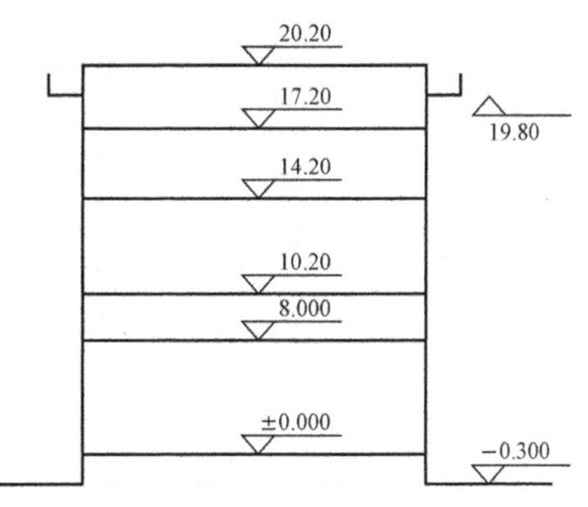

图 18-6　某工程立面图

解：(1) 综合脚手架费用。

檐高 $H=19.8+0.3=20.1\text{m}>20\text{m}$，套 30m 以内定额。

1) 底层。层高 $H=8\text{m}>6\text{m}$

套用定额 16－7＋8×2，基价＝19.32＋1.75×2＝22.82（元/m²）

工程量＝800m²

2) 二至五层。层高 $H<6\text{m}$，中间有一技术层，层高 2.2m，全部建筑面积为脚手架工程量。

套用定额 16－7，基价 15.77 元/m²

工程量＝800×4＝3200（m²）

3) 综合脚手架费用＝800×22.82＋3200×19.32＝80 080（元）

(2) 天棚抹灰脚手架费用。

底层高度为：8－0.1＝7.9m，第三层高度为：4－0.1＝3.9（m），有两层高度大于 3.6m，其中底层 7.9m＞5.2m，第三层 3.6m＜3.9m＜5.2m。

1) 底层。

套用定额 16－40＋41×3，基价＝6.03＋1.24×3＝9.75（元/m²）

工程量＝720m²

2) 第三层。

套用定额 16－40，基价为 6.03 元/m²

工程量＝720m²

3) 天棚抹灰脚手架费用＝9.75×720＋6.03×720＝11 361.6（元）

(3) 基础混凝土运输脚手架费用。

基础 $H=5.2>2$m，应计算脚手架费用。

1）套用定额 16－40H＋41H×2

$\Delta H=5.2-3.6=1.6$（m）

2）基价＝（6.03＋1.24×2）×0.6＝5.106（元/m^2）

3）基础混凝土运输脚手架费用＝5.106×800＝4084.8（元）

【例 18-5】 某单层高低跨工业厂房，高跨檐高 21m，层高 20.6m；低跨檐高 15m，层高 14.6m，屋面采用大型屋面板勾缝刷白，屋面板厚 12cm，柱截面 600mm×400mm，墙厚 240mm。如图 18-7 所示。试计算高低跨的综合脚手架和满堂脚手架费用。

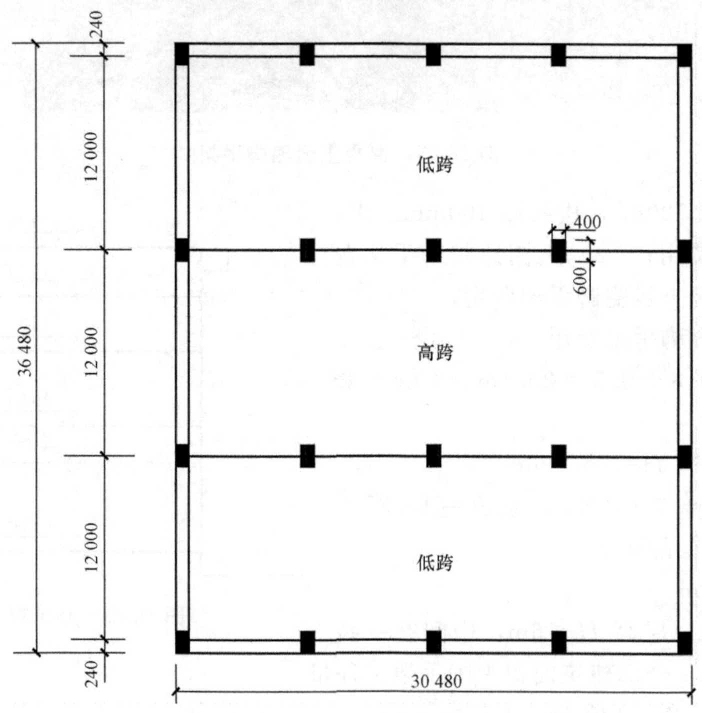

图 18-7 厂房平面图

解：（1）综合脚手架费用。

1）高跨（檐高 21m，层高 20.6m）

$S_建$＝30.48×（12＋0.3×2）＝384.05（m^2）

套用定额 16－7＋8×15

单价＝19.32＋1.75×15＝45.57（元/m^2）

高跨综合脚手架费用＝384.05×45.57＝17 501.16（元）

2）低跨（檐高 15m，层高 14.6m）

$S_建$＝30.48×（12－0.3＋0.24）×2＝727.86（m^2）

套用定额 16－5＋6×9

单价＝15.46＋1.54×9＝29.32（元/m^2）

低跨综合脚手架费用＝727.86×29.32＝21 340.85（元）

(2) 满堂脚手架费用。

1) 高跨（檐高 21m，层高 20.6m）

$S_{天棚}$ =30×12.6=378（m^2）

套用定额　16－40H＋41H×13

单价＝(4.175 3×0.4＋1.605 1×0.1＋0.254 2)＋(0.825 6×0.4＋0.362 5×0.1＋0.056 5)×13 ＝ 7.58(元/m^2)

高跨满堂脚手架费用＝378×7.58＝2865.24（元）

2) 低跨（檐高 15m，层高 14.6m）

$S_{天棚}$ =30×11.7×2=702（m^2）

套用定额　16－40H＋38H×8

单价＝（4.175 3×0.4＋1.605 1×0.1＋0.254 2）＋（0.825 6×0.4＋0.362 5×0.1＋0.056 5）×8=5.47（元/m^2）

低跨满堂脚手架费用＝702×5.47＝3839.94（元）

第三节　清单编制及计价

脚手架工程是为确保工程项目顺利施工，发生在工程施工前和施工过程中的非工程实体的项目，脚手架费用属于技术措施费的范畴，因此在措施项目清单中列项。

一、清单编制

1. 清单项目的设置

脚手架清单项目按《计算规范》附录 S.1 列项，包括综合脚手架、里、外脚手架、悬空脚手架、挑脚手架、满堂脚手架、整体提升架和外装饰吊篮共计 8 个清单项目，项目编码从 011701001×××到 011701008×××设置。

工作内容：①脚手架的搭设与拆除；②铺设；③脚手片铺、拆、翻、拆除后的材料堆放及场内运输；④钢挑梁的制作、安装与拆除清理等。

2. 清单项目的编制

(1) “综合脚手架”项目适用于能够按“建筑面积计算规则”计算建筑面积的建筑工程脚手架，不适用与房屋加层、构筑物和附属工程脚手架。

(2) 同一建筑物有不同檐高时，应按建筑物竖向切面不同檐高编列清单项目。

(3) “满堂脚手架”项目适用于脚手架搭设高度超过 3.6m 的天棚抹灰或吊顶安装及基础深度超过 2m 的混凝土运输脚手架（地下室及使用泵送混凝土的除外）。搭设高度为设计室内地（楼）面至天棚底的高度，斜天棚按平均告诉计算，基础深度自设计室外地坪起算。

(4) 整体提升架已包括 2m 高的防护架体设施。

3. 清单工程量计算

(1) 综合脚手架。按建筑物的建筑面积计算。

(2) 满堂脚手架和悬空脚手架。按搭设的水平投影面积计算。

(3) 里、外脚手架整体提升架以及外装饰吊篮。按所服务对象的垂直投影面积计算。

(4) 挑脚手架。按搭设长度乘以搭设层数以“延米”计算。

二、清单项目计价

1. 计价规定

(1) 脚手架措施清单项目金额应按照分部分项工程量清单项目的综合单价计算方法确定。

(2) 脚手架清单项目按施工组织设计内容计价。

(3) 设计变更或提供资料与实际不符引起脚手架清单项目变化而发生的增减应按合同约定予以调整。常见调整的内容如：设计变更引起建筑面积的增减和建筑物层数、层高、檐高变化时工程量的增减。

2. 计价工程量计算方法

1) 脚手架分综合脚手架、单项脚手架、烟囱水塔脚手架三部分。

2) 综合脚手架定额适用于房屋工程及地下室脚手架，不适用于房屋加层脚手架、构筑物及附属工程脚手架。

3) 有地下室时，地下室与上部建筑面积分别计算，套用相应定额。半地下室并入上部建筑物计算。

4) 综合脚手架定额未包括高度在 3.6m 以上的天棚抹灰或安装脚手架、基础深度超过 2m 的混凝土运、电梯安装井道脚手架、人行过道防护脚手架。

5) 计算综合脚手架工程量时，应另加以下面积：

①骑楼、过街楼下的人行通道和建筑物通道，以及建筑物底层无围护结构的架空层，层高在 2.2m 及以上者按墙（柱）外围水平面积计算；层高不足 2.2m 者计算 1/2 面积。

②设备管道夹层（原称技术层）层高在 2.2m 及以上者按墙外围水平面积计算；层高不足 2.2m 者计算 1/2 面积。

③有墙体、门窗封闭的阳台，按其外围水平投影面积计算。

【例 18-6】 某市区房屋建筑工程：框架结构地下室 2 层，建筑面积 3000m²。裙房五层，檐高 18m，建筑面积 5000 m²（不包括主楼占地部位），层高均为 3.6m。主楼 17 层，檐高 65m，建筑面积 9000m²，其中：底层层高 5.6m，建筑面积 1500m²（天棚面积 1350m²）；二层层高 3.9m，建筑面积 1400m²（天棚面积 1230 m²）；标准层层高 3.6m；顶层层高 3.9m，建筑面积 800m²（天棚面积 680m²），楼板厚度均为 100mm。按上述背景资料，某投标单位制定了施工组织设计方案：地下室施工工期 80 天；试编制该建筑物脚手架的措施项目清单并计算措施项目清单的综合单价。（假设人工、材料、机械台班的价格与定额取定价相同；企业管理费、利润均按人工费加机械费的 10%计取，风险费人工费加机械费之和的 5%计取。）

解：(1) 措施项目清单编制

综合脚手架清单因主楼和裙房的檐沟不同应分开列项，底层、二层和顶层的脚手架搭设高度均超过了 3.6m，应编制满堂脚手架清单，清单编制见表 18-1。

表 18-1　　脚手架工程工程量清单

序号	项目编码	项目名称	项目特征	计量单位	工程数量
1	011701001001	地下室综合脚手架	地下室 2 层，框架结构	m²	3000
2	011701001002	建筑物综合脚手架	裙房，框架结构，檐高 18m，层高 3.6m	m²	5000

续表

序号	项目编码	项目名称	项目特征	计量单位	工程数量
3	011701001003	建筑物综合脚手架	主楼，框架结构，檐高 65m，其中 5.6m 层高共 1500m^2，3.9m 层高共 2200m^2，其余层高均为 3.6m	m^2	9000
4	011701006001	满堂脚手架	底层，搭设高度 5.5m	m^2	1350
5	011701006002	满堂脚手架	二层和顶层，搭设高度 3.8m	m^2	1910

(2) 措施项目清单计价

1) 裙房：$S=5000\text{m}^2$

综合脚手架　套用定额 16－5

人工费＝4.674 1元/m^2

材料费＝10.112 9元/m^2

机械费＝0.677 9元/m^2

2) 主楼：$S=9000\text{m}^2$

综合脚手架　套用定额 16－12

人工费＝10.965 元/m^2

材料费＝23.674元/m^2

机械费＝1.314 1元/m^2

3) 地下室：$S=3000\text{m}^2$

综合脚手架　套用定额 16－27

人工费＝6.927 3元/m^2

材料费＝5.175 8元/m^2

机械费＝0.790 9元/m^2

4) 底层层高 5.6m：5.6m＞5.2m

$S_{天棚}=1350\text{m}^2$

满堂脚手架　套用定额 16－40＋41

人工费＝5.000 9元/m^2

材料费＝1.967 5元/m^2

机械费＝0.310 7元/m^2

5) 二层和顶层层高均为 3.9m：3.6m＜3.9m＜5.2m

$S_{天棚}=1230+680=1910\ (\text{m}^2)$

满堂脚手架基本层　套用定额 16－40

人工费＝4.175 3元/m^2

材料费＝1.605 0元/m^2

机械费＝0.254 2元/m^2

6) 计算结果见表 18－2。

表 18-2 **脚手架工程清单综合单价计算表**

序号	编号	工程内容	单位	数量	综合单价(元)							合计(元)
					人工费	材料费	机械使用费	管理费	利润	风险费用	小计	
1	011701001001	地下室综合脚手架,地下2层	m^2	3000	6.927 3	5.175 8	0.790 9	0.771 8	0.771 8	0.385 9	14.823 5	44 471
	16—27	综合脚手架(地下室)	m^2	3000	6.927 3	5.175 8	0.790 9	0.771 8	0.771 8	0.385 9	14.823 5	44 471
2	011701001002	建筑物综合脚手架,裙房檐高18m,层高3.6m	m^2	5000	4.671 4	10.112 9	0.677 9	0.535 2	0.535 2	0.267 6	16.802 9	84 015
	16—5	综合脚手架(裙房)	m^2	5000	4.671 4	10.112 9	0.677 9	0.535 2	0.535 2	0.267 6	16.802 9	84 015
3	011701001003	建筑物综合脚手架,主楼檐高65m,其中5.6m层高共1500m^2,3.9m层高共2200m^2,其余层高均为3.6m	m^2	9000	10.965	23.674	1.313 4	1.227 8	1.227 8	0.613 9	39.022	351 198
	16—12	综合脚手架(主楼)	m^2	9000	10.965	23.674	1.313 4	1.227 8	1.227 8	0.613 9	39.022	351 198
4	011701006001	满堂脚手架,搭设高度5.5m	m^2	1350	5.000 9	1.967 5	0.310 7	0.531 2	0.531 2	0.265 6	8.607 1	11 620
	16—40	满堂脚手架	m^2	1350	5.000 9	1.967 5	0.310 7	0.531 2	0.531 2	0.265 6	8.607 1	11 620
5	011701006002	满堂脚手架,搭设高度3.8m	m^2	1910	4.175 3	1.605 0	0.254 2	0.443 0	0.443 0	0.221 4	7.141 9	13 641
	16—40+41	满堂脚手架	m^2	1910	4.175 3	1.605 0	0.254 2	0.443 0	0.443 0	0.221 4	7.141 9	13 641

项目小结

本项目主要介绍了脚手架工程的基本知识和施工工艺，脚手架工程的定额套用及计算规则；脚手架工程的措施项目清单的编制及计价方法；重点是掌握脚手架工程量和建筑面积的不同处，以及脚手架工程的定额套用。

思考与练习题

1. 写出下列项目的定额编号、计量单位、基价（如需换算，应列出换算式）。

(1) 满堂脚手架，层高10m，仅用于刷浆；

（2）房屋综合脚手架，檐高 25m，层高 6.5m；

（3）围墙脚手架，高度 3m。

2. 综合脚手架定额综合了哪些内容，不包括哪些内容？

3. 综合脚手架工程量计算和建筑面积的计算规则有哪些不同之处？

4. 某市区临街房屋工程：地下室一层，建筑面积 1000m^2。裙房 3 层，檐高 10m，建筑面积 2000m^2（不包括主楼占地部位），层高均为 3.6m。主楼 12 层，檐高 40m，建筑面积 7000m^2，其中：底层层高 6m，建筑面积 1000m^2（天棚面积 800m^2）。按上述资料，某投标单位制定了施工组织设计方案：地下室施工工期 30 天；试计算该建筑物脚手架的施工技术措施费。（假设人工、材料、机械台班的价格与定额取定价相同；企业管理费、利润分别按人工费加机械费均按 10%计取，风险费暂不考虑）

项目19　垂直运输工程及超高增加费

第一节　垂直运输工程

一、基础知识

1. 垂直运输工具

建筑工程中，垂直运输工具常为卷扬机和自升式塔式起重机。地下室施工，按塔吊配置；檐高30m以内按单筒慢速1t内卷扬机及塔吊配置；檐高120m以内按单筒快速1t内卷扬机及塔吊和施工电梯配；超过120m按塔吊和施工电梯配置。

2. 垂直运输费用的使用范围

因为采用上述描述的运输工具而发生的有关费用，在计算时要根据建筑物的类别、高度、层高而区别对待。

二、定额计价

1. 定额使用说明

（1）"垂直运输"定额适用于房屋工程、构筑物工程的垂直运输。

（2）定额包括单位工程在合理工期内完成全部工作所需的垂直运输机械台班。但不包括大型机械的场外运输、安装拆卸及轨道铺拆和基础等费用，发生时另按相应定额计算。

（3）建筑物的垂直运输，定额按常规方案以不同机械综合考虑，除另有规定或特殊要求者外，均按定额执行。

（4）垂直运输机械采用卷扬机带塔时，定额中塔吊台班单价换算成卷扬机带塔台班单价，数量按塔吊台班数量乘以系数1.5。

（5）檐高3.6m以内的单层建筑，不计算垂直运输费用。

（6）建筑物层高超过3.6m时，按每增加1m相应定额计算，超高不足1m的，每增加1m相应定额按比例调整。地下室层高定额已综合考虑。

（7）同一建筑物檐高不同时，应根据不同高度的垂直分界面分别计算建筑面积，套用相应定额。

（8）如采用泵送混凝土施工时，定额子目中的塔吊台班应乘以系数0.98。

（9）加层工程按加层建筑面积和房屋总高套用相应定额。

（10）构筑物高度指设计室外地坪至结构最高点的垂直距离。

（11）钢筋混凝土水（油）池套用贮仓定额乘以系数0.35计算。贮仓或水（油）池池壁高度小于4.5m时，不计算垂直运输费用。

（12）滑模施工贮仓定额只适用于圆形仓壁，其底板及顶板套用普通贮仓定额。

2. 工程量计算规则

（1）地下室垂直运输以首层室内地坪以下的建筑面积计算，半地下室并入上部建筑计算。

（2）上部建筑的垂直运输以首层室内地坪以上建筑面积计算，另应增加按房屋综合脚手架计算规则规定增加内容的面积。

（3）非滑模施工的烟囱、水塔，根据高度按座计算；钢筋混凝土水（油）池及贮仓按基础底板以实体积以“m^3”计算。

（4）滑模施工的烟囱、筒仓，按筒座或基础底板上表面以上的筒身实体积以“m^3”计算；水塔根据高度按“座”计算，定额已包括水箱及所有依附构件。

第二节　建筑物超高施工增加费

一、基础知识

建筑物的高度超过一定范围，施工过程中人工、机械的效率会有所降低，即人工、机械的消耗量会增加，且随着工程施工高度不断增加，还需要增加加压水泵才能保证工作面上正常的施工供水，而高层施工工作面上的材料供应、清理以及上下联系、辅助工作等都会受到一定影响。以上所有这些因素都会引起建筑物由于超高而增加费用。

二、定额计价

1. 定额使用说明

（1）“建筑物超高增加费”定额适用于建筑物檐高 20m 以上的工程。

（2）同一建筑物檐高不同时，应分别计算套用相应定额。

（3）建筑物层高超过 3.6m 时，按每增加 1m 相应定额计算，超高不足 1m 的，每增加 1m 相应定额按比例调整。

2. 工程量计算规则

（1）各项降效系数中包括的内容指建筑物首层室内地坪以上的全部工程项目，不包括垂直运输、各类构件单独水平运输、各项脚手架、预制混凝土及金属构件制作项目。

（2）人工降效按规定内容中的全部人工费乘以相应子目系数计算。

（3）机械降效的计算基数为规定内容中的全部定额机械台班费。

（4）建筑物有高低层时，应根据不同檐高建筑面积占总建筑面积的比例分别计算超高人工降效费及超高机械降效费。

（5）建筑物超高施工用水加压增加的水泵台班及其他费用，按首层室内地坪以上垂直运输工程量的面积计算。

三、计算示例

【例 19-1】　建筑物示意图如 19-1 所示：数字为不同区域、不同层面的建筑面积，其中 A、D 区檐高为 20m（无地下室），B 区檐高为 70m，C 区檐高为 50m。假设 20m 内共 6 层，20m～50m 之间为 10 层（每层等高），50m 以上为 6 层，各区内每层建筑面积相等。试按定额计算垂直运输工程量。

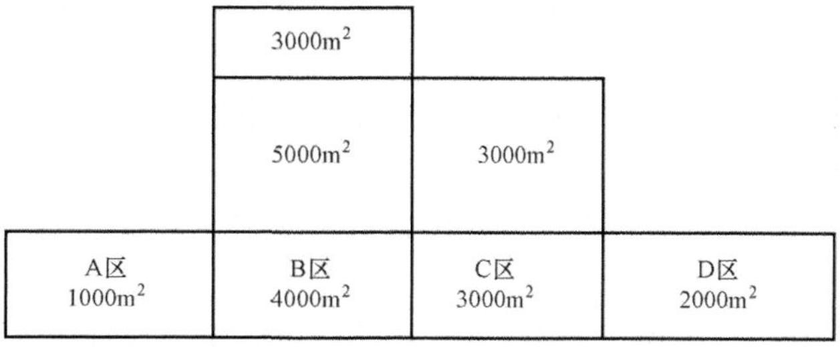

3000m²
5000m²　3000m²
A区 1000m²　B区 4000m²　C区 3000m²　D区 2000m²

图 19-1　某建筑物分区

解：同一建筑物檐高不同时，应根据不同高度的垂直分界面分别计算建筑面积。

各区域垂直运输工程量如下。

（1）檐高 20m 内建筑面积（A 区、D 区）

$$S=1000+2000=3000\ (\mathrm{m}^2)$$

（2）檐高 50m 内建筑面积（C 区）

$$S=3000+3000=6000\ (\mathrm{m}^2)$$

（3）檐高 70m 内建筑面积（B 区）

$$S=3000+5000+4000=12\,000\ (\mathrm{m}^2)$$

第三节 清单编制及计价

垂直运输工程是为确保工程项目顺利施工，发生在工程施工前和施工过程中的非工程实体的项目，垂直运输费用属于技术措施费的范畴，因此在措施项目清单中列项。

一、垂直运输工程清单编制

1. 清单项目的设置与编制

垂直运输工程项目应按《计算规范》附录 S. 3 列项，其项目编码为 011703001×××。工作内容包括垂直运输机械的固定装置，基础的制作与安装以及轨道的铺设、拆除和摊销。

同一建筑物有不同檐高时，应按建筑物不同的檐高分别编码列项。

2. 清单工程量计算

按建筑物的建筑面积或按施工工期日历天数计算。

二、垂直运输工程清单项目计价

1. 计价规定

（1）垂直运输措施清单项目金额应按照分部分项工程量清单项目的综合单价计算方法确定。

（2）垂直运输清单项目按施工组织设计内容计价。

（3）设计变更或提供资料与实际不符引起脚手架清单项目变化而发生的增减应按合同约定予以调整。常见调整的内容如：设计变更引起建筑面积的增减和建筑物层数、层高、檐高变化时工程量的增减。

2. 计价工程量计算方法

（1）垂直运输机械采用卷扬机带塔时，定额中塔吊台班单价换算，数量按塔吊台班数量乘以系数 1.5。

（2）同一建筑物檐高不同时，应根据不同高度的垂直分界面分别计算建筑面积，套用相应定额。

（3）地下室垂直运输以首层室内地坪以下的建筑面积计算，半地下室并入上部建筑物计算。

（4）上部建筑物的垂直运输以首层室内地坪以上建筑面积计算，另应增加按房屋综合脚手架计算规则规定增加内容的面积。

三、建筑物超高施工增加费清单

1. 清单项目设置

超高施工增加费项目应按《计算规范》附录 S. 4 列项，其项目编码为 011704001×××。工作内容包括建筑物超高引起的人工和机械降效、高层施工用水加压水泵的安拆及工作台班以及通信联络设备的使用及摊销。

2. 工程量清单编制

（1）按照浙江省补充规定，檐口高度超过 20m 的建筑物应编制建筑物超高增加费清单。

（2）同一建筑物有不同檐高时，应按建筑物不同的檐高分别编码列项，清单应明确描述不同檐高的建筑面积（或各不同檐高的比例）。

3. 清单工程量计算

按照浙江省补充规定，按首层室内地坪以上垂直运输工程量的面积计算。

4. 工程量清单计价

（1）超高施工降效的计算基数范围：建筑物首层室内地坪以上的全部工程项目，不包括垂直运输、各类构单独水平运输、各项脚手架、预制混凝土及金属构件制作项目。

（2）人工降效按规定内容中的全部人工费乘以相应子目系数计算，这里的系数是指相应定额消耗表中每万元增加降效费用的幅度。如：定额 18－1 的计量单位是"万元"，定额消耗量表内 200 元的含义是每万元计基数增加 200 元，则该子目系数即为 0.02。

（3）机械降效按规定内容中的全部机械台班费乘以相应子目系数计算。

（4）建筑物有高低层时，应根据不同高度建筑面积占总建筑面积的比例分别计算不同高度的人工费及机械费。

（5）超高施工加压水泵和其他费用按层高 3.6m 以内考虑，如层高超过 3.6m，按每增加 1m 相应定额计算，高不足 1m 的，按每增加 1m 相应定额的比例调整。

【例 19-2】　某综合楼各层及檐高如图 19-2 所示，A、B 单元各层建筑面积见表 19-1。按照市场定价的原则，假设人工、材料、机械的市场信息价格与定额取定价格相同；经分析计算该单位工程扣除垂直运输、各类构件单独水平运输、各项脚手架、预制混凝土及金属构件制作后的人工费为 240 万元，机械费为 150 万元；企业管理费和利润均按 10%计取，风险费不考虑，试编制该工程超高施工增加费项目清单，并计算清单综合单价。

解：（1）清单编制

1）先判定需要计算超高增加费的面积：檐高＞20m，只有 B 单元。

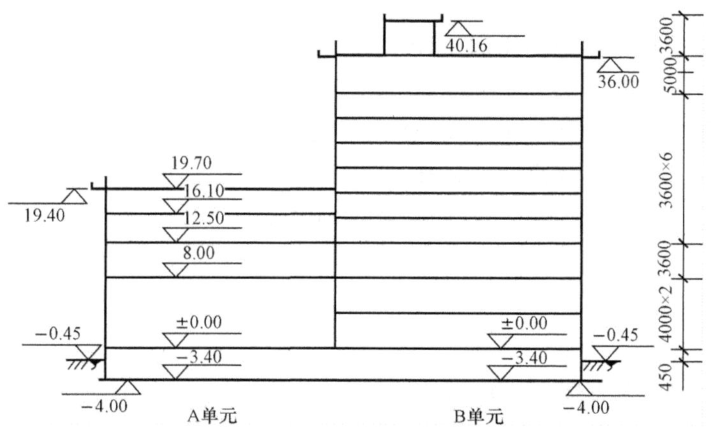

图 19-2　某综合楼

计算B单元首层以上面积：

$$S = 11\ 620 - 1200 = 10\ 420(\mathrm{m}^2)$$

2）编制清单如表19-2所示。

表19-1　A、B单元各层建筑面积

层次	A单元			B单元		
	层数	层高（m）	建筑面积（m^2）	层数	层高（m）	建筑面积（m^2）
地下	1	3.4	800	1	3.4	1200
首层	1	8	800	1	4	1200
二层	1	4.5	800	1	4	1200
标准层	1	3.6	800	7	3.6	7000
顶层	1	3.6	800	1	5	1000
屋顶				1	3.6	20
合计	4		4000	11		11 620

表19-2　超高施工增加工程量清单

序号	项目编码	项目名称	项目特征	计量单位	工程数量
1	011704001001	超高施工增加	综合楼分AB两单元，A单元檐高19.85m，4层；B单元檐高36.45m，11层；6层以上建筑面积为4020m^2	m^2	10 420

（2）清单计价

1）计价工程量计算：按计价定额规定，檐高大于20m才能计算超高增加费。

故只有B单元（檐高36+0.45=36.45m），B单元首层以上超高面积=11 620－1200=10 420（m^2）

超高面积占建筑物总面积的比例=10 420÷（4000+11 620）=0.667 1

超高人工降效=240×0.667 1=160.104（万元）

超高机械降效=150×0.667 1=100.065（万元）

超高加压水泵及其他：层高3.6m内　S=7020 m^2

层高4m内　S=2400 m^2

层高5m内　S=1000 m^2

2）套用相应定额

①人工降效

套用定额18－2　人工费：454.4元/万元

②机械降效

套用定额18－20　机械费：454.4元/万元

③加压水泵及其他（层高3.6m）

套用定额 18—38

材料费＝1.82 元/ m^2　机械费＝1.071 1元/m^2

④加压水泵及其他（层高 4m）

套用定额 18—38＋55H

材料费＝1.82 元/ m^2

机械费＝1.071 1＋（4—3.6）×0.114 9＝1.117（元/m^2）

⑤加压水泵及其他（层高 5m）

套用定额 18—38＋55H

材料费＝1.82 元/ m^2

机械费＝1.071 1＋（5—3.6）×0.114 9＝1.232（元/m^2）

3）按照综合单价计算规则，计算该工程超高施工增加费如表 19-3 所示。

表 19-3　　超高施工增加清单综合单价计算表

序号	编号	工程内容	单位	数量	综合单价（元）						合计（元）
					人工费	材料费	机械使用费	管理费	利润	小计	
1	011704001001	超高施工增加 A 单元檐高 19.85m，4 层；B 单元檐高 36.45m，11 层；6 层以上建筑面积为 4020m^2	m^2	10 420	6.98	1.82	5.46	1.24	1.24	16.75	174 547
	18—2	人工降效增加费	万元	160.104	454.40			45.44	45.44	545.28	87 302
	18—20	机械降效增加费	万元	100.065			454.40	45.44	45.44	545.28	54 563
	18—38	加压水泵台班及其他费用（层高 3.6m）	m^2	7020		1.82	1.071 1	0.107 1	0.107 1	3.105 3	21 799
	18—38＋55H	加压水泵台班及其他费用（层高 4m）	m^2	2400		1.82	1.117	0.111 7	0.111 7	3.160 4	7585
	18—38＋55H	加压水泵台班及其他费用（层高 5m）	m^2	1000		1.82	1.232	0.123 2	0.123 2	3.298 4	3298

项目小结

本项目内容主要介绍了垂直运输工程、建筑物超高施工增加费的基本知识、定额套用及计算规则以及清单措施项目的编制及综合单价的计算，重点是掌握垂直运输工程的定额计价及建筑物超高增加费的清单编制与计价。尤其要注意超高增加费定额工程量和清单工程量计算的区别。

思考与练习题

1. 写出下列项目的定额编号、计量单位、基价（如需换算，应列出换算式）。

（1）建筑物上部结构垂直运输，檐高 20m，采用卷扬机带塔；

（2）某厂房上部垂直运输，檐高 25m，层高 22m。

2. 垂直运输定额未包括哪些内容？发生时应如何计算？

3. 垂直运输工程地下室与上部建筑物工程量应如何计算？

4. 建筑物超高施工增加费各项降效系数中已包括哪些内容？未包括哪些内容？

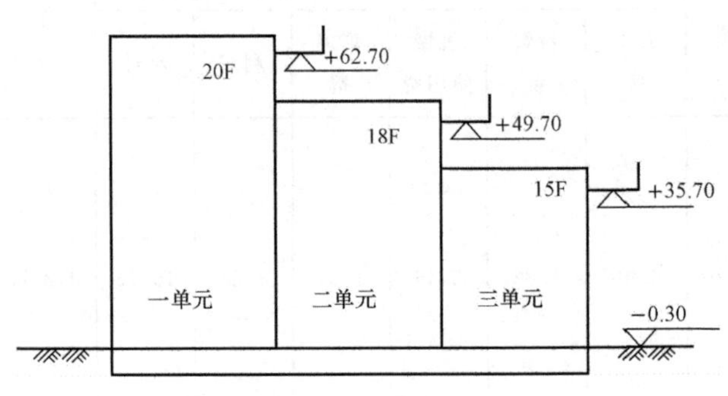

图 19-3　某三单元建筑物

5. 如图 19-3 所示，某建筑物分三个单元，第一个单元共 20 层，檐口标高 62.7m，建筑面积每层 300m^2；第二个单元共 18 层，檐口标高 49.7m，建筑面积每层 500m^2；第三个单元共 15 层，檐口标高 35.7m，建筑面积每层 200m^2；有地下室一层，建筑面积 1000m^2。计算该工程垂直运输增加费。

项目20 其 他 工 程

第一节 木 结 构 工 程

一、基础知识

1. 木结构

屋面系统的木结构是由木屋架（或钢木屋架）和屋面木基层两部分组成。

（1）屋架。

屋架是由一组杆件在同一平面内相互结合成整体的承重构件。各杆件组成及杆件名称见图 20-1。

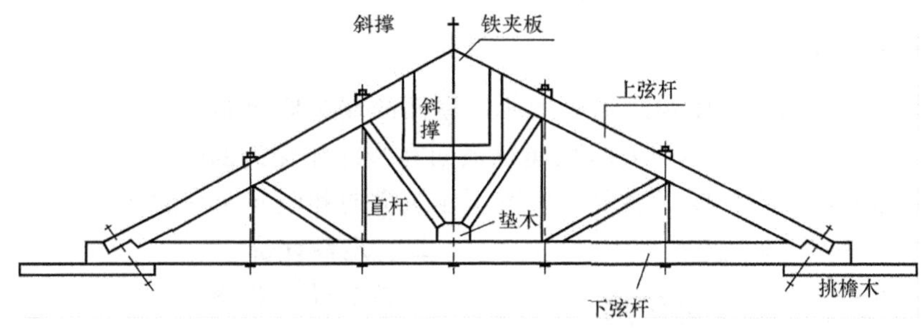

图 20-1 屋架构造示意图

图中的三角形屋架由上弦杆（人字木）、下弦杆和腹杆组成，腹杆又包括斜杆（斜撑）、直杆（拉杆）两种。

当屋架跨度较小时，上、下弦可用单根原木制作，当屋架跨度较大时，上、下弦可用多根原木以铁夹板或木板拼接而成。

1）木屋架。是指全部杆件可采用方木或圆木制作的屋架。

2）钢木屋架。是指受压杆件如上弦杆及斜杆均采用木材制作，受拉杆件如下弦杆及拉杆均采用钢材制作，拉杆一般用圆钢材料，下弦杆可以采用圆钢或型钢材料的屋架。

（2）屋面木基层。

屋面木基层包括木檩条、椽子、屋面板、油毡、挂瓦条、顺水条等。

2. 木构件

木构件包括木柱、木梁、木楼梯、木楼地楞、封檐板、博风板等。

（1）木楼梯。

木楼梯结构中的扶手、踏步、踢脚板、斜梁、栏杆均可采用木料制作。

（2）木楼地楞。

木地板的结构构造由木楞和面板组成。木地板木楞有圆木、方木两种。木地板可铺设在木楞上、毛地二、细木工板上、水泥楼面、混凝土面上。

（3）封檐板、博风板、大刀头。

封檐板示意图见图 20-2。

博风板、大刀头示意图见图 20－3。

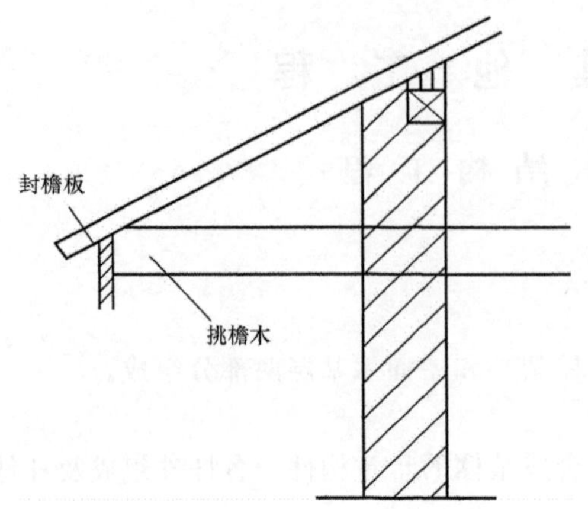

图 20－2 挑檐木、封檐板示意图

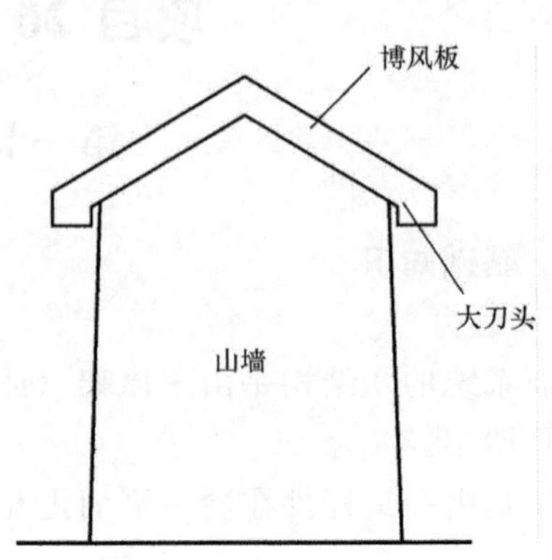

图 20－3 博风板、大刀头

3. 名词解释（图 20－4）

（1）马尾，是指四坡水屋顶建筑物的两端屋面的端头坡面部分。

（2）折角，是指构成 L 形的坡屋顶建筑横向和竖向相交的部位。

（3）正交部分，是指构成丁字形的坡屋顶建筑横向和竖向相交的部位。

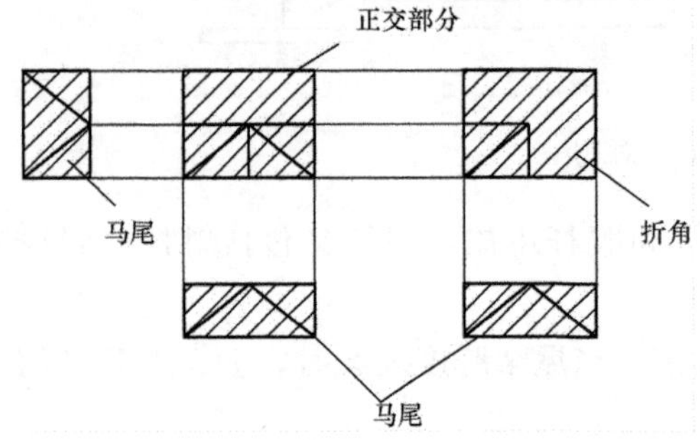

图 20－4 马尾、折角、正交部分示意图

二、定额计价

1. 定额使用说明

（1）“木结构工程”定额是按机械和手工操作综合编制的，实际不同均按定额执行。

（2）定额采用的木材木种，除另有注明外，均按一、二类为准，如采用三、四类木种时，木材单价调整，相应定额制作人工和机械乘以系数 1.3。

【例 20－1】 进口硬木楼梯，试计算定额基价。

解： 套用定额 5－26H

查定额附录四：进口硬木枋材的单价为 3600 元/ m^3

换算后的基价＝283.84＋（3600－1450）×（0.067 9＋0.081 8）＋64.26×0.3＝624.97（元/100m^2）

（3）定额所注明的木材断面、厚度均以毛料为准，设计为净料时，应另加刨光损耗，板枋材单面刨光加 3mm，双面刨光加 5mm，圆木直径加 5mm。屋面木基层中的椽子断面是按杉圆木 ϕ70mm 对开、松枋 40mm×60mm 确定的，如设计不同时，木材用量按比例计算，共余用量不变。屋面木基层中屋面板的厚度是按 15mm 确定的，实际厚度不同，单价换算。

（4）本章定额中的金属件已包括刷一遍防锈漆的工料。

（5）设计木构件中的钢构件及铁件用量与定额不同时，按设计图示用量调整。

2. 工程量计算规则

（1）计算木材材积，均不扣除孔眼、开榫、切肢、切边的体积。

（2）屋架材积包括剪刀撑、挑檐木、上下弦之间的拉杆、夹木等，不包括中立人在下弦上的硬木垫块。气楼屋架、马尾屋架、半屋架均按正屋架计算。檩条垫木包括在檩木定额中，不另计算体积。单独挑檐木，每根材积按 0.018m^3 计算，套用檩木定额。

（3）屋面木基层的工程量，按设计图示尺寸纵斜面积计算。不扣除房上烟囱、风帽底座、风道、小气窗和斜沟等所占的面积。屋面小气窗的出檐部分面积另行增加。

（4）封檐板按延米计算。

（5）木楼地楞材积按"m^3"计算。木楼地楞定额已包括乎撑、剪刀撑、沿油木的材积。

（6）木楼梯按水平投影面积计算，不扣除宽度小于 300mm 的楼梯井，其踢脚板、平台和伸入墙内部分，不另计算；但楼梯扶手、栏杆按定额第十章中的"扶手、栏杆、栏板装饰"规定另行计算。

三、清单计价

1. 清单编制

木结构工程项目按《计算规范》附录 G 列项，分 3 节 8 个项目，包括：G.1 木屋架、G.2 木构件和 G.3 屋面木基层。

适用于建筑物、构筑物的特种门和木结构工程。

（1）木屋架。

包括 2 个项目：木屋架、钢木屋架，项目编码分别按 010701001×××—010701002×××设置。

1）适用范围。

①"木屋架"项目适用于各种方木、圆木屋架。

②"钢木屋架"项目适用于各种方木、圆木与钢材的组合屋架。

2）工程量清单设置（详见《计价规范》附录 A）。

3）有关项目说明。

①屋架的跨度应以上、下弦中心线两交点之间的距离计算。

②带气楼的屋架和马尾、折角以及正交部分的半屋架、应按相关项目编码列项。

③与屋架相连的挑檐木应包括在报价内。

④木屋架、钢木屋架应描述每榀屋架的体积。

⑤当木屋架清单工程量以"榀"计算时，屋架的尺寸、类型等所有项目特征只要不同的，均应分别列项。

⑥项目特征描述的特征及数量，均应体现相应计价定额使用规则需要的内容，如屋架的下弦是木拉杆还是铁拉杆关系到套用人字屋架还是钢屋架定额；接头夹板数量的描述则关系到组合子目的计价工程量等。

【例 20-2】　某工程 5 榀木屋架如图 20-1，屋架跨度 6.24m，中高 1.8m，设计要求刷防火涂料二遍，已知每榀屋架材积为 0.478m^3，5 根圆钢拉杆及夹板铁件（含损耗）共 22.7kg，铁件要求刷红丹防锈漆二遍，编制该屋架的工程量清单。

解：该木屋架工程清单详见表 20-1。

表 20-1 **分部分项工程量清单**

序号	项目编码	项目名称	项目特征	计量单位	工程数量
1	010701001001	木屋架	人字正屋架，跨度 6.24m，屋架高度 1.8m，杉原木刨光；上弦两根原木、一副接头铁夹板；下弦单根原木，无接头夹板，木材面刷防火涂料二遍，每榀屋架材积为 0.478m³，5 根圆钢拉杆及夹板铁件（含损耗）共 22.7kg，铁件刷红丹防锈漆二遍	榀	10

（2）木构件。

包括木柱、木梁、木檩、木楼梯、其他木构件 5 个项目，项目编码分别按 010702001×××—010702005×××设置。

1）适用范围。

①“木柱”、“木梁”项目适用于建筑物各部位的柱、梁。

②“木楼梯”项目适用于楼梯和爬梯。

③“其他木构件”项目适用于木楼地楞、封檐板、博风板等构件的制作、安装。

2）清单工程量计算。

木构件清单工程量计算详见表 G.2。

3）有关项目说明。

①木楼梯的栏杆（栏板）、扶手，应按《计算规范》附录 Q 相关项目编码列项。

②以“m”计量的木构件，项目特征必须描述构件的规格尺寸。

③清单项目特征描述时，除要求描述的特征外，还应根据使用的计价定额需要的内容进行描述，如木楼地冷应描述带支撑还是不带支撑。

（3）屋面木基层。

清单设置、项目特征描述及工程量计算规则详见表 G.3。

2. 工程量清单计价

（1）木结构工程的清单计价。应根据项目特征描述的组合内容，分别确定计价工程量，套用相应的计价定额子目计算综合单价。

【例 20-3】 按［例 20-2］提供的木屋架工程量清单，计算该清单的综合单价。（假设人、材、机的单价均按浙江省 10 定额价格计取，管理费和利润各按 10%和 5%考虑，暂不考虑风险费用）。（计算结果保留两位小数，合计取整）

解：（1）确定计价工程量

①人字屋架（5 根铁拉杆）

$$V = 0.478 \times 5 = 2.39(\text{m}^3)$$

其中：屋架铁件 W=22.7×5=115.5（kg），折合每立方米：113.5/2.39=47.49（kg/m³）

②按计价定额附注，铁拉杆屋架定额中包括上、下弦接头各一副，本工程下弦无接头夹板，每榀屋架扣一副下弦铁夹板：N=−5 副

③木屋架刷防火涂料二遍，工程量按计价定额 14 章计算规则（跨长×中高÷2×1.79）

$$S = 6.24 \times 1.8 \div 2 \times 5 \times 1.79 = 50.26(m^2)$$

④钢拉杆、铁件增加一遍防锈漆

$$113.5kg \times 1.32 \div 1000 = 0.15(t)$$

(2) 确定计价子目定额套用及人工费、材料费及机械费

①人字屋架（5 根铁拉杆）

套用定额 5－2H

人工费＝346 元/m^3

材料费＝1807.97＋（47.49－55）×5.35＝1767.79（元/ m^3）

②扣下弦铁夹板

套用定额 5－3H

人工费＝8 元/副

材料费＝0

注：因屋架子目换算时，屋架铁件已按实际用量计算，扣除铁夹板时不再扣除夹板定额中屋架铁件用量，夹板定额中材料仅铁件一项，故扣除夹板子目材料费为零。

③木屋架刷防火涂料二遍

套用定额 14－107

人工费＝2.45 元/m^2

材料费＝2.78 元/m^2

④钢拉杆、铁件增加一遍防锈漆

套用定额 14－138

人工费＝60 元/t

材料费＝62.86 元/t

(3) 清单项目综合单价计算（表 20－2）

表 20－2　　分部分项工程量清单综合单价计算表

单位及专业工程名称：　　　　第　页共　页

序号	编号	项目名称	单位	数量	综合单价（元）						合计（元）
					人工费	材料费	机械费	管理费	利润	小计	
1	010701001001	人字正屋架，跨度 6.24m，屋架高度 1.8m，杉原木刨光；上弦两根原木、一副接头铁夹板；下弦单根原木，无接头夹板，木材面刷防火涂料二遍，每榀屋架材积为 0.478m^3，5 根圆钢拉杆及夹板铁件（含损耗）共 22.7kg，铁件刷红丹防锈漆二遍	榀	5	183.82	874.83	0.00	18.38	9.19	1086.22	5431

续表

序号	编号	项目名称	单位	数量	综合单价（元）						合计（元）
					人工费	材料费	机械费	管理费	利润	小计	
	5—2H	人字木屋架（铁拉杆）	m^3	2.39	346	1767.79		34.60	17.30	2165.69	5176
	5—3H	扣下弦铁夹板	副	—5	8			0.80	0.40	9.20	—46
	14—107	木屋架防火涂料二遍	m^2	50.26	2.45	2.78		0.25	0.12	5.60	281
	14—138	铁件增加一遍防锈漆	t	0.15	60	62.86		6.00	3.00	131.86	20

(2) 清单计价应注意的事项。

1) 计价定额中木材以自然干燥为准，根据设计如需烘干时，计价应包括该项费用。

2) 设计要求木结构有防虫要求时，防虫药剂应包括在报价中。

第二节 金属结构工程

一、基础知识

金属结构是用角钢、工字钢、槽钢、钢板、钢管、圆钢等各种钢材制造而成的构件。具有承载能力高，吊装方便，重量轻，工厂化程度高，易装易卸，灵活性大等优点。因此，适用于大跨度和荷载大的构件。

在建筑工程中，金属结构主要有钢柱、钢梁、钢屋架、钢支撑、钢栏杆、钢梯、钢平台等构件。

1. 钢种

建筑结构常用钢材为普通碳素钢的Q235钢和普通低合金钢的Q335钢。

2. 钢材类型表示法

(1) 圆钢。

圆钢断面呈圆形，一般用直径“d”表示，“Φ”表示一级钢，“Φ”表示二级钢。如Φ12：表示直径为12mm的圆钢、Φ20表示直径为20mm的二级螺纹钢。

(2) 方钢。

方钢断面呈正方形，一般用边长“a”表示，其符号为“□”，如“□18”表示边长为18mm的方钢。

(3) 角钢。

1) 等边角钢。

等边角钢的断面呈“L”形，角钢的两肢宽度相等，一般用Lb×d表示，如L50×4表示肢宽为50mm、肢枥厚为4mm的等边角钢。

2) 不等边角钢。

不等边角钢的断面呈“L”形，角钢的两肢宽度不相等，一般用LB×b×d表示，如L56×36×4表示长肢舞为56mm，短肢宽为36mm，板厚为4mm的不等边角钢。

(4) 槽钢。

槽钢酌断面呈“[”形，一般用型号来表示，如［25a 表示 25 号槽钢，槽钢的号数为槽钢高度的 1/10，[25 号槽钢的高度是 250mm。同一型号的槽钢其宽度和厚度均有差别，分别用 a、b、c 来表示。如［25a 表示肢宽为 78mm、高为 250mm、腹板厚为 7mm；[25b 表示肢宽为 82mm、高为 250mm、腹板厚为 9mm；[25c 表示肢宽为 82mm，高为 250mm、腹板厚为 11mm。

（5）工字钢。

工字钢断面呈工字形，一般用型号来表示。如 I32a 表示 32 号工字钢，工字钢的号数为工字钢高度的 1/10，I32 钢的高度是 320mm，由于同一型号工字钢的宽度和厚度均有差别，分别用 a、b、c 来表示。如 I32a 中 a 表示 32 号工字钢宽度为 130mm，厚度为 9.5mm；b 表示 32 号工字钢宽度为 132mm，厚度为 11.5mm；c 表示 32 号字钢宽度为 134mm，厚度为 13.5mm。

（6）钢板。

钢板的表示方法，一般用厚度来表示，符号为“$-\delta$”其中“－”为钢板代号，δ 为板厚，例如“$-\delta$”表示厚度 8nm 的钢板。

（7）扁钢。

扁钢为长条式钢板，一般宽度均有统一标准，它的表示方法为“$-a\times\delta$”，其中“－”表示钢板，a 表示钢板钢板厚度。例如“-60×5”表示宽度为 60mm，厚度为 5mm 的扁钢。

（8）钢管。

钢管的一般表示方法用“$\phi D\times t\times l$/”来表示。例如中 $\phi102\times4\times700$ 表示外径为 102mm，厚度为 4mm，长度为 700mm 的钢管。

3. 钢材理论质量计算方法

（1）各种规格型钢的计算。

各种型钢包括等边角钢、不等边角钢、槽钢、工字钢等，每米理论重量均可从型钢表中查得。

（2）钢板的计算。

钢材的质量为 7850（kg/m^3）、7.85（g/cm^3）。

1mm 厚钢板每平方米质量为 7850（kg/m^3）$\times$0.001（m）$=$7.85（kg/m^2）。

计算不同厚度钢板时其每平方米理论质量为 7.850（kg/m^2）$\times\delta$（δ 为钢板厚度）。

（3）扁钢、钢带的计算。

计算不同厚度扁钢、钢带时其每米理论质量为 $0.00785\times a\times\delta$（$a$、$\delta$ 为扁钢宽度及厚度）。

（4）方钢的计算。

$G=0.00785\times a^2$　（a 为方钢的边长）

（5）圆钢的计算。

$G=0.00617\times d^2$　（d 为圆钢的直径）

（6）钢管的计算。

$G=0.02466\times8\times(D-\delta)$　（δ 为钢管的壁厚，D 为钢管的外经）

以上公式：G 为每米长度的质量（kg/m），其他计算单位均为 mm。

4. 名词解释

(1) 轻钢屋架，采用圆钢筋、小角钢（小于∠45×4 等边角钢、小于∠56× 36×4 不等边角钢）和薄钢板（其厚一般不大于 4mm）等材料组成的轻型钢屋架。

(2) 薄壁型钢屋架，指厚度在 2～6mm 的钢板或带钢经冷弯或冷拔等方式弯曲而成的型钢组成的屋架。

(3) 钢管混凝土柱，指将普通混凝土填入薄壁圆形钢管内形成的组合结构。

(4) 型钢混凝土柱、梁，指由混凝土包裹型钢组成的柱、梁。

二、定额计价

1. 定额使用说明

(1) 构件制作。

1)“金属结构工程”定额适用于加工厂制作，也适用于现场加工制作的构件。

2) 定额的制作是按焊接编制的，钢材及焊条以 Q235B 为准，如设计采用 Q345B 等，钢材及焊条单价作相应调整，用量不变。

3) 除螺栓、铁件以外，设计钢材规格、比例与定额不同时，可按实调整。

4) 构件制作包括分段制作和整体预装配的工料及机械台班，整体预装配及锚固零星构件使用的螺栓已包括在定额内。制作使用的台座，按实际发生另行计算。

5) 定额内 H 型钢构件是按钢板焊接考虑编制的，如为定型 H 型钢，除主材价格进行换算外，人工、机械及其他材料乘以系数 0.95。

6) 本定额中的网架，系平面网络结构，如设计成筒壳、球壳及其他曲面状，制作定额的人工乘以系数 1.3。

7) 焊接空心球网架的焊接球壁、管壁厚度大于 12mm 时，其焊条用量乘以系数 1.4，其余不变。

8) 本定额中按重量划分的子目均指设计规定的单只构件重量。

9) 轻钢屋架是指单榀质量在 1t 以内，且用角钢或钢筋、管材作为支撑拉杆的钢屋架。

10) 型钢混凝土劲性构件的钢构件套用本章相应定额子目，定额未考虑开孔费，如需开孔，钢构件制作定额的人工乘以系数 1.15。

11) 钢栏杆（护栏）定额适用于钢楼梯及钢平台、钢走道板上的栏杆。其他部位的栏杆、扶手应套用楼地面工程相应定额。

12) 零星构件是指晒衣架、垃圾门、烟囱紧固件及定额未列项目且单件重量在 50kg 以内的小型构件。

13) 本定额金属构件制作、安装均已包括焊缝无损探伤及被检构件的退磁费用。如构件需做第三方检测，相应费用另行计算。

14) 钢支架套用钢支撑定额。

15) 本定额构件制作项目，均已包括刷一遍红丹防锈漆的工料。如设计要求刷其他防锈漆，应扣除定额内红丹防锈漆、油漆溶剂油含量及人工 1.2 工日/t，其他防锈漆另行套用油漆工程定额。

16) 本定额构件制作已包括一般除锈工艺，如设计有特殊要求除锈（机械除锈、抛丸除锈等），另行套用定额。

17）本定额中的桁架为直线型桁架，如设计为曲线、折线型桁架，制作定额的人工乘以系数 1.3。

（2）构件安装。

1）“金属结构工程”定额中未涉及的相关内容，按混凝土及钢筋混凝土构件安装定额的有关规定执行。

2）网架安装如需搭设脚手架，可按脚手架相应定额执行。

3）构件安装高度均按檐高 20m 以内考虑，如檐高在 20m 以内，构件安装高度超过 20m 时，除塔吊施工以外，相应安装定额子目的人工、机械乘以系数 1.2。檐高超过 20m 对，有关费用按定额相应章节另行计算。

4）钢柱安装在钢筋混凝土柱上，其人工、机械乘以系数 1.43。

（3）构件运输。

1）定额适用于构件从加工地点到现场安装地点的场外运输，未涉及的相关内容，按混凝土及筋混凝土构件运输有关规定执行。

2）构件运输按以下分类，套用相应定额。

一类：钢柱、屋架、托架、桁架、吊车架、网架；

二类：钢梁、檩条、支撑、拉条、栏杆、钢平台、钢走道、钢楼梯、钢漏斗、零星构件；

三类：墙架、挡风架、天窗架、轻钢屋架、其他构件。

2. 工程量计算规则

（1）金属构件工程量按设计图示尺寸以质量计算。不扣除孔眼、切边、切肢的质量，焊条、铆钉、螺栓等不另增加质量，不规则或多边形钢板以其面积乘以厚度乘以单位理论质量计算。

（2）依附在钢柱上的牛腿及悬臂梁等并入钢柱工程量内。

（3）钢管柱上的节点板、加强环、内衬管、牛腿等并入钢管柱工程量内。

（4）制动梁、制动板、制动桁架、车挡并入钢吊车梁工程量内。

（5）依附钢漏斗的型钢并入钢漏斗工程量内。

（6）钢平台的柱、梁、板、斜撑等的重量应并入钢平台重量内计算。依附于钢平台上的钢扶梯及平台栏杆重量，应按相应的构件另行列项计算。

（7）钢楼梯的重量，应包括楼梯平台、楼梯梁、楼梯踏步等重量。钢楼梯上的扶手、栏杆另行列项计算。

（8）钢栏杆的重量应包括扶手工程量，如为型钢栏杆、铜管扶手，则工程量应合并计算，套用钢管栏杆定额。

（9）屋楼面板按设计图示尺寸以铺设面积计算。不扣除单个面积小于或等于 0.3 m^2 柱、垛及孔洞所占面积。

（10）墙面板按设计图示尺寸以铺挂面积计算。不扣除单个面积小于或等于 0.3 m^2 的梁、孔洞所占面积，包角、包边、窗台泛水等不另加面积。

（11）机械除锈、构件运输、安装工程量同构件制作工程量。

（12）不锈钢天沟、彩钢板天沟、泛水、包边、包角，按图示以“延米”计算。

（13）高强螺栓及栓钉按设计图示以“套”计算。

3. 计算示例

【例 20-4】 试计算图 20-5 所示的钢栏杆制作工程量。

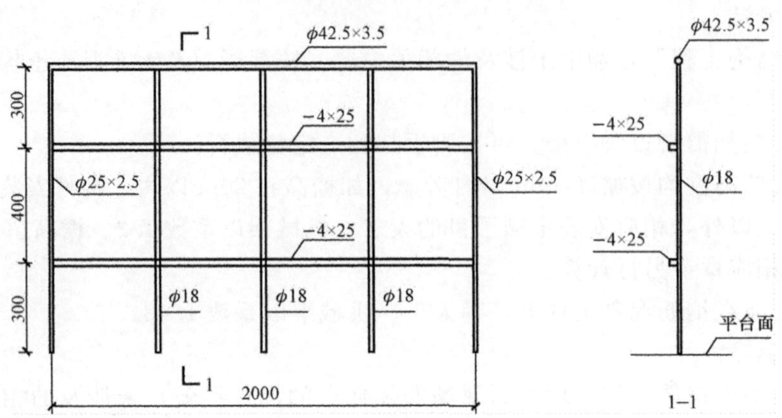

图 20-5 钢栏杆示意图

解： 钢栏杆制作工程量：

①号钢管：φ25×2.5　　1×0.733×2=1.466（kg）

②号钢管：φ42.5×3.5　　2×1.76×1=3.52（kg）

③号圆钢：φ18　　1×1.999×3=5.977（kg）

④号扁钢：−25×4　　2×0.785×2=3.14（kg）

合计=1.466+3.52+5.977+3.14=14.10（kg）

三、清单计价

1. 清单编制

金属结构工程项目按《计算规范》附录 F 列项，分七节 41 个项目，包括：F.1 钢网架，F.2 钢托架、钢桁架、钢架桥，F.3 钢柱，F.4 钢梁，F.5 钢板楼板、墙板，F.6 钢构件，F.7 金属网。

适用于建筑物、构筑物的钢结构工程。

（1）钢屋架、钢网架、钢柱、钢梁等。

1）适用范围。

a. “钢屋架”项目适用于一般钢屋架和轻钢屋架、冷弯薄壁型钢屋架。

b. “钢网架”项目适用于一般钢网架和不锈钢网架。

c. “实腹钢柱”项目适用于实腹钢柱和实腹型钢混凝土柱。

d. “空腹柱”项目适用于空腹钢柱和空腹型钢混凝土柱。

e. “钢管柱”项目适用于钢管柱和钢管混凝土柱。

f. “钢梁”项目适用予钢梁和实腹式型钢混凝土梁、空腹式型钢混凝土梁。

g. “钢吊车梁”项目适用子钢吊车梁及吊车梁的制动梁、制动板、制动桁架。

2）工程量清单设置（详见《计算规范》表 F.1～F.4）。

3）有关项目说明。

a. 钢网架不论节点形式（球形节点、板式节点等）和节点连接方式（焊接、丝接）等均使用该项目。

b. 依附在实腹柱、空腹柱上的牛腿及悬臂梁等并入钢柱工程量内。

c. 钢管柱上的节点板、加强环、内衬管、牛腿等并入钢管柱工程量内。

d. 钢管混凝土柱的盖板、底板、穿心板、横隔板、加强环、明牛腿、暗牛腿应包括在报价内。

e. 制动梁、制动板、制动桁架、车挡并入钢吊车梁工程量内。

（2）钢板楼板、墙板。

包括 2 个项目：钢板楼板、压型钢板墙板，项目编码按 010605001×××－010605002×××设置。

1）适用范围。“钢板楼板”项目适用于现浇混凝土楼板使用压型钢板作永久性模板，并与混凝土叠合后组成共同受力的构件。压型钢板采用镀锌或防腐处理的薄钢板。压型钢楼板按钢板楼板项目编码列项。

2）工程量清单设置（详见《计算规范》表 F.5）。

（3）钢构件。

钢构件包括 13 个项目：钢支撑、钢檩条、钢天窗架、钢挡风架、钢墙架、钢平台、钢走道、钢护栏、钢梯、钢漏斗、钢板天沟、钢架、零星钢构件，项目编码分别按 010606001×××－ 010606013×××设置。

1）适用范围。

“钢栏杆”适用于工业厂房平台钢栏杆。

2）工程量清单设置（详见《计算规范》表 F.6）。

3）有关项目说明。

a. 钢墙架项目包括墙架柱、墙架梁和连接铁件。

b. 加工铁件等小型构件，应按 A. 6.6 中零星钢构件项目编码列项。

（4）金属制品。

包括 6 个清单项目，项目编码分别按按 010607001×××－010607006×××设置。

1）工程量清单设置。

工程量清单设置详见《计算规范》表 F.7。

2）有关项目说明。

抹灰钢丝网加固按砌块墙钢丝网加固项目编码列项。

（5）应注意的事项。

1）型钢混凝土柱、梁及钢楼板上浇捣混凝土，其混凝土和钢筋应按《计算规范》附录 E 相关项目编码列项。

2）工程量清单编制时，钢材品种、用材比例额、节点构造等不同时应分别列项；单榀重量不同时应分别列项；具体构件所涉及的工程内容有所不同时也应分别列项。

3）清单项目描述时应注意的事项：除按《计算规范》所列项目特征的描述外，还应结合拟采用的计价定额项目划分、定额使用规则等进行描述。

a. 各钢构件用钢不是单一品种时，应描述不同钢材品种比例和数量。

b. 工程设计用材有关特殊要求应予以描述，如采用镀锌成品还是要求后镀锌等。

c. 工程设计的工艺要求应具体描述，如构件是否要求机械除锈等。

d. 涉及计价的组合工程量（如高强螺栓）应按设计用量予以描述。

e. 涉及施工方案、图纸设计有关的内容应进行具体描述，如招标人需要指定钢构件制作地点的，则应描述运输距离。

4）清单项目工程量计算的注意事项。

a. 注意钢板的清单工程量与计价工程量计算规则的不同。

b. 按自然单位“榀”计算的清单项目，项目特征描述必须描述该构件审计钢材不同品种的施工图净用量。

【例 20-5】 试编制图 20-1 的钢栏杆清单。（栏杆表面刷防锈漆一遍，银粉漆两遍）

解：（1）清单项目列项

项目名称：钢护栏　项目编码：010606009

清单工程量＝定额工程量＝14.10kg

（2）根据工程量清单格式，编制该项目清单（表 20-3）

表 20-3　分部分项工程量清单

序号	项目编码	项目名称	项目特征	计量单位	工程数量
1	010606009001	钢护栏	由钢管 ϕ25×2.5 、ϕ42.5×3.5 、圆钢 ϕ18 以及扁钢—25×4 组成，栏杆表面刷防锈漆一遍，银粉漆两遍	t	14.10

2. 工程量清单计价

（1）金属结构工程的清单工程量计价，应根据项目的特征描述内容，确定项目计价需组合的计价定额子目，计算计价工程量，套用相应的定额子目计算综合单价。

（2）清单计价应注意事项。

1）《计算规范》金属结构工程与计价定额金属结构工程分部定额所列子目不完全对应的，在工程量清单计价时，应根据计价定额的使用规则选用相应定额。

a. 清单项目 010606007“钢走道”应视具体部位，如为吊车梁制动梁、板兼做人行车道的，应按吊车梁相应定额计价；如为单独的钢走道，则应按钢平台相应定额计价。

b.《计算规范》表 F.6 第 3 条规定加工铁件按零星构件列项，而在《计算规范》表 E.17 中的铁件及浙江省计价定额中铁件预埋子目已包括制作，故该清单只适用于铁件单独加工时。

c. 钢板墙板清单子目不适用室内的装饰隔墙及墙面采用压型钢板作为装饰材料饰面材料项目列项。

d. 计价定额金属结构工程分部定额所列的钢结构屋面板子目适用于《计算规范》附录 J 编码项目的计价。

2）金属构件的油漆另行发包时，则不需要在金属构件清单项目内组合。

3）涉及施工方案计价时应注意：

a. 构件安装机械的配置应视工程情况、规模等因素由投标人自行确定并考虑计价方案。

b. 钢构件拼装台的搭拆和材料的摊销应按施工方案列入技术措施项目内计价。

c. 工程量清单项目特征中涉及钢构件探伤描述的，计价时按检测要求确定，如需第三方检测时，按第三方检测需要的费用计价。

第三节　保温隔热防腐工程

一、基础知识

1. 保温隔热分类

保温隔热常用的材料有：软木板、聚苯乙烯泡沫塑料板、加气混凝土块、膨胀珍珠岩板、沥青玻璃棉、沥青矿渣棉、微孔硅酸钙、稻壳等。可用于屋面、墙体、柱子、楼地面、天棚等部位。屋面保温层中应设有排气管或排气孔。

（1）保温材料分类。

按照保温材料的不同容重、成分、范围、形状和施工方法进行划分类别。

1）按照不同容重分为：重质 400～600kg/m^3、轻质 150～350kg/m^3 和超轻质 150kg/m^3 三类。

2）按照不同成分：可分为有机和无机两类。

3）按照适用温度不同范围：可分为高温用（700℃以上）、中温用（100～700℃）和底温用（小于 100℃）三类。

4）按照不同形状分为：粉末、粒状、纤维状、块状等类，又可分为多孔、矿纤维和金属等。

5）按照不同施工方法分为：湿抹式、填充式、绑扎式、包裹缠绕式等。

（2）平屋面保温隔热层。

屋面保温隔热层的作用：减弱室外气温对室内的影响，或保持因采暖、降温措施而形成的室内气温。对保温隔热所用的材料，要求相对密度小、耐腐蚀并有一定的强度。常用的保温隔热材料有石灰炉渣、水泥珍珠岩、加气混凝土和微孔硅酸钙等，还有预制混凝土板架空隔热层。

2. 防腐工程分类

防腐工程分刷油防腐和耐酸防腐两类。

（1）刷油防腐。刷油是一种经济而有效的防腐措施。它对于各种工程建设来说，不仅施工方便，而且具有优良的物理性能和化学性能，因此应用范围很广。刷油除了防腐作用外，还能起到装饰和标志作用。目前常用的防腐材料有：沥青漆、酚树脂漆、酚醛树脂漆、氯磺化聚乙烯漆、聚氨酯漆等。

（2）耐酸防腐。是运用人工或机械将具有耐腐蚀性能的材料浇筑、涂刷、喷涂、粘贴或铺砌在应防腐的工程构件表面上，以达到防腐蚀的效果。常用的防腐材料有：水玻璃耐酸砂浆、混凝土；耐酸沥青砂浆、混凝土；环氧砂浆、混凝土及各类玻璃钢等。根据工程需要，可用防腐块料或防腐涂料做面层。

二、定额计价

1. 定额使用说明

（1）定额中保温砂浆及耐酸材料的种类、配合比及保温板材料的品种、型号、规格和厚度等与设计不同时，应按设计规定进行调整。

（2）墙体保温砂浆子目按外墙外保温考虑，如实际为外墙内保温，人工乘以系数 0.75，其余不变。

（3）抗裂防护层中抗裂砂浆厚度设计与定额不同时，抗裂砂浆及搅拌机台班定额用量按比例调整，其余不变。

（4）抗裂防护层网格布（钢丝网）之间的搭接及门窗洞口周边加固，定额中已综合考虑，不另行计算。

（5）“保温隔热防腐”定额中未包含基层界面剂涂刷、找平层、基层抹灰及装饰面层，发生时套用相应子目另行计算。

（6）弧形墙、柱、梁等保温砂浆抹灰、抗裂防护层抹灰、保温板铺贴按相应项目人工乘以系数1.15，材料乘以系数1.05。

（7）耐酸防腐整体面层、隔离层不分平面、立面，均按材料做法套用同一定额；块料面层以平面铺贴为准，立面铺贴套用平面定额，人工乘以系数1.38，踢脚板人工乘以系数1.56，其余不变。

池、沟、槽瓷砖面层定额不分平、立面，适用于小型池、槽、沟（划分标准见定额第四章）。

（8）水玻璃面层及结合层定额中，均已包括涂稀胶泥工料，树脂类及沥青均未包括树脂打底及冷底子油工料，发生时应另列项目计算。

（9）耐酸定额按自然养护考虑。如需要特殊养护者，费用另计。

（10）耐酸面层均未包括踢脚线，如设计有踢脚线时，套用相应面层定额。

（11）防腐卷材接缝、附加层、收头等人工材料已计入定额中，不再另行计算。

（12）保温层排气管按 ϕ50UPVC 管及综合管件编制，排气孔：ϕ50UPVC 管按 1800 单出口考虑（2 只 90°弯头组成），双出口时应增加三通 1 只；ϕ50 钢管、不锈钢管按 180°煨制弯考虑，当采用管件拼接时另增加弯头 2 只，管材用量乘以 0.7。管材、管件的规格、材质不同，单价换算，其余不变。

（13）树脂珍珠岩板、天棚保温吸音层、超细玻璃棉、袋矿棉、聚苯乙烯泡沫板厚度均按 50mm 编制，设计厚度不同单价可换算，其余不变。

（14）“保温隔热防腐”定额中采用石油沥青作为胶结材料的子目均指适用于有保温、隔热要求的工业建筑及构筑物工程。

2. 工程量计算规则

（1）保温隔热。

1）墙柱面保温砂浆，聚氨酯喷涂、保温板铺贴面积按设计图示尺寸的保温层中心线长度乘以高度计算，应扣除门窗洞口和 0.3m^2 以上的孔洞所占面积，不扣除踢脚线、挂镜线盒墙与构建胶结处面积。门窗洞口的侧壁和顶面、附墙柱、梁、垛、烟道等侧壁并入相应的墙面面积计算。

2）按“m^3”计算的隔热层，外墙按围护结构的隔热层中心线、内墙按隔热层净长乘以图示尺寸的高度计厚度以“m^3”计算。应扣除门窗铜扣、管道穿窗铜扣所占体积。

3）屋面保温砂浆、聚氨酯喷涂、保温板铺贴按设计图示面积计算，不扣除屋面排烟道、通风孔、伸缩缝、屋面检查洞及 0.3m^2 以内孔洞所占面积，洞口翻边也不增加。

4）天棚保温隔热、隔音按设计图示尺寸以水平投影面积计算，不扣除间壁墙（包括半砖墙）、垛、柱、附墙烟囱、检查口和管道所占的面积。带天棚，梁侧面的工程量并入天棚内计算。

5）楼地面的保温隔热层面积按围护结构墙间净面积计算，不扣除柱、垛及每个面积 0.3m^2 内的孔洞所占面积。

6）保温隔热层的厚度。按隔热材料净厚度（不包括胶结材料厚度）尺寸计算。

7）柱包隔热层按图示柱的隔热层中心线的展开长度乘以图示高度及厚度以“m^3”计算。

8）软木板铺贴墙柱面、天棚，按图示尺寸以“m^3”计算。

9）柱帽保温隔热按设计图示尺寸并入天棚保温隔热工程量内。

10）池槽保温隔热，池壁并入墙面保温隔热工程量内，池底并入地面保温隔热工程量内。

11）保温层排气管按图示尺寸以“延米”计算，不扣除管件所占长度，保温层出气孔按不同材料以“个”计算。

（2）耐酸防腐。

1）耐酸防腐工程项目应区分不同材料种类及其厚度，按设计实铺面积以平方米计算，平面项目应扣除凸出地面的构筑物、设备基础等所占的面积，但不扣除柱、垛所占面积。柱、垛所占面积。柱、垛等突出墙面部分，按展开面积计算，并入墙面工程量内。

2）踢脚板按实铺长度乘高以“m^2”计算，应扣除门洞所占的面积，并相应增加侧壁展开面积。

3）平面砌双层耐酸块料时，按单层面积乘以系数 2 计算。

4）硫磺胶泥二次灌缝按实体积计算。

3. 计算示例

【例 20 - 6】 某工程屋面平面及剖面如图 17 - 7 所示，试计算该保温隔热层的定额直接费。屋面具体做法如下：①三元乙丙防水卷材；②20 厚 1：3 水泥砂浆找平层；③1：10 现浇水泥珍珠保温隔热层，找坡 3%，最薄处 30mm 厚。

解：（1）保温层工程量：

平均厚度＝0.03＋9×1/2×3%÷2＝0.097 5（m）

$$S=14.4\times9=129.6\ (\text{m}^2)$$

$$V=129.6\times0.0975=12.64\ (\text{m}^3)$$

（2）套用定额 8－44

定额基价：200.1 元/m^3

（3）保温层直接费

$$12.64\times200.1=2529.26\ (\text{元})$$

三、清单计价

1. 清单编制

保温、隔热、防腐工程项目按《计算规范》附录 K 列项，分 3 节 16 个项目，包括：K.1 隔热保温、K.2 防腐面层、K.3 其他防腐。

适用于工业与民用建筑的基础、地面、墙面防腐，楼地面、墙体、屋盖的保温隔热工程。

（1）隔热、保温。包括 6 个项目：保温隔热屋面、保温隔热天棚、保湿隔热墙、保温柱、隔热楼地面和其他保温隔热，项目编码 011001001×××－011001006×××设置。

1）适用范围。

a. “保温隔热屋面”项目适用于各种材料的屋面隔热保温。

b. “保温隔热天棚”项目适用于各种材料的下贴式或吊顶上搁置式的保温隔热天棚。

c. “保温隔热墙”项目适用于工业与民用建筑物外墙、内墙保温隔热工程。

2）工程量清单设置。工程量清单设置详见《计算规范》表 K.1。

3）有关项目说明。

a. 屋面保温隔热层上的防水层应按屋面的防水项目单独列项。

b. 预制隔热板屋面的隔热板按混凝土及钢筋混凝土工程相关项目编码列项。清单应明确描述砖墩砌筑尺寸。

c. 屋面保温隔热的找坡、找平层应包括在报价内，如果屋面防水层项目包括找平层和找坡，屋面保温隔热不再计算，以免重复。

d. 下贴式如需底层抹灰时，应包括在报价内，清单应明确描述抹灰的具体材料和做法。

e. 保温隔热材料需加药物防虫剂时，应在清单中进行描述。

f. 外墙内保温和外保温的面层应包括在报价内，装饰面层应按附录 B 相关项目编码列项。

g. 外墙内保温的内墙保温踢脚线应包括在报价内。

h. 外墙外保温、内保温、内墙保温基层抹灰或刮腻子应包括在报价内。

i. 帽保温隔热应并入天棚保温隔热工程量内。

j. 池槽保温隔热，池壁、池底分别编码列项，池壁应并入墙面保温隔热工程量内，池底应并入地面隔热保温工程量内。

【例 20-7】 试编制［例 20-6］的屋面保温隔热清单。

解：（1）计算保温隔热清单工程量：

$$S=14.4\times9=129.6\ (\mathrm{m^2})$$

$$平均厚度=0.03+9\times1/2\times3\%\div2=0.0975\ (\mathrm{m})$$

（2）编制工程量清单详见表 20-4。

表 20-4 分部分项工程量清单

序号	项目编码	项目名称	项目特征	计量单位	工程数量
1	011001001001	保温隔热屋面	1∶10 现浇水泥珍珠岩屋面保温隔热层，平均厚度 9.75cm	$\mathrm{m^2}$	129.60

（2）防腐面层。包括 7 个项目：防腐混凝土面层、防腐砂浆面层、防腐胶泥面层、玻璃钢防腐面层、聚氯乙烯板面层、块料防腐面层和池槽块料防腐面层。项目编码按 011002001×××—011002007×××设置。

1）适用范围。防腐混凝土面层、防腐砂浆面层、防腐胶泥面层项目适用于平面或立面的水玻璃混凝土、水玻璃砂浆、水玻璃胶泥、沥青混凝土、沥青砂浆、沥青胶泥、树脂混凝土、树脂砂浆、树脂胶泥及聚合物水泥砂浆等防腐工程。

玻璃钢防腐面层项目适用于树脂胶料与增强材料（如玻璃纤维丝、布、玻璃纤维表面毡、玻璃纤维短切毡或涤布、涤纶毡、丙纶布、丙纶毡等）复合塑制而成的玻璃钢防腐。“聚氯乙烯板面层”项目适用于地面墙面的软、硬聚氯乙烯板防腐工程。

块料防腐面层项目适用于地面、沟槽、基础的各类块料防腐工程。

2）工程量清单设置。（详见《计算规范》表 K.2）

3）有关项目说明。

a. 因防腐材料不同，价格差异较大，清单项目中必须列出混凝土、砂浆、胶泥的材料种类，如：水玻璃土、沥青混凝土等，并明确其配合比。

b. 如遇池槽防腐，池底和池壁可合并列项，也可分池底面积和池壁面积分别列项。

c. 玻璃钢项目名称应描述构成玻璃钢、树脂和增强材料名称。如环氧酚醛（树脂）玻璃钢、酚醛（树脂）玻璃钢、环氧煤焦油（树脂）玻璃钢、环氧呋喃（树脂）玻璃钢、不饱和（树脂）玻璃钢。增强材料玻璃纤维布、涤纶布、毡。

d. 玻璃钢项目应描述防腐部位和立面、平面。

e. 聚氯乙烯板的焊接应包括在报价内。

f. 防腐蚀块料粘贴部位（地面、沟槽、基础、踢脚线）应在清单项目中进行描述。

g. 防腐蚀块料的规格、品种（瓷板、铸石板、天然石板等）应在清单项目中进行描述。

h. 防腐工程中需酸化处理时应包括在报价内。

i. 防腐工程中的养护应包括在报价内。

（3）其他防腐。

其他防腐包括 3 个项目：隔离层、砌筑沥青浸渍砖、防腐涂料，项目编码按 011003001×××—011003003×××设置。

1）适用范围。

a. “隔离层”项目适用于楼地面的沥青类、树脂玻璃钢类防腐工程隔离层。

b. “砌筑沥青浸渍砖”项目适用于浸渍标准砖的铺筑。

c. “防腐涂料”项目适用于建筑物、构筑物以及钢结构的防腐。

2）工程量清单设置。（详见《计算规范》表 K.3）

3）有关项目说明。

a. 项目名称应对涂刷基层（混凝土、抹灰面）及部位进行描述。

b. 需刮腻子时应包括在报价内。

c. 应对涂料底漆层、中间漆层、面漆涂刷（或刮）遍数进行描述。

2. 工程量清单计价

（1）保温隔热防腐工程的清单工程量计价，应根据项目的特征描述内容，确定项目计价需组合的计价定额子目，计算计价工程量，套用相应的定额子目计算综合单价。

（2）清单计价应注意事项。

屋面保温层采用加气混凝土块、膨胀珍珠岩等材料的，其计价工程量计算方法和清单工程量计算方法是不同的。

【例 20-8】　依据［例 20-7］提供的清单，计算该屋面保温隔热清单的综合单价。（假设人工、材料、机械台班的消耗量和单价均按浙江省清单定额（2010 版）计取，管理费和利润均按 10%计取，风险费按人工费的 20%考虑）

解：（1）由于保温隔热屋面的定额工程量是以立方米计算的，故需要重新计算该清单的计价工程量。

工程量：$V=129.6\times0.0975=12.64$ （m^3）

套用定额 8－44　人工费＝26.23 元/ m^3

材料费＝173.839 元/ m^3

（2）综合单价计算如表 20-5 所示。

表 20-5　　**分部分项工程量清单综合单价计算表**

单位及专业工程名称：　　第　页共　页

序号	编号	项目名称	单位	数量	综合单价（元）							合计（元）
					人工费	材料费	机械费	管理费	利润	风险	小计	
1	011001001001	保温隔热屋面，1∶10现浇水泥珍珠岩屋面保温隔热层，平均厚度 9.75cm	m^2	129.60	2.56	16.95		0.26	0.26	0.51	20.54	2662
	8－44	水泥珍珠岩屋面保温隔热层	m^3	12.64	26.23	173.84		2.623	2.623	5.246	210.56	2662

第四节　附　属　工　程

一、定额计价

1. 定额使用说明

（1）“附属工程”定额适用于一般工业与民用建筑的厂区、小区及房屋附属工程；超出上述范围的项目套用市政工程定额相应子目。

（2）定额所列排水管、窨井等室外排水定额仅为化粪池配套设施用，不包括土方及垫层，如发生应按有关章节定额另列项目计算。

（3）窨井按 2004 浙 S1、S2 标准图集编制，如设计不同，可参照相应定额执行。

（4）排水管每节实际长度不同不作调整。

（5）砖砌窨井按内径周长套用定额，井深按 1m 编制，实际深度不同，套用“每增减 20cm”定额按比例进行调整。

【例 20-9】　某砖砌窨井，内径周长 2m，1 砖厚，井深 1.5m，试求其定额基价。

解：内径周长 2m，套用定额 9－10，井深 1.5m 超过 1m，应按定额 9－14 按比例调整。

套用定额：9－10＋14×2.5

定额基价＝554＋82×2.5＝759（元/只）

（6）化粪池按 2004 浙 S1、S2 标准图集编制，如设计采用的标准图不同，可参照容积套用相应定额。隔油池按 93S217 图集编制。隔油池池顶按不覆土考虑。

（7）小便槽不包括端部侧墙，侧墙砌筑及面层按设计内容另列项目计算，套用相应定额。

（8）单独砖脚定额适用于成品水池下的砖脚。

（9）定额第九章台阶、坡道定额均未包括面层，如发生，应按设计面层做法，另行套用楼地面工程相应定额。

2. 工程量计算规则

（1）地坪铺设按图示尺寸以“m”计算，不扣除 0.5m^2 以内各类检查井所占面积。

（2）铸铁花饰围墙按图示长度乘以高度计算。

（3）排水管道工程量按图示尺寸以“延米”计算，管道铺设育向窨井内空尺寸小于 50cm 时不扣窨井所占长度，大于 50cm 时，按井壁内空尺寸扣除窨井所占长度。

（4）洗涤槽以“延米”计算，双面洗涤槽工程量以单面长度乘以 2 计算。

（5）墙脚护坡边明沟长度按外墙中心线长度计算，墙脚护坡按外墙中心线乘以宽度计算，不扣除每个长度在 5m 以内的踏步或斜坡。

（6）台阶及防滑坡道按水平投影面积计算，如台阶与平台相连时，平台面积在 10m^2 以内时按台阶计算，平台面积在 10m^2 以上时，平台按楼地面工程计算套用相应定额，工程量以最上一级 30cm 处为分界。

（7）砖砌翼墙，单面为一座，双面按两座计算。

3. 计算示例

【例 20 - 10】 某房屋一层平面如图 20 - 6 所示，试计算该房屋的附属工程（混凝土散水和台阶）的定额直接费。

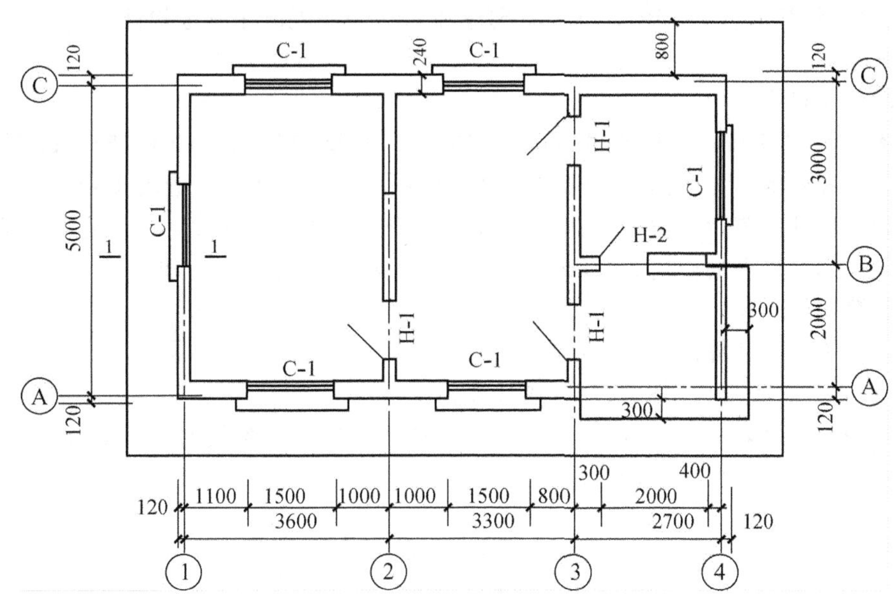

图 20 - 6　某房屋一层平面图

解：（1）定额工程量计算

1）混凝土散水

因为与散水相连的台阶长度均小于 5 米，故不扣除。

$$S=L_{中}\times 散水宽度=(5+9.6)\times 2\times 0.8=23.36\ (m^2)$$

2）混凝土台阶

$$S_{平台}=2\times 2.7=5.4\ (m^2)<10m^2，故按台阶计算$$

$$S_{台阶}=(2+0.3)\times(2.7+0.3)=6.90\ (m^2)$$

（2）套用定额

1）混凝土散水：套用定额 9－58

基价＝39.61 元/m^2

2）混凝土台阶：套用定额 9－66

基价＝11.30 元/m^2

（3）附属工程定额直接费计算（表 20-6）

表 20-6 分项工程直接费计价表

定额编号	项目名称	计量单位	工程数量	单价	合价
	附属工程				
9－58	混凝土散水	m^2	23.36	39.61	952.29
9－66	混凝土台阶	m^2	6.90	113.00	779.70
	直接费小计	元			1731.99

二、清单计价

（一）清单编制

附属工程项目清单分别在《计算规范》砌筑工程和混凝土、钢筋混凝土工程中列项，涉及 11 个项目，包括 D.1 砖砌体、D.3 石砌体和 E.7 现浇混凝土其他构件。

1. 砖砌体

（1）清单项目设置。

包括 4 个清单项目，砖检查井（010401011）、零星砌砖（010401012）、砖散水、地坪（010401013）和砖地沟、明沟（010401014）。其中，“零星砌砖”适用于台阶、台阶翼墙、梯带、锅台、炉灶、蹲台、池槽、池槽砖脚、砖胎膜、花台、花池、楼梯栏板、阳台栏板、地垄墙、屋面隔热板下的砖蹲、0.3m^2 以内空洞填塞等；“砖散水、地坪”适用于室外铺贴地坪块、铺草皮砖。

（2）清单工程量计算。

1）砖检查井：按设计图示数量以座计算。

2）零星砌砖：锅台、灶台按外形尺寸以个计算；砌筑台阶按水平投影面积小便槽、地垄墙按长度计算；其他按体积计算。

3）砖散水、地坪：按设计图示尺寸以面积计算。

4）砖地沟、明沟：按设计图示中心线长度以“延米”计算。

2. 石砌体

（1）清单项目设置。

包括 2 个清单项目，石台阶（010403008）和石坡道（010403009）。“石台阶”适用于方整石台阶；“石坡道”适用于毛石墙角护坡。

（2）清单工程量计算。

1）石台阶：按设计图示以体积计算。

2）石坡道：按设计图示以面积计算。

3. 现浇混凝土其他构件

（1）清单项目设置。

包括 5 个清单项目，散水、坡道（010507001）、电缆沟、地沟（010507003）、台阶

(010507004)、化粪池、检查井（010507006）和其他构件（010507007）。其中，“散水、坡道”适用于现浇混凝土墙脚护坡、坡道；“电缆沟、地沟”适用于现浇混凝土明沟等；“其他构件”适用于现浇混凝土小型池槽、压顶、扶手、垫块、门框等。

(2) 清单工程量计算。

1) 散水、坡道：按设计图示以面积计算。

2) 电缆沟、地沟：按设计图示以中心线长度计算。

3) 台阶：按设计图示以水平投影面积计算。

4) 化粪池、检查井：按设计图示数量以“座”计算。

5) 其他构件：按设计图示尺寸以体积计算。

(二) 清单计价

附属工程的清单工程量计价，应根据项目的特征描述内容，确定项目计价需组合的计价定额子目，计算计价工程量，套用相应的定额子目计算综合单价。

项目小结

本项目主要介绍了金属、木结构、防腐保温工程的定额使用规定、工程量计算规则及其清单编制与综合单价的计算。介绍了附属工程的定额计价。重点把握屋面保温、台阶、散水的定额工程量计算，掌握保温隔热工程的常用清单项目的编制与清单计价。

思考与练习题

1. 写出下列项目的定额编号、计量单位、基价。(如需换算，应列出换算式)

(1) 钢平台上型钢栏杆；

(2) 75mm 厚彩钢夹心板屋面；

(3) 150mm 厚混凝土道路面层；

(4) 大便坑面层地砖；

(5) 砖砌窨井，内径周长 2m，1 砖厚，铸铁井盖，井深 1.15m。

2. 木结构工程工程量清单报价时应注意哪些共性问题？

3. “木屋架”项目报价时应注意什么？

4. “钢木屋架”项目中钢拉杆（下弦木拉杆）、受拉腹杆、钢夹板、连接螺栓等是否包括在报价内？

5. 金属结构工程在报价是应包括哪些施工工序？

6. 何谓压型钢板楼板？

7. “保温隔热屋面”项目的适用范围和报价时的注意要点是什么？

参 考 文 献

[1] 何辉，吴瑛．建筑工程计价新教程．杭州：浙江人民出版社，2011．
[2] 浙江省建设工程造价管理总站．建筑工程计价．
[3] 中华人民共和国住房和城乡建设部．GB 50500—2013 建设工程工程量清单计价规范．北京：中国计划出版社，2013．
[4] 中华人民共和国住房和城乡建设部．GB 50854—2013 房屋建筑与装饰工程工程量计算规范．北京：中国计划出版社，2013．
[5] 浙江省建设工程管理总站．浙江省建筑工程预算定额．北京：中国计划出版社，2010．
[6] 浙江省建设工程管理总站．浙江省建设工程施工费用定额．北京：中国计划出版社，2010．
[7] 浙江省建设工程管理总站．浙江省建设工程计价规则．北京：中国计划出版社，2010．5